深入应用 C++11
代码优化与工程级应用

In-Depth C++11
Code Optimization and Engineering Level Application

祁宇 著

机械工业出版社
China Machine Press

图书在版编目（CIP）数据

深入应用 C++11：代码优化与工程级应用 / 祁宇著 . —北京：机械工业出版社，2015.5
（2021.10 重印）

（华章原创精品）

ISBN 978-7-111-50069-8

I. 深… II. 祁… III. C 语言 – 程序设计 IV. TP312

中国版本图书馆 CIP 数据核字（2015）第 085822 号

深入应用 C++11：代码优化与工程级应用

出版发行：机械工业出版社（北京市西城区百万庄大街 22 号　邮政编码：100037）	
责任编辑：杨福川	责任校对：董纪丽
印　　刷：北京建宏印刷有限公司	版　　次：2021 年 10 月第 1 版第 12 次印刷
开　　本：186mm×240mm　1/16	印　　张：26.75
书　　号：ISBN 978-7-111-50069-8	定　　价：79.00 元

凡购本书，如有缺页、倒页、脱页，由本社发行部调换
客服热线：（010）88379426　88361066　　投稿热线：（010）88379604
购书热线：（010）68326294　88379649　68995259　读者信箱：hzjsj@hzbook.com

版权所有 • 侵权必究
封底无防伪标均为盗版
本书法律顾问：北京大成律师事务所　韩光 / 邹晓东

前言

为什么要写这本书

2011年C++11标准刚发布时，广大C++开发者奔走相告，我也在第一时间看了C++之父Bjarne Stroustrup的C++11 FAQ（http://www.stroustrup.com/C++11FAQ.html），虽然只介绍了一部分特性，而且特性的用法介绍也很简短，但给我带来三个震撼：第一个震撼是发现我几乎不认识C++了，这么多新特性，与以前的C++很不同；第二个震撼是很多东西和其他语言类似，比如C#或者Java，感觉很酷；第三个震撼是很潮，比如lambda特性，Java都还没有（那时Java 8还没出来），C++11已经有了。我是一个喜欢研究新技术的人，一下子就被C++那么多新特性吸引住了，连续几天都在看FAQ，完全着迷了，虽然当时有很多地方没看明白，但仍然很兴奋，因为我知道这就是我想要的C++。我马上更新编译器尝鲜，学习新特性。经过一段时间的学习，在对一些主要特性有一定的了解之后，我决定在新项目中使用C++11。用C++11的感觉非常好：有了auto就不用写冗长的类型定义了，有了lambda就不用定义函数对象了，算法也用得更舒服和自然，初始化列表让容器和初始化变得很简便，还有右值引用、智能指针和线程等其他很棒的特性。C++11确实让项目的开发效率提高了很多。

相比C++98/03，C++11做了大幅度的改进，增加了相当多的现代编程语言的特性，使得C++的开发效率有了很大的提高。比如，C++11增加了右值引用，可以避免无谓的复制，从而提高程序性能；C++11增加了可变模板参数，使C++的泛型编程能力更加强大，也大幅消除了重复模板定义；C++11增加了type_traits，可以使我们很方便地在编译期对类型进行计算、查询、判断、转换和选择；C++11中增加的智能指针使我们不用担心内存泄露问题了；C++11中的线程库让我们能很方便地编写可移植的并发程序。除了这些较大的改进之外，C++11还增加了很多其他实用、便利的特性，提高了开发的便利性。对于一个用过C#的开发者来说，学习 C++11 一定会有一种似曾相识的感觉，比如 C++11 的 auto、for-loop 循环、lambda 表达式、初始化列表、tuple 等分别对应了 C# 中的 var、for-loop 循环、lambda 表达式、初始化列表、tuple，这些小特性使我们编写 C++ 程序更加简洁和顺手。C++11 增加的这些特性使程序编写变得更容易、更简洁、更高效、更安全和更强大，那么我们还有什么理由不去学习这些特性并充分享受这些特性带来的好处呢？

学习和使用 C++11 不要背着 C++ 的历史包袱，要轻装上阵，把它当作一门新的语言来学习，才能发现它的魅力和学习的乐趣。C++11 增加的新特性有一百多项，很多人质疑这会使本已复杂的 C++ 语言变得更加复杂，从而产生一种抗拒心理，其实这是对 C++11 的误解，C++11 并没有变得更复杂，恰恰相反，它在做简化和改进！比如 auto 和 decltype 可以用来避免写冗长的类型，bind 绑定器让我们不用关注到底是用 bind1st 还是 bind2nd 了，lambda 表达式让我们可以不必写大量的不易维护的函数对象等。

语言都是在不断进化之中的，只有跟上时代潮流的语言才是充满活力与魅力的语言。C++ 正是这样一门语言，虽然它已经有三十多年的历史了，但是它还在发展之中。C++14 标准已经制定完成，C++17 也提上了日程，我相信 C++ 的未来会更加美好，C++ 开发者的日子也会越来越美好！

作为比较早使用 C++11 的开发者，我开始在项目中应用 C++11 的时候，可以查阅的资料还很有限，主要是通过 ISO 标准（ISO/IEC 14882:2011）、维基百科、MSDN 和 http://en.cppreference.com/w/ 等来学习 C++11。然而，这些资料对新特性的介绍比较零散，虽然知道这些新特性的基本用法，但有时候不知道为什么需要这个新特性，在实际项目中该如何应用，或者说最佳实践是什么，这些东西网上可没有，也没有人告诉你，因为当时只有很少的人在尝试用 C++11，这些都需要自己不断地去实践、去琢磨，当时多么希望能有一些指导 C++11 实践的资料啊。在不断实践的过程中，我对 C++11 的认识加深了，同时，也把应用 C++11 的一些心得和经验放到我的技术博客（http://www.cnblogs.com/qicosmos/）上分享出来，还开源了不少 C++11 的代码，这些代码大多来自于项目实践。技术分享得到了很多认识的或不认识的朋友的鼓励与支持，曾经不止一个人问过我同一个问题，你坚持写博客分享 C++11 技术是为了什么，有什么好处吗？我想最重要的原因就是 C++11 让我觉得 C++ 语言是非常有意思和有魅力的语言，不断给人带来惊喜，在窥探到 C++11 的妙处之后，我很想和更多的人分享，让更多的人领略 C++11 的魅力。另外一个原因是我的一点梦想，希望 C++ 的世界变得更加美好，C++ 开发者的日子变得更美好。我希望这些经验能帮助学习 C++11 的朋友，让他们少走弯路，快速地将 C++11 应用起来，也希望这些代码能为使用 C++ 的朋友带来便利，解决他们的实际问题。

"独乐乐，与人乐乐，孰乐乎？与少乐乐，与众乐乐，孰乐？"，这是我分享技术和写作此书的初衷。

读者对象

❑ C++ 开发人员。

C++11 新标准发布已经 4 年了，C++11 的使用也越来越普及，这是大势所趋，普通的 C++ 开发者不论是新手还是老手，都有必要学习和应用 C++11，C++11 强大的特性可以大幅提高生产率，让我们开发项目更加得心应手。

❑ C++11 爱好者。

其他语言的开发人员，比如 C# 或者 Java 开发人员，想转到 C++ 开发正是时机，因为新标准的很多特性，C# 和 Java 中也有，学起来也并不陌生，可以乘着新标准的"轻舟"学习 C++11，事半功倍，正当其时。

如何阅读本书

虽然 C++11 的目的是为了提高生产率，让 C++ 变得更好用和更强大，但是，这些新特性毕竟很多，面对这么多特性，初学者可能会茫然无措，找不到头绪。如果对着这些特性一一去查看标准，不仅枯燥乏味，还丧失了学习的乐趣，即使知道了新特性的基本用法，却不知道如何应用到实际开发中。针对这两个问题，本书试图另辟蹊径来解决。本书的前半部分将从另外一个角度去介绍这些新特性，不追求大而全，将重点放在一些常用的 C++11 特性上，有侧重地从另外一个角度将这些特性分门别类，即从利用这些新特性如何去改进我们现有程序的角度介绍。这种方式一来可以让读者掌握这些新特性的用法；二来还可以让读者知道这些特性是如何改进现有程序的，从而能更深刻地领悟 C++11 的新特性。

如果说本书的前半部分贴近实战，那么本书后半部分的工程级应用就是真正的实战。后半部分将通过丰富的开发案例来介绍如何用 C++11 去开发项目，因为只有在实战中才能学到真东西。后半部分实战案例涉及面比较广，是笔者近年来使用 C++11 的经验与心得的总结。这些实践经验是针对实际开发过程中遇到的问题来选取的，它们的价值不仅可以作为 C++11 实践的指导，还可以直接在实际开发中应用（本书开发案例源码遵循 LGPL 开源协议），相信这些实战案例一定能给读者带来更深入的思考。

通过学习本书基础知识与实战案例，相信读者一定能掌握大部分 C++11 新特性，并能应用于自己的实际开发中，充分享受 C++11 带来的好处。

C++ 之父 BjarneStroustrup 曾说过：C++11 看起来像一门新的语言。这个说法是否夸张，读者不妨看完本书之后再来回味这句话。

本书示例代码需要支持 C++11 的编译器：
- Windows：Visual Studio 2013。
- Linux：GCC 4.8+ 或者 Clang 3.4。

由于少数代码用到了 boost 库，还需要编译 boost 1.53 或最新的 boost 库。

勘误和支持

除封面署名外，张轶（木头云）参与了第 1 章大部分内容和 7.4 节的整理，还负责了本书大部分的审稿工作。由于笔者的水平有限，书中错漏之处在所难免，敬请读者批评指正，如有更多宝贵意见请发到我的邮箱 cpp11book@163.com，同时，我们也会把本书的勘误集中公布在我的博客上（http://www.cnblogs.com/qicosmos/）。本书中有少数内容来自 en.cppreference.com、MSDN 和 http://www.ibm.com/developerworks/cn/，以及一些网络博客，虽然大部分都注明了出处，但也可能存在疏漏，如果有些内容引用了但没注明出处，请通过邮箱 cpp11book@163.com 与我联系。

书中的全部源文件除可以从华章网站⊖下载外，还可以从 github(https://github.com/qicosmos/cosmos) 上下载，同时我也会将相应的功能更新及时更正出来。

致谢

首先感谢你选择本书，相信本书会成为你学习和应用 C++11 的良师益友。

感谢 C++ 之父 Bjarne Stroustrup 和 C++ 标准委员会，正是他们推动着 C++ 不断改进和完善，才使 C++ 变得更有魅力。

还要感谢一些热心朋友的支持，其中，史建鑫、于洋子、吴楚元、胡宾朔、钟郭福、林曦和翟懿奎审阅了部分章节的内容，并提出了宝贵的意见；还要感谢刘威提供了一些论文资料。

感谢机械工业出版社华章公司的两位编辑杨福川和姜影，在这一年多的时间里始终支持我的写作，他们的帮助与鼓励引导我能顺利完成全部书稿。

接下来我要感谢我的家人：感谢我的父母和妻子，没有他们承担所有的家务和照顾孩子，我不可能完成此书；感谢弟弟和弟妹对我的鼓励与支持。还要对一岁多的女儿说声抱歉，为

⊖ 参见华章网站 www.hzbook.com。——编辑注

了完成本书，已经牺牲了很多陪女儿玩耍的时间，记得女儿经常跑到我写作的书房拉着我的手往外走，边走边说："爸爸一起玩一下。"在这要对我的家人说声抱歉，在这一年的时间里，由于专注于写作，对他们一直疏于关心和照顾。

谨以此书献给我最亲爱的家人，以及众多热爱 C++11 的朋友们！

祁宇（qicosmos）

目 录 Contents

前言

第一篇 C++11 改进我们的程序

第1章 使用 C++11 让程序更简洁、更现代 ……2

- 1.1 类型推导 …… 2
  - 1.1.1 auto 类型推导 …… 2
  - 1.1.2 decltype 关键字 …… 9
  - 1.1.3 返回类型后置语法——auto 和 decltype 的结合使用 …… 14
- 1.2 模板的细节改进 …… 16
  - 1.2.1 模板的右尖括号 …… 16
  - 1.2.2 模板的别名 …… 18
  - 1.2.3 函数模板的默认模板参数 …… 20
- 1.3 列表初始化 …… 22
  - 1.3.1 统一的初始化 …… 23
  - 1.3.2 列表初始化的使用细节 …… 25
  - 1.3.3 初始化列表 …… 29
  - 1.3.4 防止类型收窄 …… 32
- 1.4 基于范围的 for 循环 …… 34
  - 1.4.1 for 循环的新用法 …… 34
  - 1.4.2 基于范围的 for 循环的使用细节 …… 36
  - 1.4.3 让基于范围的 for 循环支持自定义类型 …… 40
- 1.5 std::function 和 bind 绑定器 …… 47
  - 1.5.1 可调用对象 …… 47
  - 1.5.2 可调用对象包装器——std::function …… 49
  - 1.5.3 std::bind 绑定器 …… 52
- 1.6 lambda 表达式 …… 56
  - 1.6.1 lambda 表达式的概念和基本用法 …… 56
  - 1.6.2 声明式的编程风格，简洁的代码 …… 59
  - 1.6.3 在需要的时间和地点实现闭包，使程序更灵活 …… 60
- 1.7 tupe 元组 …… 61
- 1.8 总结 …… 63

第2章 使用 C++11 改进程序性能 …… 64

- 2.1 右值引用 …… 64
  - 2.1.1 && 的特性 …… 65
  - 2.1.2 右值引用优化性能，避免深拷贝 …… 71

2.2	move 语义 ································· 77	
2.3	forward 和完美转发 ············· 78	
2.4	emplace_back 减少内存拷贝和	
	移动 ··· 81	
2.5	unordered container 无序容器 ········ 83	
2.6	总结 ··· 85	

第 3 章 使用 C++11 消除重复，提高代码质量 ························ 86

- 3.1 type_traits——类型萃取 ··············· 86
  - 3.1.1 基本的 type_traits ················ 87
  - 3.1.2 根据条件选择的 traits ········· 96
  - 3.1.3 获取可调用对象返回类型的 traits ··························· 96
  - 3.1.4 根据条件禁用或启用某种或某些类型 traits ··············· 99
- 3.2 可变参数模板 ······························· 103
  - 3.2.1 可变参数模板函数 ············· 103
  - 3.2.2 可变参数模板类 ················· 107
  - 3.2.3 可变参数模板消除重复代码 ···· 111
- 3.3 可变参数模版和 type_taits 的综合应用 ··································· 114
  - 3.3.1 optional 的实现 ··············· 114
  - 3.3.2 惰性求值类 lazy 的实现 ········· 118
  - 3.3.3 dll 帮助类 ··························· 122
  - 3.3.4 lambda 链式调用 ··············· 126
  - 3.3.5 any 类的实现 ····················· 128
  - 3.3.6 function_traits ···················· 131
  - 3.3.7 variant 的实现 ··················· 134
  - 3.3.8 ScopeGuard ······················· 140
  - 3.3.9 tuple_helper ······················ 141

3.4 总结 ··· 153

第 4 章 使用 C++11 解决内存泄露的问题 ································ 155

- 4.1 shared_ptr 共享的智能指针 ········ 155
  - 4.1.1 shared_ptr 的基本用法 ········ 156
  - 4.1.2 使用 shared_ptr 需要注意的问题 ······························· 157
- 4.2 unique_ptr 独占的智能指针 ········ 159
- 4.3 weak_ptr 弱引用的智能指针 ······· 161
  - 4.3.1 weak_ptr 基本用法 ············· 161
  - 4.3.2 weak_ptr 返回 this 指针 ······· 162
  - 4.3.3 weak_ptr 解决循环引用问题 ···· 163
- 4.4 通过智能指针管理第三方库分配的内存 ··································· 164
- 4.5 总结 ··· 166

第 5 章 使用 C++11 让多线程开发变得简单 ································ 167

- 5.1 线程 ··· 167
  - 5.1.1 线程的创建 ························· 167
  - 5.1.2 线程的基本用法 ················· 170
- 5.2 互斥量 ··· 171
  - 5.2.1 独占互斥量 std::mutex ········ 171
  - 5.2.2 递归的独战互斥量 std::recursive_mutex ··············· 172
  - 5.2.3 带超时的互斥量 std::timed_mutex 和 std::recursive_timed_mutex ··· 174
- 5.3 条件变量 ····································· 175
- 5.4 原子变量 ····································· 179

5.5　call_once/once_flag 的使用 ……… 180
5.6　异步操作类 …………………………… 181
　　5.6.1　std::future …………………… 181
　　5.6.2　std::promise ………………… 182
　　5.6.3　std::package_task …………… 182
　　5.6.4　std::promise、std::packaged_task
　　　　　和 std::future 三者之间的关系 … 183
5.7　线程异步操作函数 async ……………… 184
5.8　总结 …………………………………… 185

第 6 章　使用 C++11 中便利的工具 … 186

6.1　处理日期和时间的 chrono 库 ………… 186
　　6.1.1　记录时长的 duration …………… 186
　　6.1.2　表示时间点的 time point ……… 188
　　6.1.3　获取系统时钟的 clocks ………… 190
　　6.1.4　计时器 timer …………………… 191
6.2　数值类型和字符串的相互转换 ………… 193
6.3　宽窄字符转换 ………………………… 195
6.4　总结 …………………………………… 196

第 7 章　C++11 的其他特性 ………… 197

7.1　委托构造函数和继承构造函数 ………… 197
　　7.1.1　委托构造函数 …………………… 197
　　7.1.2　继承构造函数 …………………… 199
7.2　原始的字面量 ………………………… 201
7.3　final 和 override 标识符 ……………… 203
7.4　内存对齐 ……………………………… 204
　　7.4.1　内存对齐介绍 …………………… 204
　　7.4.2　堆内存的内存对齐 ……………… 207
　　7.4.3　利用 alignas 指定内存对齐

　　　　　大小 ……………………………… 207
　　7.4.4　利用 alignof 和 std::alignment_of
　　　　　获取内存对齐大小 ……………… 208
　　7.4.5　内存对齐的类型
　　　　　std::aligned_storage …………… 209
　　7.4.6　std::max_align_t 和 std::align
　　　　　操作符 …………………………… 211
7.5　C++11 新增的便利算法 ……………… 211
7.6　总结 …………………………………… 216

第二篇　C++11 工程级应用

第 8 章　使用 C++11 改进我们的
　　　　　模式 …………………………… 218

8.1　改进单例模式 ………………………… 218
8.2　改进观察者模式 ……………………… 223
8.3　改进访问者模式 ……………………… 227
8.4　改进命令模式 ………………………… 232
8.5　改进对象池模式 ……………………… 236
8.6　总结 …………………………………… 240

第 9 章　使用 C++11 开发一个半同步
　　　　　半异步线程池 ………………… 241

9.1　半同步半异步线程池介绍 ……………… 241
9.2　线程池实现的关键技术分析 …………… 242
9.3　同步队列 ……………………………… 243
9.4　线程池 ………………………………… 247
9.5　应用实例 ……………………………… 250
9.6　总结 …………………………………… 251

第 10 章 使用 C++11 开发一个轻量级的 AOP 库 ········· 252

- 10.1 AOP 介绍 ········· 252
- 10.2 AOP 的简单实现 ········· 253
- 10.3 轻量级的 AOP 框架的实现 ········· 255
- 10.4 总结 ········· 260

第 11 章 使用 C++11 开发一个轻量级的 IoC 容器 ········· 261

- 11.1 IoC 容器是什么 ········· 261
- 11.2 IoC 创建对象 ········· 265
- 11.3 类型擦除的常用方法 ········· 267
- 11.4 通过 Any 和闭包来擦除类型 ········· 269
- 11.5 创建依赖的对象 ········· 273
- 11.6 完整的 IoC 容器 ········· 275
- 11.7 总结 ········· 283

第 12 章 使用 C++11 开发一个对象的消息总线库 ········· 284

- 12.1 消息总线介绍 ········· 284
- 12.2 消息总线关键技术 ········· 284
  - 12.2.1 通用的消息定义 ········· 285
  - 12.2.2 消息的注册 ········· 285
  - 12.2.3 消息分发 ········· 289
  - 12.2.4 消息总线的设计思想 ········· 289
- 12.3 完整的消息总线 ········· 292
- 12.4 应用实例 ········· 297
- 12.5 总结 ········· 301

第 13 章 使用 C++11 封装 sqlite 库 ········· 302

- 13.1 sqlite 基本用法介绍 ········· 303
  - 13.1.1 打开和关闭数据库的函数 ········· 304
  - 13.1.2 执行 SQL 语句的函数 ········· 305
- 13.2 rapidjson 基本用法介绍 ········· 310
  - 13.2.1 解析 json 字符串 ········· 310
  - 13.2.2 创建 json 对象 ········· 311
  - 13.2.3 对 rapidjson 的一点扩展 ········· 315
- 13.3 封装 sqlite 的 SmartDB ········· 316
  - 13.3.1 打开和关闭数据库的接口 ········· 317
  - 13.3.2 Excecute 接口 ········· 319
  - 13.3.3 ExecuteScalar 接口 ········· 323
  - 13.3.4 事务接口 ········· 325
  - 13.3.5 ExcecuteTuple 接口 ········· 325
  - 13.3.6 json 接口 ········· 327
  - 13.3.7 查询接口 ········· 329
- 13.4 应用实例 ········· 332
- 13.5 总结 ········· 335

第 14 章 使用 C++11 开发一个 linq to objects 库 ········· 336

- 14.1 LINQ 介绍 ········· 336
  - 14.1.1 LINQ 语义 ········· 336
  - 14.1.2 Linq 标准操作符（C#）········· 337
- 14.2 C++ 中的 LINQ ········· 339
- 14.3 LINQ 实现的关键技术 ········· 340
  - 14.3.1 容器和数组的泛化 ········· 341
  - 14.3.2 支持所有的可调用对象 ········· 344
  - 14.3.3 链式调用 ········· 345
- 14.4 linq to objects 的具体实现 ········· 347
  - 14.4.1 一些典型 LINQ 操作符的实现 ········· 347
  - 14.4.2 完整的 linq to objects 的实现 ········· 349

14.5　linq to objects 的应用实例·········358
14.6　总结·········360

第15章　使用C++11开发一个轻量级的并行task库·········361

15.1　TBB 的基本用法·········362
 15.1.1　TBB 概述·········362
 15.1.2　TBB 并行算法·········362
 15.1.3　TBB 的任务组·········365
15.2　PPL 的基本用法·········365
 15.2.1　PPL 任务的链式连续执行·········365
 15.2.2　PPL 的任务组·········366
15.3　TBB 和 PPL 的选择·········367
15.4　轻量级的并行库 TaskCpp 的需求·········367
15.5　TaskCpp 的任务·········368
 15.5.1　task 的实现·········368
 15.5.2　task 的延续·········369
15.6　TaskCpp 任务的组合·········372
 15.6.1　TaskGroup·········372
 15.6.2　WhenAll·········376
 15.6.3　WhenAny·········378

15.7　TaskCpp 并行算法·········381
 15.7.1　ParallelForeach：并行对区间元素执行某种操作·········381
 15.7.2　ParallelInvoke：并行调用·········382
 15.7.3　ParallelReduce：并行汇聚·········383
15.8　总结·········386

第16章　使用C++11开发一个简单的通信程序·········387

16.1　反应器和主动器模式介绍·········387
16.2　asio 中的 Proactor·········391
16.3　asio 的基本用法·········394
 16.3.1　异步接口·········395
 16.3.2　异步发送·········397
16.4　C++11 结合 asio 实现一个简单的服务端程序·········399
16.5　C++11 结合 asio 实现一个简单的客户端程序·········405
16.6　TCP 粘包问题的解决·········408
16.7　总结·········413

参考文献·········414

第一篇 Part 1

C++11 改进我们的程序

- 第 1 章　使用 C++11 让程序更简洁、更现代
- 第 2 章　使用 C++11 改进程序性能
- 第 3 章　使用 C++11 消除重复，提高代码质量
- 第 4 章　使用 C++11 解决内存泄露的问题
- 第 5 章　使用 C++11 让多线程开发变得简单
- 第 6 章　使用 C++11 中便利的工具
- 第 7 章　C++11 的其他特性

第 1 章

使用 C++11 让程序更简洁、更现代

本章要讲到的 C++11 特性可以使程序更简洁易读，也更现代。通过这些新特性，可以更方便和高效地撰写代码，并提高开发效率。

用过 C# 的读者可能觉得 C# 中的一些特性非常好用，可以让代码更简洁、易读。比如 var 可以在编译期自动推断出变量的类型；range-base for 循环非常简洁清晰；构造函数初始化列表使创建一个对象变得非常方便；lambda 表达式可以简洁清晰地就定义短小的逻辑，等等。

现在的 C++11 中也增加了类似的特性，不仅实现了上面的这些功能，而且在一些细节的表现上更加灵活。比如 auto 不仅可以自动推断变量类型，还能结合 decltype 来表示函数的返回值。这些新特性可以让我们写出更简洁、更现代的代码。

1.1 类型推导

C++11 引入了 auto 和 decltype 关键字实现类型推导，通过这两个关键字不仅能方便地获取复杂的类型，而且还能简化书写，提高编码效率。

1.1.1 auto 类型推导

1. auto 关键字的新意义

用过 C# 的读者可能知道，从 Visual C# 3.0 开始，在方法范围中声明的变量可以具有隐式类型 var。例如，下面这样的写法（C# 代码）：

```
var i = 10;                    // 隐式（implicitly）类型定义
```

```
int i = 10;                    // 显式（explicitly）类型定义
```

其中，隐式的类型定义也是强类型定义，前一行的隐式类型定义写法和后一行的显式写法是等价的。

不同于 Python 等动态类型语言的运行时变量类型推导，隐式类型定义的类型推导发生在编译期。它的作用是让编译器自动推断出这个变量的类型，而不需要显式指定类型。

现在，C++11 中也拥有了类似的功能：auto 类型推导。其写法与上述 C# 代码等价：

```
auto i = 10;
```

是不是和 C# 的隐式类型定义很像呢？

下面看下 auto 的一些基本用法㊀：

```
auto x = 5;                    // OK: x 是 int 类型
auto pi = new auto(1);         // OK: pi 被推导为 int*
const auto *v = &x, u = 6;     // OK: v 是 const int* 类型，u 是 const int 类型
static auto y = 0.0;           // OK: y 是 double 类型
auto int r;                    // error: auto 不再表示存储类型指示符
auto s;                        // error: auto 无法推导出 s 的类型
```

在上面的代码示例中：字面量 5 是一个 const int 类型，变量 x 将被推导为 int 类型（const 被丢弃，后面说明），并被初始化为 5；pi 的推导说明 auto 还可以用于 new 操作符。在例子中，new 操作符后面的 auto(1) 被推导为 int(1)，因此 pi 的类型是 int*；接着，由 &x 的类型为 int*，推导出 const auto* 中的 auto 应该是 int，于是 v 被推导为 const int*，而 u 则被推导为 const int。

v 和 u 的推导需要注意两点：

❑ 虽然经过前面 const auto*v=&x 的推导，auto 的类型可以确定为 int 了，但是 u 仍然必须要写后面的 "=6"，否则编译器不予通过。

❑ u 的初始化不能使编译器推导产生二义性。例如，把 u 的初始化改成 "u=6.0"，编译器将会报错：

```
const auto *v = &x, u = 6.0;
error: inconsistent deduction for 'const auto': 'int' and then
'double'
```

最后 y、r、s 的推导过程比较简单，就不展开讲解了。读者可自行在支持 C++11 的编译器上实验。

由上面的例子可以看出来，auto 并不能代表一个实际的类型声明（如 s 的编译错误），只是一个类型声明的"占位符"。

使用 auto 声明的变量必须马上初始化，以让编译器推断出它的实际类型，并在编译时将 auto 占位符替换为真正的类型。

㊀ 部分示例来自 ISO/IEC 14882:2011，7.1.6.4 auto specifier，第 3 款。

细心的读者可能会发现，auto 关键字其实并不是一个全新的关键字。在旧标准中，它代表"具有自动存储期的局部变量"，不过其实它在这方面的作用不大，比如：

```
auto int i = 0;              //C++98/03，可以默认写成 int i = 0;
static int j = 0;
```

上述代码中的 auto int 是旧标准中 auto 的使用方法。与之相对的是下面的 static int，它代表了静态类型的定义方法。

实际上，我们很少有机会这样直接使用 auto，因为非 static 的局部变量默认就是"具有自动存储期的"[⊖]。

考虑到 auto 在 C++ 中使用的较少，在 C++11 标准中，auto 关键字不再表示存储类型指示符（storage-class-specifiers，如上文提到的 static，以及 register、mutable 等），而是改成了一个类型指示符（type-specifier），用来提示编译器对此类型的变量做类型的自动推导。

2. auto 的推导规则

从上一节的示例中可以看到 auto 的一些使用方法。它可以同指针、引用结合起来使用，还可以带上 cv 限定符（cv-qualifier，const 和 volatile 限定符的统称）。

再来看一组例子：

```
int x = 0;

auto *  a = &x;              //a -> int*, auto 被推导为 int
auto    b = &x;              //b -> int*, auto 被推导为 int*
auto &  c = x;               //c -> int&, auto 被推导为 int
auto    d = c;               //d -> int , auto 被推导为 int

const auto e = x;            //e -> const int
auto f = e;                  //f -> int

const auto& g = x;           //g -> const int&
auto& h = g;                 //h -> const int&
```

由上面的例子可以看出：

❑ a 和 c 的推导结果是很显然的，auto 在编译时被替换为 int，因此 a 和 c 分别被推导为 int* 和 int&。

❑ b 的推导结果说明，其实 auto 不声明为指针，也可以推导出指针类型。

❑ d 的推导结果说明当表达式是一个引用类型时，auto 会把引用类型抛弃，直接推导成原始类型 int。

❑ e 的推导结果说明，const auto 会在编译时被替换为 const int。

❑ f 的推导结果说明，当表达式带有 const(实际上 volatile 也会得到同样的结果) 属性时，

⊖ ISO/IEC 14882:2003，7.1.1 Storage class specifiers，第 2 款。

auto 会把 const 属性抛弃掉，推导成 non-const 类型 int。
- g、h 的推导说明，当 auto 和引用（换成指针在这里也将得到同样的结果）结合时，auto 的推导将保留表达式的 const 属性。

通过上面的一系列示例，可以得到下面这两条规则：

1）当不声明为指针或引用时，auto 的推导结果和初始化表达式抛弃引用和 cv 限定符后类型一致。

2）当声明为指针或引用时，auto 的推导结果将保持初始化表达式的 cv 属性。

看到这里，对函数模板自动推导规则比较熟悉的读者可能会发现，auto 的推导和函数模板参数的自动推导有相似之处。比如上面例子中的 auto，和下面的模板参数自动推导出来的类型是一致的：

```
template <typename T> void func(T   x) {}         // T   -> auto
template <typename T> void func(T * x) {}         // T * -> auto *
template <typename T> void func(T & x) {}         // T & -> auto &
template <typename T> void func(const T   x) {}   // const T   -> const auto
template <typename T> void func(const T * x) {}   // const T * -> const auto *
template <typename T> void func(const T & x) {}   // const T & -> const auto &
```

注意：auto 是不能用于函数参数的。上面的示例代码只是单纯比较函数模板参数推导和 auto 推导规则的相似处。

因此，在熟悉 auto 推导规则时，可以借助函数模板的参数自动推导规则来帮助和加强理解。

3. auto 的限制

上一节提到了 auto 是不能用于函数参数的。那么除了这个之外，还有哪些限制呢？

请看下面的示例，如代码清单 1-1 所示。

代码清单 1-1 auto 使用受限的示例

```
void func(auto a = 1) {}                    // error: auto 不能用于函数参数

struct Foo
{
    auto var1_ = 0;                         // error: auto 不能用于非静态成员变量
    static const auto var2_ = 0;            // OK: var2_ -> static const int
};

template <typename T>
struct Bar {};

int main(void)
{
    int arr[10] = {0};
    auto aa      = arr;                     // OK: aa -> int *
    auto rr[10] = arr;                      // error: auto 无法定义数组
```

```
    Bar<int> bar;
    Bar<auto> bb = bar;                        // error: auto无法推导出模板参数

    return 0;
}
```

在 Foo 中，auto 仅能用于推导 static const 的整型或者枚举成员（因为其他静态类型在 C++ 标准中无法就地初始化[⊖]），虽然 C++11 中可以接受非静态成员变量的就地初始化，但却不支持 auto 类型非静态成员变量的初始化。

在 main 函数中，auto 定义的数组 rr 和 Bar<auto>bb 都是无法通过编译的。

 main 函数中的 aa 不会被推导为 int[10]，而是被推导为 int*。这个结果可以通过上一节中 auto 与函数模板参数自动推导的对比来理解。

4. 什么时候用 auto

前面说了这么多，最重要的是，应该在什么时候使用 auto 呢？

在 C++11 之前，定义了一个 stl 容器以后，在遍历的时候常常会写这样的代码：

```
#include <map>

int main(void)
{
    std::map<double, double> resultMap;

    // ...

    std::map<double,double>::iterator it = resultMap.begin();
    for(; it != resultMap.end(); ++it)
    {
    // do something
    }

    return 0;
}
```

观察上面的迭代器（iterator）变量 it 的定义过程，总感觉有点憋屈。其实通过 resultMap.begin()，已经能够知道 it 的具体类型了，却非要书写上长长的类型定义才能通过编译。

来看看使用了 auto 以后的写法：

```
#include <map>
```

⊖ ISO/IEC 14882:2011, 9.4.2 Static data members, 第 3 款。

```cpp
int main(void)
{
    std::map<double, double> resultMap;

    // ...

    for(auto it = resultMap.begin(); it != resultMap.end(); ++it)
    {
    //do something
    }

    return 0;
}
```

再次观察 it 的定义过程，是不是感到清爽了很多？

再看一个例子，在一个 unordered_multimap 中查找一个范围，代码如下：

```cpp
#include <map>

int main(void)
{
    std::unordered_multimap<int, int>resultMap;

    // ...

    std::pair<std::unordered_multimap<int,int>::iterator, std::unordered_multimap<int, int>::iterator>
    range = resultMap.equal_range(key);

    return 0;
}
```

这个 equal_range 返回的类型声明显得烦琐而冗长，而且实际上并不关心这里的具体类型（大概知道是一个 std::pair 就够了）。这时，通过 auto 就能极大的简化书写，省去推导具体类型的过程：

```cpp
#include <map>

int main(void)
{
    std::unordered_multimap<int, int> map;

    // ...

    auto range = map.equal_range(key);

    return 0;
}
```

另外，在很多情况下我们是无法知道变量应该被定义成什么类型的，比如，如代码清单 1-2 所示的例子。

代码清单 1-2　auto 简化函数定义的示例

```
class Foo
{
public:
    static int get(void)
    {
        return 0;
    }
};

class Bar
{
public:
    static const char* get(void)
    {
        return "0";
    }
};

template <class A>
void func(void)
{
    auto val = A::get();

    // ...
}

int main(void)
{
    func<Foo>();
    func<Bar>();
    return 0;
}
```

在这个例子里，我们希望定义一个泛型函数 func，对所有具有静态 get 方法的类型 A，在得到 get 的结果后做统一的后续处理。若不使用 auto，就不得不对 func 再增加一个模板参数，并在外部调用时手动指定 get 的返回值类型。

上面给出的各种示例仅仅只是实际应用中很少的一部分，但也足以说明 auto 关键字的各种常规使用方法。更多的适用场景，希望读者能够在实际的编程中亲身体验。

> **注意**　auto 是一个很强大的工具，但任何工具都有它的两面性。不加选择地随意使用 auto，会带来代码可读性和维护性的严重下降。因此，在使用 auto 的时候，一定要权衡好它带来的"价值"和相应的"损失"。

1.1.2 decltype 关键字

1. 获知表达式的类型

上一节所讲的 auto，用于通过一个表达式在编译时确定待定义的变量类型，auto 所修饰的变量必须被初始化，编译器需要通过初始化来确定 auto 所代表的类型，即必须要定义变量。若仅希望得到类型，而不需要（或不能）定义变量的时候应该怎么办呢？

C++11 新增了 decltype 关键字，用来在编译时推导出一个表达式的类型。它的语法格式如下：

```
decltype(exp)
```

其中，exp 表示一个表达式（expression）。

从格式上来看，decltype 很像 sizeof——用来推导表达式类型大小的操作符。类似于 sizeof，decltype 的推导过程是在编译期完成的，并且不会真正计算表达式的值。

那么怎样使用 decltype 来得到表达式的类型呢？让我们来看一组例子：

```
int x = 0;
decltype(x) y = 1;          // y -> int
decltype(x + y) z = 0;      // z -> int

const int& i = x;
decltype(i) j = y;          // j -> const int &

const decltype(z) * p = &z; // *p -> const int, p -> const int *
decltype(z) * pi = &z;      // *pi -> int      , pi -> int *
decltype(pi)* pp = &pi;     // *pp -> int *    , pp -> int * *
```

y 和 z 的结果表明 decltype 可以根据表达式直接推导出它的类型本身。这个功能和上一节的 auto 很像，但又有所不同。auto 只能根据变量的初始化表达式推导出变量应该具有的类型。若想要通过某个表达式得到类型，但不希望新变量和这个表达式具有同样的值，此时 auto 就显得不适用了。

j 的结果表明 decltype 通过表达式得到的类型，可以保留住表达式的引用及 const 限定符。实际上，对于一般的标记符表达式（id-expression），decltype 将精确地推导出表达式定义本身的类型，不会像 auto 那样在某些情况下舍弃掉引用和 cv 限定符。

p、pi 的结果表明 decltype 可以像 auto 一样，加上引用和指针，以及 cv 限定符。

pp 的推导则表明，当表达式是一个指针的时候，decltype 仍然推导出表达式的实际类型（指针类型），之后结合 pp 定义时的指针标记，得到的 pp 是一个二维指针类型。这也是和 auto 推导不同的一点。

对于 decltype 和引用（&）结合的推导结果，与 C++11 中新增的引用折叠规则（Reference Collapsing）有关，因此，留到后面的 2.1 节右值引用（Rvalue Reference）时再详细讲解。

关于 p、pi、pp 的推导，有个很有意思的地方。像 MicrosoftVisual Studio 这样的 IDE，可以在运行时观察每个变量的类型。我们可以看到 p 的显示是这样的：

*p	0	const int

这其实是 C/C++ 的一个违反常理的地方：指针（*）、引用（&）属于说明符（declarators），在定义的时候，是和变量名，而不是类型标识符（type-specifiers）相结合的。

因此，"const decltype(z)*p" 推导出来的其实是 *p 的类型（const int），然后再进一步运算出 p 的类型。

2. decltype 的推导规则

从上面一节内容来看，decltype 的使用是比较简单的。但在简单的使用方法之后，也隐藏了不少细节。

我们先来看看 decltype(exp) 的推导规则[⊖]：
- 推导规则 1，exp 是标识符、类访问表达式，decltype(exp) 和 exp 的类型一致。
- 推导规则 2，exp 是函数调用，decltype(exp) 和返回值的类型一致。
- 推导规则 3，其他情况，若 exp 是一个左值，则 decltype(exp) 是 exp 类型的左值引用，否则和 exp 类型一致。

只看上面的推导规则，很难理解 decltype(exp) 到底是一个什么类型。为了更好地讲解这些规则的适用场景，下面根据上面的规则分 3 种情况依次讨论：

1）标识符表达式和类访问表达式。
2）函数调用（非标识符表达式，也非类访问表达式）。
3）带括号的表达式和加法运算表达式（其他情况）。

（1）标识符表达式和类访问表达式

先看第一种情况，代码清单 1-3 是一组简单的例子。

代码清单 1-3　decltype 作用于标识符和类访问表达式示例

```
class Foo
{
public:
    static const int Number = 0;
    int x;
};
```

⊖ 关于推导规则，有很多种版本。
- C++ 标准：ISO/IEC 14882:2011，7.1.6.2 Simple type specifiers，第 4 款
- MSDN：decltype Type Specifier, http://msdn.microsoft.com/en-us/library/dd537655.aspx
- 维基百科：decltype, http://en.wikipedia.org/wiki/Decltype

虽然描述不同，但其实是等价的。为了方便理解，这里选取了 MSDN 的版本。

```
int n = 0;
volatile const int & x = n;

decltype(n) a = n;                  //a -> int
decltype(x) b = n;                  //b -> const volatile int &

decltype(Foo::Number) c = 0;        //c -> const int

Foo foo;
decltype(foo.x) d = 0;              //d -> int，类访问表达式
```

变量 a、b、c 保留了表达式的所有属性（cv、引用）。这里的结果是很简单的，按照推导规则 1，对于标识符表达式而言，decltype 的推导结果就和这个变量的类型定义一致。

d 是一个类访问表达式，因此也符合推导规则 1。

（2）函数调用

接下来，考虑第二种情况：如果表达式是一个函数调用（不符合推导规则 1），结果会如何呢？

请看代码清单 1-4 所示的示例。

代码清单 1-4 decltype 作用于函数调用的示例

```
int& func_int_r(void);              //左值（lvalue，可简单理解为可寻址值）
int&& func_int_rr(void);            //x 值（xvalue，右值引用本身是一个 xvalue）
int func_int(void);                 //纯右值（prvalue，将在后面的章节中讲解）

const int& func_cint_r(void);       //左值
const int&& func_cint_rr(void);     //x 值
const int func_cint(void);          //纯右值

const Foo func_cfoo(void);          //纯右值

//下面是测试语句
int x = 0;

decltype(func_int_r())     a1 = x;      //a1 -> int &
decltype(func_int_rr())    b1 = 0;      //b1 -> int &&
decltype(func_int())       c1 = 0;      //c1 -> int

decltype(func_cint_r())    a2 = x;      //a2 -> const int &
decltype(func_cint_rr())   b2 = 0;      //b2 -> const int &&
decltype(func_cint())      c2 = 0;      //c2 -> int

decltype(func_cfoo())      ff = Foo();  //ff -> const Foo
```

可以看到，按照推导规则 2，decltype 的结果和函数的返回值类型保持一致。

这里需要注意的是，c2 是 int 而不是 const int。这是因为函数返回的 int 是一个纯右值

(prvalue)。对于纯右值而言,只有类类型可以携带 cv 限定符,此外则一般忽略掉 cv 限定[⊖]。

如果在 gcc 下编译上面的代码,会得到一个警告信息如下:

```
warning: type qualifiers ignored on function return type
[-Wignored-qualifiers]
 cint func_cint(void);
```

因此,decltype 推导出来的 c2 是一个 int。

作为对比,可以看到 decltype 根据 func_cfoo() 推导出来的 ff 的类型是 const Foo。

(3)带括号的表达式和加法运算表达式

最后,来看看第三种情况:

```
struct Foo { int x; };
const Foo foo = Foo();

decltype(foo.x)    a = 0;              // a -> int
decltype((foo.x)) b = a;               // b -> const int &

int n = 0, m = 0;
decltype(n + m) c = 0;                 // c -> int
decltype(n += m) d = c;                // d -> int &
```

a 和 b 的结果:仅仅多加了一对括号,它们得到的类型却是不同的。

a 的结果是很直接的,根据推导规则 1,a 的类型就是 foo.x 的定义类型。

b 的结果并不适用于推导规则 1 和 2。根据 foo.x 是一个左值,可知括号表达式也是一个左值。因此可以按照推导规则 3,知道 decltype 的结果将是一个左值引用。

foo 的定义是 const Foo,所以 foo.x 是一个 const int 类型左值,因此 decltype 的推导结果是 const int &。

同样,n+m 返回一个右值,按照推导规则 3,decltype 的结果为 int。

最后,n+=m 返回一个左值,按照推导规则 3,decltype 的结果为 int &。

3. decltype 的实际应用

decltype 的应用多出现在泛型编程中。考虑代码清单 1-5 的场景。

代码清单 1-5 泛型类型定义可能存在问题的示例

```
#include <vector>

template <class ContainerT>
class Foo
{
    typename ContainerT::iterator it_;  // 类型定义可能有问题
```

⊖ ISO/IEC 14882:2011, 3.10 Lvalues and rvalues,

第 1 款:"The result of calling a function whose return type is not a reference is a prvalue."

第 4 款:"Class prvalues can have cv-qualified types; non-class prvalues always have cv-unqualified types."

```cpp
public:
    void func(ContainerT& container)
    {
        it_ = container.begin();
    }

    // ...
};

int main(void)
{
    typedef const std::vector<int> container_t;
    container_t arr;

    Foo<container_t> foo;
    foo.func(arr);

    return 0;
}
```

单独看类 Foo 中的 it_ 成员定义，很难看出会有什么错误，但在使用时，若上下文要求传入一个 const 容器类型，编译器马上会弹出一大堆错误信息。

原因就在于，ContainerT::iterator 并不能包括所有的迭代器类型，当 ContainerT 是一个 const 类型时，应当使用 const_iterator。

要想解决这个问题，在 C++98/03 下只能想办法把 const 类型的容器用模板特化单独处理，比如增加一个像下面这样的模板特化：

```cpp
template <class ContainerT>
class Foo<const ContainerT>
{
    typename ContainerT::const_iterator it_;

public:
    void func(const ContainerT& container)
    {
        it_ = container.begin();
    }

    // ...
};
```

这实在不能说是一个好的解决办法。若 const 类型的特化只是为了配合迭代器的类型限制，Foo 的其他代码也不得不重新写一次。

有了 decltype 以后，就可以直接这样写：

```cpp
template <class ContainerT>
class Foo
```

```
    {
        decltype(ContainerT().begin()) it_;
public:
        void func(ContainerT& container)
        {
            it_ = container.begin();
        }

        // ...
};
```

是不是舒服很多了？

decltype 也经常用在通过变量表达式抽取变量类型上，如下面的这种用法：

```
vector<int> v;
// ...
decltype(v)::value_type i = 0;
```

在冗长的代码中，人们往往只会关心变量本身，而并不关心它的具体类型。比如在上例中，只要知道 v 是一个容器就够了（可以提取 value_type），后面的所有算法内容只需要出现 v，而不需要出现像 vector<int> 这种精确的类型名称。这对理解一些变量类型复杂但操作统一的代码片段有很大好处。

实际上，标准库中有些类型都是通过 decltype 来定义的：

```
typedef decltype(nullptr)nullptr_t;// 通过编译器关键字 nullptr 定义类型 nullptr_t
typedef decltype(sizeof(0)) size_t;
```

这种定义方法的好处是，从类型的定义过程上就可以看出来这个类型的含义。

1.1.3　返回类型后置语法——auto 和 decltype 的结合使用

在泛型编程中，可能需要通过参数的运算来得到返回值的类型。

考虑下面这个场景：

```
template <typename R, typename T, typename U>
R add(T t, U u)
{
    return t+u;
}

int a = 1; float b = 2.0;
auto c = add<decltype(a + b)>(a, b);
```

我们并不关心 a+b 的类型是什么，因此，只需要通过 decltype(a+b) 直接得到返回值类型即可。但是像上面这样使用十分不方便，因为外部其实并不知道参数之间应该如何运算，只有 add 函数才知道返回值应当如何推导。那么，在 add 函数的定义上能不能直接通过

decltype 拿到返回值呢？

```
template <typename T, typename U>
decltype(t + u) add(T t, U u)  // error: t、u 尚未定义
{
    return t + u;
}
```

当然，直接像上面这样写是编译不过的。因为 t、u 在参数列表中，而 C++ 的返回值是前置语法，在返回值定义的时候参数变量还不存在。

可行的写法如下：

```
template <typename T, typename U>
decltype(T() + U()) add(T t, U u)
{
    return t + u;
}
```

考虑到 T、U 可能是没有无参构造函数的类，正确的写法应该是这样：

```
template <typename T, typename U>
decltype((*(T*)0) + (*(U*)0)) add(T t, U u)
{
    return t + u;
}
```

虽然成功地使用 decltype 完成了返回值的推导，但写法过于晦涩，会大大增加 decltype 在返回值类型推导上的使用难度并降低代码的可读性。

因此，在 C++11 中增加了返回类型后置（trailing-return-type，又称跟踪返回类型）语法，将 decltype 和 auto 结合起来完成返回值类型的推导。

返回类型后置语法是通过 auto 和 decltype 结合起来使用的。上面的 add 函数，使用新的语法可以写成：

```
template <typename T, typename U>
auto add(T t, U u) -> decltype(t + u)
{
    return t + u;
}
```

为了进一步说明这个语法，再看另一个例子：

```
int& foo(int& i);
float foo(float& f);

template <typename T>
auto func(T& val) -> decltype(foo(val))
{
    return foo(val);
}
```

如果说前一个例子中的 add 使用 C++98/03 的返回值写法还勉强可以完成，那么这个例子对于 C++98/03 而言就是不可能完成的任务了。

在这个例子中，使用 decltype 结合返回值后置语法很容易推导出了 foo(val) 可能出现的返回值类型，并将其用到了 func 上。

返回值类型后置语法，是为了解决函数返回值类型依赖于参数而导致难以确定返回值类型的问题。有了这种语法以后，对返回值类型的推导就可以用清晰的方式（直接通过参数做运算）描述出来，而不需要像 C++98/03 那样使用晦涩难懂的写法。

1.2 模板的细节改进

C++11 改进了编译器的解析规则，尽可能地将多个右尖括号（>）解析成模板参数结束符，方便我们编写模板相关的代码。

1.2.1 模板的右尖括号

在 C++98/03 的泛型编程中，模板实例化有一个很烦琐的地方，那就是连续两个右尖括号（>>）会被编译器解释成右移操作符，而不是模板参数表的结束。

看一下代码清单 1-6 所讲的例子。

代码清单 1-6　C++98/03 中不支持连续两个右尖括号的示例

```
template <typename T>
struct Foo
{
    typedef T type;
};

template <typename T>
class A
{
    // ...
};

int main(void)
{
    Foo<A<int>>::type xx; // 编译出错
    return 0;
}
```

使用 gcc 编译时，会得到如下错误提示：

```
error: '>>' should be '>>' within a nested template argument list
    Foo<A<int>>::type xx;
```

意思就是，"Foo<A<int>>"这种写法是不被支持的，要写成这样："Foo<A<int> >"（注意两个右尖括号之间的空格）。

这种限制无疑是很没有必要的。在 C++ 的各种成对括号中，目前只有右尖括号连续写两个会出现这种二义性。static_cast、reinterpret_cast 等 C++ 标准转换运算符，都是使用 "<>" 来获得待转换类型（type-id）的。若这个 type-id 本身是一个模板，用起来会很不方便。

现在在 C++11 中，这种限制终于被取消了。在 C++11 标准中，要求编译器对模板的右尖括号做单独处理，使编译器能够正确判断出 ">>" 是一个右移操作符还是模板参数表的结束标记（delimiter，界定符）^㊀。

不过这种自动化的处理在某些时候会与老标准不兼容，比如下面这个例子：

```
template <int N>
struct Foo
{
    // ...
};

int main(void)
{
    Foo<100 >> 2> xx;
    return 0;
}
```

在 C++98/03 的编译器中编译是没问题的，但 C++11 的编译器会显示：

```
error: expected unqualified-id before '>' token
    Foo<100 >> 2> xx;
```

解决的方法是这样写：

```
Foo<(100 >> 2)> xx;    // 注意括号
```

这种加括号的写法其实也是一个良好的编程习惯，使得在书写时倾向于写出无二义性的代码。

 各种 C++98/03 编译器除了支持标准（ISO/IEC 14882:2003 及其之前的标准）之外，还自行做了不少的拓展。这些拓展中的一部分，后来经过了 C++ 委员会的斟酌和完善，进入了 C++11。所以有一部分 C++11 的新特征，在一些 C++98/03 的老编译器下也是可以支持的，只是由于没有标准化，无法保证各种平台/编译器下的兼容性。比如像 Microsoft Visual C++ 2005 这种不支持 C++11 的编译器，在对模板右尖括号的处理上和现在的 C++11 是一致的。

㊀ ISO/IEC 14882:2011，1.4.2 Names of template specializations，第 3 款。

1.2.2 模板的别名

大家都知道，在 C++ 中可以通过 typedef 重定义一个类型：

```
typedef unsigned int uint_t;
```

被重定义的类型名叫"typedef-name"。它并不是一个新的类型，仅仅只是原有的类型取了一个新的名字。因此，下面这样将不是合法的函数重载：

```
void func(unsigned int);
void func(uint_t);        //error: redefinition
```

使用 typedef 重定义类型是很方便的，但它也有一些限制，比如，无法重定义一个模板。想象下面这个场景：

```
typedef std::map<std::string, int> map_int_t;
// ...
typedef std::map<std::string, std::string> map_str_t;
// ...
```

我们需要的其实是一个固定以 std::string 为 key 的 map，它可以映射到 int 或另一个 std::string。然而这个简单的需求仅通过 typedef 却很难办到。

因此，在 C++98/03 中往往不得不这样写：

```
template <typename Val>
struct str_map
{
    typedef std::map<std::string, Val> type;
};

// ...

str_map<int>::type map1;

// ...
```

一个虽然简单但却略显烦琐的 str_map 外敷类是必要的。这明显让我们在复用某些泛型代码时非常难受。

现在，在 C++11 中终于出现了可以重定义一个模板的语法。请看下面的示例：

```
template <typename Val>
using str_map_t = std::map<std::string, Val>;
// ...
str_map_t<int> map1;
```

这里使用新的 using 别名语法定义了 std::map 的模板别名 str_map_t。比起前面使用外敷模板加 typedef 构建的 str_map，它完全就像是一个新的 map 类模板，因此，简洁了很多。

实际上，using 的别名语法覆盖了 typedef 的全部功能。先来看看对普通类型的重定义示例，将这两种语法对比一下：

```
// 重定义 unsigned int
typedef unsigned int uint_t;
using uint_t = unsigned int;

// 重定义 std::map
typedef std::map<std::string, int> map_int_t;
using map_int_t = std::map<std::string, int>;
```

可以看到，在重定义普通类型上，两种使用方法的效果是等价的，唯一不同的是定义语法。

typedef 的定义方法和变量的声明类似：像声明一个变量一样，声明一个重定义类型，之后在声明之前加上 typedef 即可。这种写法凸显了 C/C++ 中的语法一致性，但有时却会增加代码的阅读难度。比如重定义一个函数指针时：

```
typedef void (*func_t)(int, int);
```

与之相比，using 后面总是立即跟随新标识符（Identifier），之后使用类似赋值的语法，把现有的类型（type-id）赋给新类型：

```
using func_t = void (*)(int, int);
```

从上面的对比中可以发现，C++11 的 using 别名语法比 typedef 更加清晰。因为 typedef 的别名语法本质上类似一种解方程的思路。而 using 语法通过赋值来定义别名，和我们平时的思考方式一致。

下面再通过一个对比示例，看看新的 using 语法是如何定义模板别名的。

```
/* C++98/03 */

template <typename T>
struct func_t
{
    typedef void (*type)(T, T);
};
// 使用 func_t 模板
func_t<int>::type xx_1;

/* C++11 */

template <typename T>
using func_t = void (*)(T, T);
// 使用 func_t 模板
func_t<int> xx_2;
```

从示例中可以看出，通过 using 定义模板别名的语法，只是在普通类型别名语法的基础上增加 template 的参数列表。使用 using 可以轻松地创建一个新的模板别名，而不需要像 C++98/03 那样使用烦琐的外敷模板。

需要注意的是，using 语法和 typedef 一样，并不会创造新的类型。也就是说，上面示例中 C++11 的 using 写法只是 typedef 的等价物。虽然 using 重定义的 func_t 是一个模板，但 func_t<int> 定义的 xx_2 并不是一个由类模板实例化后的类，而是 void(*)(int, int) 的别名。

因此，下面这样写：

```
void foo(void (*func_call)(int, int));
void foo(func_t<int> func_call);          // error: redefinition
```

同样是无法实现重载的，func_t<int> 只是 void(*)(int, int) 类型的等价物。

细心的读者可以发现，using 重定义的 func_t 是一个模板，但它既不是类模板也不是函数模板（函数模板实例化后是一个函数），而是一种新的模板形式：模板别名（alias template）。

其实，通过 using 可以轻松定义任意类型的模板表达方式。比如下面这样：

```
template <typename T>
using type_t = T;
// ...
type_t<int> i;
```

type_t 实例化后的类型和它的模板参数类型等价。这里，type_t<int> 将等价于 int。

1.2.3　函数模板的默认模板参数

在 C++98/03 中，类模板可以有默认的模板参数，如下：

```
template <typename T, typename U = int, U N = 0>
struct Foo
{
    // ...
};
```

但是却不支持函数的默认模板参数：

```
template <typename T = int>  // error in C++98/03: default template arguments
void func(void)
{
    // ...
}
```

现在这一限制在 C++11 中被解除了。上面的 func 函数在 C++11 中可以直接使用，代码如下：

```
int main(void)
{
    func();                              // 如同一个普通的 void(void) 类型函数
```

```
    return 0;
}
```

从上面的例子中可以看出来，当所有模板参数都有默认参数时，函数模板的调用如同一个普通函数。对于类模板而言，哪怕所有参数都有默认参数，在使用时也必须在模板名后跟随"<>"来实例化。

除了上面提到的部分之外，函数模板的默认模板参数在使用规则上和其他的默认参数也有一些不同，它没有必须写在参数表最后的限制。

因此，当默认模板参数和模板参数自动推导结合起来使用时，书写显得非常灵活。我们可以指定函数中的一部分模板参数采用默认参数，而另一部分使用自动推导，比如下面的例子：

```
template <typename R = int, typename U>
R func(U val)
{
    val
}

int main(void)
{
    func(123);
    return 0;
}
```

但需要注意的是，在调用函数模板时，若显示指定模板的参数，由于参数填充顺序是从左往右的，因此，像下面这样调用：

```
func<long>(123); // func 的返回值类型是 long
```

函数模板 func 的返回值类型是 long，而不是 int，因为模版参数的填充顺序从左往右，所以指定的模版参数类型 long 会作为 func 的返回值类型而不是参数类型，最终 func 的返回类型为 long。这个细节虽然简单，但在多个默认模板参数和模板参数自动推导穿插使用时很容易被忽略掉，造成使用时的一些意外。

另外，当默认模板参数和模板参数自动推导同时使用时，若函数模板无法自动推导出参数类型，则编译器将使用默认模板参数；否则将使用自动推导出的参数类型。请看下面这个例子：

```
template <typename T>
struct identity
{
    typedef T type;
};

template <typename T = int>
void func(typename identity<T>::type val, T = 0)
```

```
    {
        // ...
    }

    int main(void)
    {
        func(123);                  // T -> int
        func(123, 123.0);           // T -> double
        return 0;
    }
```

在例子中,通过 identity 外敷模板禁用了形参 val 的类型自动推导。但由于 func 指定了模板参数 T 的默认类型为 int,因此,在 func(123) 中,func 的 val 参数将为 int 类型。而在 func(123, 123.0) 中,由于 func 的第二个参数 123.0 为 double 类型,模板参数 T 将优先被自动推导为 double,因此,此时 val 参数将为 double 类型。

这里要注意的是,不能将默认模板参数当作模板参数自动推导的"建议",因为模板参数自动推导总是根据实参推导来的,当自动推导生效时,默认模板参数会被直接忽略。

1.3 列表初始化

我们知道,在 C++98/03 中的对象初始化方法有很多种,如代码清单 1-7 所示。

代码清单 1-7　对象初始化示例

```
// initializer list
int i_arr[3] = { 1, 2, 3 };         // 普通数组

struct A
{
    int x;
    struct B
    {
        int i;
        int j;
    } b;
} a = { 1, { 2, 3 } };              // POD 类型

// 拷贝初始化 (copy-initialization)

int i = 0;

class Foo
{
public:
    Foo(int) {}
} foo = 123;                        // 需要拷贝构造函数

// 直接初始化 (direct-initialization)
```

```
int j(0);
Foo bar(123);
```

这些不同的初始化方法,都有各自的适用范围和作用。最关键的是,这些种类繁多的初始化方法,没有一种可以通用所有情况。

为了统一初始化方式,并且让初始化行为具有确定的效果,C++11 中提出了列表初始化(List-initialization)的概念。

1.3.1 统一的初始化

在上面我们已经看到了,对于普通数组和 POD 类型[○],C++98/03 可以使用初始化列表(initializer list)进行初始化:

```
int i_arr[3] = { 1, 2, 3 };
long l_arr[] = { 1, 3, 2, 4 };

struct A
{
    int x;
    int y;
} a = { 1, 2 };
```

但是这种初始化方式的适用性非常狭窄,只有上面提到的这两种数据类型[○]可以使用初始化列表。

在 C++11 中,初始化列表的适用性被大大增加了。它现在可以用于任何类型对象的初始化,如代码清单 1-8 所示。

代码清单 1-8　通过初始化列表初始化对象

```
class Foo
{
public:
        Foo(int) {}

private:
        Foo(const Foo &);
};

int main(void)
{
        Foo a1(123);
        Foo a2 = 123; // error: 'Foo::Foo(const Foo &)' is private
```

○ 即 plain old data 类型,简单来说,是可以直接使用 memcpy 复制的对象。参考:
ISO/IEC 14882:2011, 9 Classes, 第 10 款。

○ 实际上在 C++98/03 标准中,对于可以使用这种初始化方式的类型有明确的定义,将在后面展开讲解。

```
        Foo a3 = { 123 };
        Foo a4 { 123 };

        int a5 = { 3 };
        int a6 { 3 };

        return 0;
}
```

在上例中，a3、a4 使用了新的初始化方式来初始化对象，效果如同 a1 的直接初始化。
a5、a6 则是基本数据类型的列表初始化方式。可以看到，它们的形式都是统一的。
这里需要注意的是，a3 虽然使用了等于号，但它仍然是列表初始化，因此，私有的拷贝构造并不会影响到它。
a4 和 a6 的写法，是 C++98/03 所不具备的。在 C++11 中，可以直接在变量名后面跟上初始化列表，来进行对象的初始化。
这种变量名后面跟上初始化列表方法同样适用于普通数组和 POD 类型的初始化：

```
int i_arr[3] { 1, 2, 3 };  // 普通数组

struct A
{
    int x;
    struct B
    {
        int i;
        int j;
    } b;
} a { 1, { 2, 3 } };         // POD 类型
```

在初始化时，{} 前面的等于号是否书写对初始化行为没有影响。
另外，如同读者所想的那样，new 操作符等可以用圆括号进行初始化的地方，也可以使用初始化列表：

```
int* a = new int { 123 };
double b = double { 12.12 };
int* arr = new int[3] { 1, 2, 3 };
```

指针 a 指向了一个 new 操作符返回的内存，通过初始化列表方式在内存初始化时指定了值为 123。
b 则是对匿名对象使用列表初始化后，再进行拷贝初始化。
这里让人眼前一亮的是 arr 的初始化方式。堆上动态分配的数组终于也可以使用初始化列表进行初始化了。
除了上面所述的内容之外，列表初始化还可以直接使用在函数的返回值上：

```
struct Foo
```

```
{
    Foo(int, double) {}
};

Foo func(void)
{
    return { 123, 321.0 };
}
```

这里的 return 语句就如同返回了一个 Foo(123, 321.0)。

由上面的这些例子可以看到,在 C++11 中使用初始化列表是非常便利的。它不仅统一了各种对象的初始化方式,而且还使代码的书写更加简单清晰。

1.3.2 列表初始化的使用细节

在 C++11 中,初始化列表的使用范围被大大增强了。一些模糊的概念也随之而来。

上一节,读者已经看到了初始化列表可以被用于一个自定义类型的初始化。但是对于一个自定义类型,初始化列表现在可能有两种执行结果:

```
struct A
{
    int x;
    int y;
} a = { 123, 321 };     // a.x = 123, a.y = 321

struct B
{
    int x;
    int y;
    B(int, int) : x(0), y(0) {}
} b = { 123, 321 };     // b.x = 0, b.y = 0
```

其实,上述变量 a 的初始化过程是 C++98/03 中就有的聚合类型(Aggregates)的初始化。它将以拷贝的形式,用初始化列表中的值来初始化 struct A 中的成员。

struct B 由于定义了一个自定义的构造函数,因此,实际上初始化是以构造函数进行的。

看到这里,读者可能会希望能够有一个确定的判断方法,能够清晰地知道初始化列表的赋值方式。

具体来说,在使用初始化列表时,对于什么样的类型 C++ 会认为它是一个聚合体?

下面来看看聚合类型的定义[○]:

(1) 类型是一个普通数组(如 int[10]、char[]、long[2][3])。

(2) 类型是一个类(class、struct、union),且

❏ 无用户自定义的构造函数。

○ ISO/IEC 14882:2011,8.5.1 Aggregates,第 1 款。

- 无私有（Private）或保护（Protected）的非静态数据成员。
- 无基类。
- 无虚函数。
- 不能有 { } 和 = 直接初始化（brace-or-equal-initializer）的非静态数据成员。

对于数组而言，情况是很清晰的。只要该类型是一个普通数组，哪怕数组的元素并非一个聚合类型，这个数组本身也是一个聚合类型：

```
int x[] = { 1, 3, 5 };
float y[4][3] =
{
    { 1, 3, 5 },
    { 2, 4, 6 },
    { 3, 5, 7 },
};
char cv[4] = { 'a', 's', 'd', 'f' };

std::string sa[3] = { "123", "321", "312" };
```

下面重点介绍当类型是一个类时的情况。首先是存在用户自定义构造函数时的例子，代码如下：

```
struct Foo
{
    int x;
    double y;
    int z;
    Foo(int, int) {}
};
Foo foo { 1, 2.5, 1 };      // error
```

这时无法将 Foo 看做一个聚合类型，因此，必须以自定义的构造函数来构造对象。

私有（Private）或保护（Protected）的非静态数据成员的情况如下：

```
struct ST
{
    int x;
    double y;
protected:
    int z;
};
ST s { 1, 2.5, 1 };         // error

struct Foo
{
    int x;
    double y;
protected:
    static int z;
};
```

```
Foo foo { 1, 2.5 }; //ok
```

在上面的示例中，ST 的初始化是非法的。因为 ST 的成员 z 是一个受保护的非静态数据成员。

而 Foo 的初始化则是成功的，因为它的受保护成员是一个静态数据成员。

这里需要注意，Foo 中的静态成员是不能通过实例 foo 的初始化列表进行初始化的，它的初始化遵循静态成员的初始化方式。

对于有基类和虚函数的情况：

```
struct ST
{
   int x;
   double y;
   virtual void F(){}
};
ST s { 1, 2.5 };      // error

struct Base {};
struct Foo : public Base
{
   int x;
   double y;
};
Foo foo { 1, 2.5 }; // error
```

ST 和 Foo 的初始化都会编译失败。因为 ST 中存在一个虚函数 F，而 Foo 则有一个基类 Base。

最后，介绍"不能有 { } 和 = 直接初始化（brace-or-equal-initializer）的非静态数据成员"这条规则，代码如下：

```
struct ST
{
   int x;
   double y = 0.0;
};
ST s { 1, 2.5 };      // error
```

在 ST 中，y 在声明时即被 = 直接初始化为 0.0，因此，ST 并不是一个聚合类型，不能直接使用初始化列表。

在 C++98/03 中，对于 y 这种非静态数据成员，本身就不能在声明时进行这种初始化工作。但是在 C++11 中放宽了这方面的限制。可以看到，在 C++11 中，非静态数据成员也可以在声明的同时进行初始化工作（即使用 { } 或 = 进行初始化）。

对于一个类来说，如果它的非静态数据成员在声明的同时进行了初始化，那么它就不再是一个聚合类型，因此，也不能直接使用初始化列表。

对于上述非聚合类型的情形，想要使用初始化列表的方法就是自定义一个构造函数，比如：

```cpp
struct ST
{
    int x;
    double y;
    virtual void F(){}
private:
    int z;
public:
    ST(int i, double j, int k) : x(i), y(j), z(k) {}
};
ST s { 1, 2.5, 2 };
```

需要注意的是，聚合类型的定义并非递归的。简单来说，当一个类的非静态成员是非聚合类型时，这个类也有可能是聚合类型。比如下面这个例子：

```cpp
struct ST
{
    int x;
    double y;
private:
    int z;
};
ST s { 1, 2.5, 1 };        // error

struct Foo
{
    ST st;
    int x;
    double y;
};
Foo foo { {}, 1, 2.5 };   // OK
```

可以看到，ST 并非一个聚合类型，因为它有一个 Private 的非静态成员。

但是尽管 Foo 含有这个非聚合类型的非静态成员 st，它仍然是一个聚合类型，可以直接使用初始化列表。

注意到 foo 的初始化过程，对非聚合类型成员 st 做初始化的时候，可以直接写一对空的大括号"{}"，相当于调用 ST 的无参构造函数。

现在，对于使用初始化列表时的一些细节有了更深刻的了解。对于一个聚合类型，使用初始化列表相当于对其中的每个元素分别赋值；而对于非聚合类型，则需要先自定义一个合适的构造函数，此时使用初始化列表将调用它对应的构造函数。

1.3.3 初始化列表

1. 任意长度的初始化列表

读者可能注意到了，C++11 中的 stl 容器拥有和未显示指定长度的数组一样的初始化能力，代码如下：

```
int arr[] { 1, 2, 3 };

std::map<std::string, int> mm =
{
    { "1", 1 }, { "2", 2 }, { "3", 3 }
};

std::set<int> ss = { 1, 2, 3 };

std::vector<int> arr = { 1, 2, 3, 4, 5 };
```

这里 arr 没有显式指定长度，因此，它的初始化列表可以是任意长度。

同样，std::map、std::set、std::vector 也可以在初始化时任意书写需要初始化的内容。

前面自定义的 Foo 却不具备这种能力，只能按部就班地按照构造函数指定的参数列表进行赋值。

实际上，stl 中的容器是通过使用 std::initializer_list 这个轻量级的类模板来完成上述功能支持的。我们只需要为 Foo 添加一个 std::initializer_list 构造函数，它也将拥有这种任意长度初始化的能力，代码如下：

```
class Foo
{
public:
    Foo(std::initializer_list<int>) {}
};

Foo foo = { 1, 2, 3, 4, 5 }; // OK!
```

那么，知道了使用 std::initializer_list 来接收 {...}，如何通过它来给自定义容器赋值呢？来看代码清单 1-9 中的例子。

代码清单 1-9　通过 std::initializer_list 给自定义容器赋值示例

```
class FooVector
{
    std::vector<int> content_;

public:
    FooVector(std::initializer_list<int> list)
    {
        for (auto it = list.begin(); it != list.end(); ++it)
```

```cpp
        {
            content_.push_back(*it);
        }
    }
};

class FooMap
{
    std::map<int, int> content_;
    using pair_t = std::map<int, int>::value_type;

public:
    FooMap(std::initializer_list<pair_t> list)
    {
        for (auto it = list.begin(); it != list.end(); ++it)
        {
            content_.insert(*it);
        }
    }
};

FooVector foo_1 = { 1, 2, 3, 4, 5 };
FooMap    foo_2 = { { 1, 2 }, { 3, 4 }, { 5, 6 } };
```

这里定义了两个自定义容器，一个是 FooVector，采用 std::vector<int> 作为内部存储；另一个是 FooMap，采用 std::map<int, int> 作为内部存储。

可以看到，FooVector、FooMap 的初始化过程，就和它们使用的内部存储结构一样。

这两个自定义容器的构造函数中，std::initializer_list 负责接收初始化列表。并通过我们熟知的 for 循环过程，把列表中的每个元素取出来，并放入内部的存储空间中。

std::initializer_list 不仅可以用来对自定义类型做初始化，还可以用来传递同类型的数据集合，代码如下：

```cpp
void func(std::initializer_list<int> l)
{
    for (auto it = l.begin(); it != l.end(); ++it)
    {
        std::cout << *it << std::endl;
    }
}

int main(void)
{
    func({});              // 一个空集合
    func({ 1, 2, 3 });     // 传递 { 1, 2, 3 }
    return 0;
}
```

如上述所示，在任何需要的时候，std::initializer_list 都可以当作参数来一次性传递同类型的多个数据。

2. std::initializer_list 的一些细节

了解了 std::initializer_list 之后，再来看看它的一些特点，如下：
- 它是一个轻量级的容器类型，内部定义了 iterator 等容器必需的概念。
- 对于 std::initializer_list<T> 而言，它可以接收任意长度的初始化列表，但要求元素必须是同种类型 T（或可转换为 T）。
- 它有 3 个成员接口：size()、begin()、end()。
- 它只能被整体初始化或赋值。

通过前面的例子，已经知道了 std::initializer_list 的前几个特点。其中没有涉及的接口 size() 是用来获得 std::initializer_list 的长度的，比如：

```
std::initializer_list<int> list = { 1, 2, 3 };
size_t n = list.size(); //n == 3
```

最后，对 std::initializer_list 的访问只能通过 begin() 和 end() 进行循环遍历，遍历时取得的迭代器是只读的。因此，无法修改 std::initializer_list 中某一个元素的值，但是可以通过初始化列表的赋值对 std::initializer_list 做整体修改，代码如下：

```
std::initializer_list<int> list;
size_t n = list.size();      //n == 0
list = { 1, 2, 3, 4, 5 };
n = list.size();             //n == 5
list = { 3, 1, 2, 4 };
n = list.size();             //n == 4
```

std::initializer_list 拥有一个无参数的构造函数，因此，它可以直接定义实例，此时将得到一个空的 std::initializer_list。

之后，我们对 std::initializer_list 进行赋值操作（注意，它只能通过初始化列表赋值），可以发现 std::initializer_list 被改写成了 {1, 2, 3, 4, 5}。

然后，还可以对它再次赋值，std::initializer_list 被修改成了 {3, 1, 2, 4}。

看到这里，可能有读者会关心 std::initializer_list 的传递或赋值效率。

假如 std::initializer_list 在传递或赋值的时候如同 vector 之类的容器一样，把每个元素都复制了一遍，那么使用它传递类对象的时候就要斟酌一下了。

实际上，std::initializer_list 是非常高效的。它的内部并不负责保存初始化列表中元素的拷贝，仅仅存储了列表中元素的引用而已。

因此，我们不应该像这样使用：

```
std::initializer_list<int> func(void)
{
    int a = 1, b = 2;
```

```
    return { a, b }; //a、b在返回时并没有被拷贝
}
```

虽然这能够正常通过编译，但却无法传递出我们希望的结果（a、b 在函数结束时，生存期也结束了，因此，返回的将是不确定的内容）。

这种情况下最好的做法应该是这样：

```
std::vector<int> func(void)
{
    int a = 1, b = 2;
    return { a, b };
}
```

使用真正的容器，或具有转移/拷贝语义的物件来替代 std::initializer_list 返回需要的结果。

我们应当总是把 std::initializer_list 看做保存对象的引用，并在它持有对象的生存期结束之前完成传递。

1.3.4 防止类型收窄

类型收窄指的是导致数据内容发生变化或者精度丢失的隐式类型转换。考虑下面这种情况：

```
struct Foo
{
    Foo(int i) { std::cout << i << std::endl; }
};

Foo foo(1.2);
```

以上代码在 C++ 中能够正常通过编译，但是传递之后的 i 却不能完整地保存一个浮点型的数据。

上面的示例让我们对类型收窄有了一个大概的了解。具体来说，类型收窄包括以下几种情况[⊖]：

1）从一个浮点数隐式转换为一个整型数，如 int i=2.2。

2）从高精度浮点数隐式转换为低精度浮点数，如从 long double 隐式转换为 double 或 float。

3）从一个整型数隐式转换为一个浮点数，并且超出了浮点数的表示范围，如 float x=(unsigned long long)-1。

4）从一个整型数隐式转换为一个长度较短的整型数，并且超出了长度较短的整型数的表示范围，如 char x=65536。

在 C++98/03 中，像上面所示类型收窄的情况，编译器并不会报错（或报一个警告，如

⊖ ISO/IEC 14882:2011, 8.5.4 List-initialization, 第 7 款。

Microsoft Visual C++）。这往往会导致一些隐藏的错误。在 C++11 中，可以通过列表初始化来检查及防止类型收窄。

请看代码清单 1-10 的示例。

代码清单 1-10　列表初始化防止类型收窄示例

```
int a = 1.1;                                // OK
int b = { 1.1 };                            // error

float fa = 1e40;                            // OK
float fb = { 1e40 };                        // error

float fc = (unsigned long long)-1;          // OK
float fd = { (unsigned long long)-1 };      // error
float fe = (unsigned long long)1;           // OK
float ff = { (unsigned long long)1 };       // OK

const int x = 1024, y = 1;
char c = x;                                 // OK
char d = { x };                             // error
char e = y;                                 // OK
char f = { y };                             // OK
```

在上面的各种隐式类型转换中，只要遇到了类型收窄的情况，初始化列表就不会允许这种转换发生。

其中需要注意的是 x、y 被定义成了 const int。如果去掉 const 限定符，那么最后一个变量 f 也会因为类型收窄而报错。

对于类型收窄的编译错误，不同的编译器表现并不相同。

在 gcc 4.8 中，会得到如下警告信息：

```
warning: narrowing conversion of '1.0e+40' from 'double' to
'float' inside { } [-Wnarrowing]
    float fb = { 1e40 };
                ^
```

在 Microsoft Visual C++2013 中，同样的语句则直接给出了一个错误：

```
error C2397: conversion from 'double' to 'float' requires a
narrowing conversion
```

另外，对于精度不同的浮点数的隐式转换，如下面这种：

```
float ff = 1.2;                             // OK
float fd = { 1.2 };                         // OK (gcc)
```

fd 的初始化并没有引起类型收窄，因此，在 gcc 4.8 下没有任何错误或警告。但在 Microsoft Visual C++2013 中，fd 的初始化语句将会得到一个 error C2397 的编译错误。

C++11 中新增的这种初始化方式，为程序的编写带来了很多便利。在后面的章节中也会经常使用这种新的初始化方式，读者可以在后面章节的示例代码中不断体会到新初始化方法带来的便捷。

1.4 基于范围的 for 循环

在 C++03/98 中，不同的容器和数组，遍历的方法不尽相同，写法不统一，也不够简洁，而 C++11 基于范围的 for 循环以统一、简洁的方式来遍历容器和数组，用起来更方便了。

1.4.1 for 循环的新用法

我们知道，在 C++ 中遍历一个容器的方法一般是这样的：

```cpp
#include <iostream>
#include <vector>

int main(void)
{
    std::vector<int> arr;

    // ...

    for(auto it = arr.begin(); it != arr.end(); ++it)
    {
        std::cout << *it << std::endl;
    }

    return 0;
}
```

上面借助前面介绍过的 auto 关键字，省略了迭代器的声明。

当然，熟悉 stl 的读者肯定还知道在 <algorithm> 中有一个 for_each 算法可以用来完成和上述同样的功能：

```cpp
#include <algorithm>
#include <iostream>
#include <vector>

void do_cout(int n)
{
    std::cout << n << std::endl;
}

int main(void)
{
    std::vector<int> arr;
```

```
    // ...

    std::for_each(arr.begin(), arr.end(), do_cout);

    return 0;
}
```

std::for_each 比起前面的 for 循环，最大的好处是不再需要关注迭代器（Iterator）的概念，只需要关心容器中的元素类型即可。

但不管是上述哪一种遍历方法，都必须显式给出容器的开头（Begin）和结尾（End）。这是因为上面的两种方法都不是基于"范围（Range）"来设计的。

我们先来看一段简单的 C# 代码[○]：

```
int[] fibarray = new int[] { 0, 1, 1, 2, 3, 5, 8, 13 };
foreach (int element in fibarray)
{
    System.Console.WriteLine(element);
}
```

上面这段代码通过 "foreach" 关键字使用了基于范围的 for 循环。可以看到，在这种 for 循环中，不再需要传递容器的两端，循环会自动以容器为范围展开，并且循环中也屏蔽掉了迭代器的遍历细节，直接抽取出容器中的元素进行运算。

与普通的 for 循环相比，基于范围的循环方式是"自明"的。这种语法构成的循环不需要额外的注释或语言基础，很容易就可以看清楚它想表达的意义。在实际项目中经常会遇到需要针对容器做遍历的情况，使用这种循环方式无疑会让编码和维护变得更加简便。

现在，在 C++11 中终于有了基于范围的 for 循环（The range-based for statement）。再来看一开始的 vector 遍历使用基于范围的 for 循环应该如何书写：

```
#include <iostream>
#include <vector>

int main(void)
{
    std::vector<int> arr = { 1, 2, 3 };

    // ...

    for(auto n : arr) // 使用基于范围的 for 循环
    {
        std::cout << n << std::endl;
    }

    return 0;
}
```

○ 示例来自 MSDN：foreach, in(C# Reference), http://msdn.microsoft.com/en-us/library/ttw7t8t6.aspx

在上面的基于范围的 for 循环中，n 表示 arr 中的一个元素，auto 则是让编译器自动推导出 n 的类型。在这里，n 的类型将被自动推导为 vector 中的元素类型 int。

在 n 的定义之后，紧跟一个冒号（:），之后直接写上需要遍历的表达式，for 循环将自动以表达式返回的容器为范围进行迭代。

在上面的例子中，我们使用 auto 自动推导了 n 的类型。当然在使用时也可以直接写上我们需要的类型：

```
std::vector<int> arr;
for(int n : arr) ;
```

基于范围的 for 循环，对于冒号前面的局部变量声明（for-range-declaration）只要求能够支持容器类型的隐式转换。因此，在使用时需要注意，像下面这样写也是可以通过编译的：

```
std::vector<int> arr;
for(char n : arr) ; // int 会被隐式转换为 char
```

在上面的例子中，我们都是在使用只读方式遍历容器。如果需要在遍历时修改容器中的值，则需要使用引用，代码如下：

```
for(auto& n : arr)
{
    std::cout << n++ << std::endl;
}
```

在完成上面的遍历后，arr 中的每个元素都会被自加 1。

当然，若只是希望遍历，而不希望修改，可以使用 const auto& 来定义 n 的类型。这样对于复制负担比较大的容器元素（比如一个 std::vector<std::string> 数组）也可以无损耗地进行遍历。

1.4.2　基于范围的 for 循环的使用细节

从上一节的示例中可以看出，range-based for 的使用是比较简单的。但是再简单的使用方法也有一些需要注意的细节。

首先，看一下使用 range-based for 对 map 的遍历方法：

```
#include <iostream>
#include <map>

int main(void)
{
    std::map<std::string, int> mm =
    {
        { "1", 1 }, { "2", 2 }, { "3", 3 }
    };
```

```cpp
    for(auto& val : mm)
    {
        std::cout << val.first << " -> " << val.second << std::endl;
    }

    return 0;
}
```

这里需要注意两点：

1）for 循环中 val 的类型是 std::pair。因此，对于 map 这种关联性容器而言，需要使用 val.first 或 val.second 来提取键值。

2）auto 自动推导出的类型是容器中的 value_type，而不是迭代器。

关于上述第二点，我们再来看一个对比的例子：

```cpp
std::map<std::string, int> mm =
{
    { "1", 1 }, { "2", 2 }, { "3", 3 }
};

for(auto ite = mm.begin(); ite != mm.end(); ++ite)
{
    std::cout << ite->first << " -> " << ite->second << std::endl;
}

for(auto& val : mm) //使用基于范围的 for 循环
{
    std::cout << val.first << " -> " << val.second << std::endl;
}
```

从这里就可以很清晰地看出，在基于范围的 for 循环中每次迭代时使用的类型和普通 for 循环有何不同。

在使用基于范围的 for 循环时，还需要注意容器本身的一些约束。比如下面这个例子：

```cpp
#include <iostream>
#include <set>

int main(void)
{
    std::set<int> ss = { 1, 2, 3 };

    for(auto& val : ss)
    {
        // error: increment of read-only reference 'val'
        std::cout << val++ << std::endl;
    }

    return 0;
}
```

例子中使用 auto& 定义了 std::set<int> 中元素的引用，希望能够在循环中对 set 的值进行修改，但 std::set 的内部元素是只读的——这是由 std::set 的特征决定的，因此，for 循环中的 auto& 会被推导为 const int &。

同样的细节也会出现在 std::map 的遍历中。基于范围的 for 循环中的 std::pair 引用，是不能够修改 first 的。

接下来，看看基于范围的 for 循环对容器的访问频率。看下面这段代码：

```cpp
#include <iostream>
#include <vector>

std::vector<int> arr = { 1, 2, 3, 4, 5 };

std::vector<int>& get_range(void)
{
    std::cout << "get_range ->: " << std::endl;
    return arr;
}

int main(void)
{
    for(auto val : get_range())
    {
        std::cout << val << std::endl;
    }
    return 0;
}
```

输出结果：

```
get_range ->:
1
2
3
4
5
```

从上面的结果中可以看到，不论基于范围的 for 循环迭代了多少次，get_range() 只在第一次迭代之前被调用。

因此，对于基于范围的 for 循环而言，冒号后面的表达式只会被执行一次。

最后，让我们看看在基于范围的 for 循环迭代时修改容器会出现什么情况。比如，下面这段代码：

```cpp
#include <iostream>
#include <vector>

int main(void)
```

```
        {
                std::vector<int>arr = { 1, 2, 3, 4, 5 };
                for(auto val : arr)
                {
                        std::cout << val << std::endl;
                        arr.push_back(0); //扩大容器
                }
                return 0;
        }
```

执行结果（32 位 mingw4.8）：

```
1
5189584
-17891602
-17891602
-17891602
```

若把上面的 vector 换成 list，结果又将发生变化。

这是因为基于范围的 for 循环其实是普通 for 循环的语法糖，因此，同普通的 for 循环一样，在迭代时修改容器很可能会引起迭代器失效，导致一些意料之外的结果。由于在这里我们是看不到迭代器的，因此，直接分析对基于范围的 for 循环中的容器修改会造成什么样的影响是比较困难的。

其实对于上面的基于范围的 for 循环而言，等价的普通 for 循环如下[○]：

```
#include <iostream>
#include <vector>

int main(void)
{
   std::vector<int> arr = { 1, 2, 3, 4, 5 };

   auto && __range = (arr);
   for (auto __begin = __range.begin(), __end = __range.end();
      __begin != __end; ++__begin)
   {
      auto val = *__begin;
      std::cout << val << std::endl;
      arr.push_back(0); //扩大容器
   }

   return 0;
}
```

从这里可以很清晰地看到，和我们平时写的容器遍历不同，基于范围的 for 循环倾向于在循环开始之前确定好迭代的范围，而不是在每次迭代之前都去调用一次 arr.end()。

○ ISO/IEC 14882:2011，6.5.4 The range-based for statement，第 1 款。

当然，良好的编程习惯是尽量不要在迭代过程中修改迭代的容器。但是实际情况要求我们不得不这样做的时候，通过理解基于范围的 for 循环的这个特点，就可以方便地分析每次迭代的结果，提前避免算法的错误。

1.4.3　让基于范围的 for 循环支持自定义类型

假如有一个自己自定义的容器类，如何让它能够支持 range-based for 呢？其实上面已经提到了，基于范围的 for 循环只是普通 for 循环的语法糖。它需要查找到容器提供的 begin 和 end 迭代器。

具体来说，基于范围的 for 循环将以下面的方式查找容器的 begin 和 end：

1）若容器是一个普通 array 对象（如 int arr[10]），那么 begin 将为 array 的首地址，end 将为首地址加容器长度。

2）若容器是一个类对象，那么 range-based for 将试图通过查找类的 begin() 和 end() 方法来定位 begin、end 迭代器。

3）否则，range-based for 将试图使用全局的 begin 和 end 函数来定位 begin、end 迭代器。

由上述可知，对自定义类类型来说，分别实现 begin()、end() 方法即可。下面通过自定义一个 range 对象来看看具体的实现方法。

我们知道，标准库中有很多容器，如 vector、list、queue、map，等等。这些对象在概念上属于 Containers。但是如果我们并不需要对容器进行迭代，而是对某个"区间"进行迭代，此时标准库中并没有对应的概念。

在这种情况下，只能使用普通的 for 循环，代码如下：

```
for (int n = 2; n < 8; n += 2) // [2, 8)
{
    std::cout << " " << n;
}
```

上面的 for 循环其实是在区间 [2, 8) 中做迭代，迭代步长为 2。如果我们可以实现一个 range 方法，使用 range(2, 8, 2) 来代表区间 [2, 8)，步长为 2，就可以通过基于范围的 for 循环直接对这个区间做迭代了[⊖]。

我们来看一下 range 的实现。首先，需要一个迭代器来负责对一个范围取值。

考虑到 for 循环中迭代器的使用方法（结束条件：ite !=end），迭代器的对外接口可以像下面这样：

```
template <typename T>
class iterator
{
public:
    using value_type = T;
```

⊖　这里提到的 range 概念，和 Python 中的 range 类似。参考：https://docs.python.org/release/1.5.1p1/tut/range.html

```cpp
using size_type = size_t;

iterator(size_type cur_start, value_type begin_val,
value_type step_val);

value_type operator*() const;

bool operator!=(const iterator& rhs) const;

iterator& operator++(void); // prefix ++ operator only
};
```

构造函数传递 3 个参数来进行初始化，分别是开始的迭代次数、初始值，以及迭代的步长。如果容器的 begin() 方法将设置初始值 cur_start 为 0，end() 方法将限定最多能够迭代的次数，那么在对 ite 和 end 做比较的时候，只需要比较迭代的次数就可以了。由于迭代次数不可能是负数，所以类型使用 size_t。

这里为何不直接使用 iterator 当中的值做比较呢？这是因为迭代的步长 step 并不一定是 begin-end 的约数。如果我们直接采用 iterator 中的值做比较，就不能使用 != 了。

operator*() 用于取得迭代器中的值。

operator!= 用于和另一个迭代器做比较。因为在基于范围的 for 循环的迭代中，我们只需要用到 !=，因此，只需要实现这一个比较方法。

operator++ 用于对迭代器做正向迭代。当 step 为负数时，实际上会减少 iterator 的值。同样，在基于范围的 for 循环的迭代中也只需要实现前置 ++。

整理出这些必需的接口之后，它的功能实现就不困难了，如代码清单 1-11 所示。

代码清单 1-11　迭代器类的实现

```cpp
namespace detail_range {

/////////////////////////////////////////////
/// The range iterator
/////////////////////////////////////////////

template <typename T>
class iterator
{
public:
    using value_type = T;
    using size_type = size_t;

private:
    size_type         cursor_;
    const value_type  step_;
    value_type        value_;

public:
    iterator(size_type cur_start, value_type begin_val, value_type
step_val)
```

```cpp
        : cursor_(cur_start)
        , step_   (step_val)
        , value_  (begin_val)
        {
            value_ += (step_ * cursor_);
        }

        value_type operator*() const { return value_; }

        bool operator!=(const iterator& rhs) const
        {
            return (cursor_ != rhs.cursor_);
        }

        iterator& operator++(void) //prefix ++ operator only
        {
            value_ += step_;
            ++ cursor_;
            return (*this);
        }
    };

} // namespace detail_range
```

上述分别定义了 cursor_、step_ 和 value_ 这 3 个成员变量，来保存构造函数中传递进来的参数。在 iterator 的构造中，我们通过一个简单的计算得到 value_ 当前正确的值。

在之后的 operator++（前置 ++）运算符中，我们通过 += 操作计算出 value_ 的下一个值。

在上面的代码中，step_ 被定义为一个常量。这是因为 step_ 作为步长的存储，在迭代器中是不能被修改的。

接下来思考 range 类型的具体实现。

基于范围的 for 循环只需要对象具有 begin 和 end 方法，因此，impl 类可以如代码清单 1-12 所示。

代码清单 1-12　impl 类的声明

```cpp
template <typename T>
class impl
{
public:
    using value_type      = T;
    using reference       = const value_type&;
    using const_reference = const value_type&;
    using iterator        = const detail_range::iterator<value_type>;
    using const_iterator  = const detail_range::iterator<value_type>;
    using size_type       = typename iterator::size_type;

    impl(value_type begin_val, value_type end_val, value_type step_val);
```

```cpp
    size_type size(void) const;

    const_iterator begin(void)const;
    const_iterator end(void)const;
};
```

impl 是 range 函数最终返回的一个类似容器的对象，因此，我们给它定义了容器所拥有的基本的概念抽象，比如 value_type、reference 及 iterator。

很明显，我们不希望外部能够修改 range，这个 range 应当是一个仅能通过构造函数作一次性赋值的对象，因此 reference 及 iterator 都应该是 const 类型，并且 begin、end 接口也应当返回 const_iterator。

下面，让我们来实现 impl 类，如代码清单 1-13 所示。

代码清单 1-13　impl 类的实现

```cpp
namespace detail_range {

/////////////////////////////////////////////////
/// The impl class
/////////////////////////////////////////////////

template <typename T>
class impl
{
public:
    using value_type      = T;
    using reference       = const value_type&;
    using const_reference = const value_type&;
    using iterator        = const detail_range::iterator<value_type>;
    using const_iterator  = const detail_range::iterator<value_type>;
    using size_type       = typename iterator::size_type;

private:
    const value_type begin_;
    const value_type end_;
    const value_type step_;
    const size_type  max_count_;

    size_type get_adjusted_count(void) const
    {
        if (step_ > 0 && begin_ >= end_)
            throw std::logic_error("End value must be greater than begin value.");
        else
        if (step_ < 0 && begin_ <= end_)
            throw std::logic_error("End value must be less than begin value.");

        size_type x = static_cast<size_type>((end_ - begin_) / step_);
        if (begin_ + (step_ * x) != end_) ++x;
```

```cpp
            return x;
        }

    public:
        impl(value_type begin_val, value_type end_val, value_type step_val)
            : begin_ (begin_val)
            , end_   (end_val)
            , step_  (step_val)
            , max_count_ (get_adjusted_count())
        {}

        size_type size(void) const
        {
            return max_count_;
        }

        const_iterator begin(void) const
        {
            return { 0, begin_, step_ };
        }

        const_iterator end(void) const
        {
            return { max_count_, begin_, step_ };
        }
    };

} // namespace detail_range
```

在上面的实现中，只允许 impl 做初始化时的赋值，而不允许中途修改，因此，它的成员变量都是 const 类型的。

通过 private 的 get_adjusted_count 方法，我们在获取 max_count_ 也就是最大迭代次数时会先判断 begin_、end_ 和 step_ 的合法性。很显然，合法的组合将只可能计算出大于等于 0 的最大迭代次数。

之所以在 get_adjusted_count 中对计算的值做自增的调整，是为了让计算的结果向上取整。

最后，我们实现出 range 的外覆函数模板，如代码清单 1-14 所示。

代码清单 1-14　range 类的外覆函数模板

```cpp
///////////////////////////////////////////////
/// Make a range of [begin, end) with a custom step
///////////////////////////////////////////////

template <typename T>
detail_range::impl<T> range(T end)
{
    return{ {}, end, 1 };
}
```

```cpp
template <typename T>
detail_range::impl<T> range(T begin, T end)
{
    return{ begin, end, 1 };
}

template <typename T, typename U>
auto range(T begin, T end, U step)
    -> detail_range::impl<decltype(begin + step)>
{
    //may be narrowing
    using r_t = detail_range::impl<decltype(begin + step)>;
    return r_t(begin, end, step);
}
```

可以看到，通过初始化列表，可以让 return 的书写非常便捷。

这里需要注意的是第三个 range 重载。我们当然不希望限制用户使用 range(1, 2, 0.1) 这种方式来创建区间 [1, 2)，因此，step 可以是不同的数据类型。

那么相对的，impl 的模板参数类型应当是 begin+step 的返回类型。因此，我们需要通过返回值后置语法，并使用 decltype(begin+step) 来推断出 range 的返回值类型。

这样，在运行 return 的时候，可能会导致类型收窄（整型和浮点型的加法运算将总是返回浮点型），不过此处的类型收窄一般不会影响计算结果，因此，最后一个重载函数需要使用直接初始化方式返回 impl 对象。

下面运行一组示例来看看效果，如代码清单 1-15 所示。

代码清单 1-15　测试代码

```cpp
void test_range(void)
{
    std::cout << "range(15):";
    for (int i : range(15))
    {
        std::cout << " " << i;
    }
    std::cout << std::endl;

    std::cout << "range(2, 6):";
    for (auto i : range(2, 6))
    {
        std::cout << " " << i;
    }
    std::cout << std::endl;

    const int x = 2, y = 6, z = 3;
    std::cout << "range(2, 6, 3):";
    for (auto i : range(x, y, z))
```

```cpp
    {
        std::cout << " " << i;
    }
    std::cout << std::endl;

    std::cout << "range(-2, -6, -3):";
    for (auto i : range(-2, -6, -3))
    {
        std::cout << " " << i;
    }
    std::cout << std::endl;

    std::cout << "range(10.5, 15.5):";
    for (auto i : range(10.5, 15.5))
    {
        std::cout << " " << i;
    }
    std::cout << std::endl;

    std::cout << "range(35, 27, -1):";
    for (int i : range(35, 27, -1))
    {
        std::cout << " " << i;
    }
    std::cout << std::endl;

    std::cout << "range(2, 8, 0.5):";
    for (auto i : range(2, 8, 0.5))
    {
        std::cout << " " << i;
    }
    std::cout << std::endl;

    std::cout << "range(8, 7, -0.1):";
    for (auto i : range(8, 7, -0.1))
    {
        std::cout << " " << i;
    }
    std::cout << std::endl;

    std::cout << "range('a', 'z'):";
    for (auto i : range('a', 'z'))
    {
        std::cout << " " << i;
    }
    std::cout << std::endl;
}

int main(void)
{
    test_range();
```

```
    return 0;
}
```

示例的运行结果如下：

```
range(15): 0 1 2 3 4 5 6 7 8 9 10 11 12 13 14
range(2, 6): 2 3 4 5
range(2, 6, 3): 2 5
range(-2, -6, -3): -2 -5
range(10.5, 15.5): 10.5 11.5 12.5 13.5 14.5
range(35, 27, -1): 35 34 33 32 31 30 29 28
range(2, 8, 0.5): 2 2.5 3 3.5 4 4.5 5 5.5 6 6.5 7 7.5
range(8, 7, -0.1): 8 7.9 7.8 7.7 7.6 7.5 7.4 7.3 7.2 7.1
range('a', 'z'): a b c d e f g h i j k l m n o p q r s t u v w x y
```

通过上面的 range 实现，我们不仅完成了自定义类型的 range-based for 支持，同时也使用了我们前面所学的自动类型推导、模板别名以及初始化列表的相关知识。

我们完成的这个 range，目前还有一些限制（比如参数传递采用值语义，不支持 range 返回值的存储后修改等）。如果读者感兴趣，可以自己进一步完善 range 的实现。

1.5 std::function 和 bind 绑定器

C++11 增加了 std::function 和 std::bind，不仅让我们使用标准库函数时变得更加方便，而且还能方便地实现延迟求值。

1.5.1 可调用对象

在 C++ 中，存在"可调用对象（Callable Objects）"这么一个概念。准确来说，可调用对象有如下几种定义[⊖]：

1）是一个函数指针。
2）是一个具有 operator() 成员函数的类对象（仿函数）。
3）是一个可被转换为函数指针的类对象。
4）是一个类成员（函数）指针。

它们在程序中的应用如代码清单 1-16 所示。

代码清单 1-16 可调用对象的使用示例

```
void func(void)
{
    // ...
}
```

⊖ ISO/IEC 14882:2011, 20.8.1 Definitions, 第 3 款、第 4 款；20.8 Function objects, 第 1 款。

```cpp
struct Foo
{
    void operator()(void)
    {
        // ...
    }
};

struct Bar
{
    using fr_t = void(*)(void);

    static void func(void)
    {
        // ...
    }

    operator fr_t(void)
    {
        return func;
    }
};

struct A
{
    int a_;

    void mem_func(void)
    {
        // ...
    }
};

int main(void)
{
    void(* func_ptr)(void) = &func;    // 1. 函数指针
    func_ptr();

    Foo foo;                            // 2. 仿函数
    foo();

    Bar bar;                            // 3. 可被转换为函数指针的类对象
    bar();

    void (A::*mem_func_ptr)(void)      // 4. 类成员函数指针
            = &A::mem_func;
    int A::*mem_obj_ptr                //    或者是类成员指针
            = &A::a_;
    A aa;
    (aa.*mem_func_ptr)();
    aa.*mem_obj_ptr = 123;
```

```
    return 0;
}
```

从上述可以看到，除了类成员指针之外，上面定义涉及的对象均可以像一个函数那样做调用操作。

在 C++11 中，像上面例子中的这些对象（func_ptr、foo、bar、mem_func_ptr、mem_obj_ptr）都被称做可调用对象。相对应的，这些对象的类型被统称为"可调用类型"。

细心的读者可能会发现，上面对可调用类型的定义里并没有包括函数类型或者函数引用（只有函数指针）。这是因为函数类型并不能直接用来定义对象；而函数引用从某种意义上来说，可以看做一个 const 的函数指针。

C++ 中的可调用对象虽然具有比较统一的操作形式（除了类成员指针之外，都是后面加括号进行调用），但定义方法五花八门。这样在我们试图使用统一的方式保存，或传递一个可调用对象时，会十分烦琐。

现在，C++11 通过提供 std::function 和 std::bind 统一了可调用对象的各种操作。

1.5.2 可调用对象包装器——std::function

std::function 是可调用对象的包装器。它是一个类模板，可以容纳除了类成员（函数）指针之外的所有可调用对象。通过指定它的模板参数，它可以用统一的方式处理函数、函数对象、函数指针，并允许保存和延迟执行它们。

下面看一个示例，如代码清单 1-17 所示。

代码清单 1-17　std::function 的基本用法

```
#include <iostream>    // std::cout
#include <functional> // std::function

void func(void)
{
    std::cout << __FUNCTION__ << std::endl;
}

class Foo
{
public:
    static int foo_func(int a)
    {
        std::cout << __FUNCTION__ << "(" << a << ") ->: ";
        return a;
    }
};

class Bar
{
public:
```

```cpp
    int operator()(int a)
    {
        std::cout << __FUNCTION__ << "(" << a << ") ->: ";
        return a;
    }
};

int main(void)
{
    std::function<void(void)> fr1 = func;          // 绑定一个普通函数
    fr1();

    // 绑定一个类的静态成员函数
    std::function<int(int)> fr2 = Foo::foo_func;
    std::cout << fr2(123) << std::endl;

    Bar bar;
    fr2 = bar;                                      // 绑定一个仿函数
    std::cout << fr2(123) << std::endl;

    return 0;
}
```

运行结果如下:

```
func
foo_func(123) ->: 123
operator()(123) ->: 123
```

从上面我们可以看到 std::function 的使用方法,当我们给 std::function 填入合适的函数签名(即一个函数类型,只需要包括返回值和参数表)之后,它就变成了一个可以容纳所有这一类调用方式的"函数包装器"。

再来看如代码清单 1-18 所示的例子。

代码清单 1-18　std::function 作为回调函数的示例

```cpp
#include <iostream>                    // std::cout
#include <functional>                  // std::function

class A
{
    std::function<void()> callback_;

public:
    A(const std::function<void()>& f)
        : callback_(f)
    {}

    void notify(void)
```

```
        {
            callback_();    // 回调到上层
        }
};

class Foo
{
public:
    void operator()(void)
    {
        std::cout << __FUNCTION__ << std::endl;
    }
};

int main(void)
{
    Foo foo;
    A aa(foo);
    aa.notify();

    return 0;
}
```

从上面的例子中可以看到,std::function 可以取代函数指针的作用。因为它可以保存函数延迟执行,所以比较适合作为回调函数,也可以把它看做类似于 C# 中特殊的委托(只有一个成员的委托)。

同样,std::function 还可以作为函数入参,如代码清单 1-19 所示。

代码清单 1-19　std::function 作为函数入参的示例

```
#include <iostream>   // std::cout
#include <functional> // std::function

void call_when_even(int x, const std::function<void(int)>& f)
{
    if (!(x & 1)) // x % 2 == 0
    {
        f(x);
    }
}

void output(int x)
{
    std::cout << x << " ";
}

int main(void)
{
    for(int i = 0; i < 10; ++i)
```

```cpp
    {
        call_when_even(i, output);
    }
    std::cout << std::endl;
    return 0;
}
```

输出结果如下：

```
0 2 4 6 8
```

从上面的例子中可以看到，std::function 比普通函数指针更灵活和便利。

在下一节我们可以看到当 std::function 和 std::bind 配合起来使用时，所有的可调用对象（包括类成员函数指针和类成员指针）都将具有统一的调用方式。

1.5.3　std::bind 绑定器

std::bind 用来将可调用对象与其参数一起进行绑定。绑定后的结果可以使用 std::function 进行保存，并延迟调用到任何我们需要的时候。

通俗来讲，它主要有两大作用：

1）将可调用对象与其参数一起绑定成一个仿函数。

2）将多元（参数个数为 n，n>1）可调用对象转成一元或者（n-1）元可调用对象，即只绑定部分参数。

下面来看看它的实际使用，如代码清单 1-20 所示。

代码清单 1-20　std::bind 的基本用法

```cpp
#include <iostream>        // std::cout
#include <functional>      // std::bind

void call_when_even(int x, const std::function<void(int)>& f)
{
    if (!(x & 1))          // x % 2 == 0
    {
        f(x);
    }
}

void output(int x)
{
    std::cout << x << " ";
}

void output_add_2(int x)
{
    std::cout << x + 2 << " ";
}
```

```cpp
int main(void)
{
    {
        auto fr = std::bind(output, std::placeholders::_1);
        for(int i = 0; i < 10; ++i)
        {
            call_when_even(i, fr);
        }
        std::cout << std::endl;
    }
    {
        auto fr = std::bind(output_add_2, std::placeholders::_1);
        for(int i = 0; i < 10; ++i)
        {
            call_when_even(i, fr);
        }
        std::cout << std::endl;
    }
    return 0;
}
```

输出结果如下:

```
0 2 4 6 8
2 4 6 8 10
```

同样还是上面 std::function 中最后的一个例子,只是在这里,我们使用了 std::bind,在函数外部通过绑定不同的函数,控制了最后的执行结果。

我们使用 auto fr 保存 std::bind 的返回结果,是因为我们并不关心 std::bind 真正的返回类型(实际上 std::bind 的返回类型是一个 stl 内部定义的仿函数类型),只需要知道它是一个仿函数,可以直接赋值给一个 std::function。当然,这里直接使用 std::function 类型来保存 std::bind 的返回值也是可以的。

std::placeholders::_1 是一个占位符,代表这个位置将在函数调用时,被传入的第一个参数所替代。

因为有了占位符的概念,std::bind 的使用非常灵活,如代码清单 1-21 所示。

代码清单 1-21　std::bind 的占位符

```cpp
#include <iostream>        // std::cout
#include <functional>      // std::bind

void output(int x, int y)
{
    std::cout << x << " " << y << std::endl;
}
```

```cpp
int main(void)
{
    std::bind(output, 1, 2)();                                  // 输出：1 2
    std::bind(output, std::placeholders::_1, 2)(1);             // 输出：1 2
    std::bind(output, 2, std::placeholders::_1)(1);             // 输出：2 1
    // error：调用时没有第二个参数
    std::bind(output, 2, std::placeholders::_2)(1);
    std::bind(output, 2, std::placeholders::_2)(1, 2);          // 输出：2 2
    // 调用时的第一个参数被吞掉了
    std::bind(output, std::placeholders::_1,
        std::placeholders::_2)(1, 2);                           // 输出：1 2

    std::bind(output, std::placeholders::_2,
        std::placeholders::_1)(1, 2);                           // 输出：2 1
    return 0;
}
```

上面对 std::bind 的返回结果直接施以调用。可以看到，std::bind 可以直接绑定函数的所有参数，也可以仅绑定部分参数。

在绑定部分参数的时候，通过使用 std::placeholders，来决定空位参数将会属于调用发生时的第几个参数。

下面再来看一个例子，如代码清单 1-22 所示。

代码清单 1-22　std::bind 和 std::function 配合使用

```cpp
#include <iostream>
#include <functional>

class A
{
public:
    int i_ = 0;

    void output(int x, int y)
    {
        std::cout << x << " " << y << std::endl;
    }
};

int main(void)
{
    A a;
    std::function<void(int, int)> fr =
            std::bind(&A::output, &a, std::placeholders::_1
, std::placeholders::_2);
    fr(1, 2);                                                   // 输出：1 2

    std::function<int&(void)> fr_i =std::bind(&A::i_, &a);
    fr_i() = 123;
```

```
    std::cout << a.i_ << std::endl; //输出：123

    return 0;
}
```

fr 的类型是 std::function<void(int, int)>。我们通过使用 std::bind，将 A 的成员函数 output 的指针和 a 绑定，并转换为一个仿函数放入 fr 中存储。

之后，std::bind 将 A 的成员 i_ 的指针和 a 绑定，返回的结果被放入 std::function<int&(void)> 中存储，并可以在需要时修改访问这个成员。

现在，通过 std::function 和 std::bind 的配合，所有的可调用对象均有了统一的操作方法。下面再来看几个 std::bind 的使用例子。

1. 使用 bind 简化和增强 bind1st 和 bind2nd

其实 bind 简化和增强了之前标准库中 bind1st 和 bind2nd，它完全可以替代 bind1s 和 bind2st，并且能组合函数。我们知道，bind1st 和 bind2nd 的作用是将一个二元算子转换成一个一元算子，代码如下：

```
// 查找元素值大于 10 的元素的个数
int count = std::count_if(coll.begin(), coll.end(),
std::bind1st(less<int>(), 10));
// 查找元素之小于 10 的元素
int count = std::count_if(coll.begin(), coll.end(),
std::bind2nd(less<int>(), 10));
```

本质上是对一个二元函数 less<int> 的调用，但是它却要分别用 bind1st 和 bind2nd，并且还要想想到底是用 bind1st 还是 bind2nd，用起来十分不便。

现在我们有了 bind，就可以以统一的方式去实现了，代码如下：

```
using std::placeholders::_1;
// 查找元素值大于 10 的元素的个数
int count = std::count_if(coll.begin(),
coll.end(),std::bind(less<int>(), 10, _1));
// 查找元素之小于 10 的元素
int count = std::count_if(coll.begin(),
coll.end(),std::bind(less<int>(), _1, 10));
```

这样就不用关心到底是用 bind1st 还是 bind2nd，只需要使用 bind 即可。

2. 使用组合 bind 函数

bind 还有一个强大之处就是可以组合多个函数。假设要找出集合中大于 5 小于 10 的元素个数应该怎么做呢？

首先，需要一个用来判断是否大于 5 的功能闭包，代码如下：

```
std::bind(std::greater<int>(), std::placeholders::_1, 5);
```

这里 std::bind 返回的仿函数只有一个 int 参数。当输入了这个 int 参数后，输入的 int 值将直接和 5 进行大小比较，并在大于 5 时返回 true。

然后，我们需要一个判断是否小于 10 的功能闭包：

```
std::bind(std::less_equal<int>(),std::placeholders::_1,10);
```

有了这两个闭包之后，只需要用逻辑与把它们连起来：

```
using std::placeholders::_1;
std::bind(std::logical_and<bool>(),
std::bind(std::greater<int>(), _1, 5),
std::bind(std::less_equal<int>(), _1, 10));
```

然后就可以复合多个函数（或者说闭包）的功能：

```
using std::placeholders::_1;
// 查找集合中大于 5 小于 10 的元素个数
auto f = std::bind(std::logical_and<bool>(),
std::bind(std::greater<int>(), _1, 5),
std::bind(std::less_equal<int>(), _1, 10));
int count = std::count_if(coll.begin(), coll.end(), f);
```

1.6　lambda 表达式

lambda 表达式是 C++11 最重要也最常用的一个特性之一。其实在 C#3.5 中就引入了 lambda，Java 则至今还没引入，要等到 Java 8 中才有 lambda 表达式。

lambda 来源于函数式编程的概念，也是现代编程语言的一个特点。C++11 这次终于把 lambda 加进来了。

lambda 表达式有如下优点：

- 声明式编程风格：就地匿名定义目标函数或函数对象，不需要额外写一个命名函数或者函数对象。以更直接的方式去写程序，好的可读性和可维护性。
- 简洁：不需要额外再写一个函数或者函数对象，避免了代码膨胀和功能分散，让开发者更加集中精力在手边的问题，同时也获取了更高的生产率。
- 在需要的时间和地点实现功能闭包，使程序更灵活。

下面，先从 lambda 表达式的基本功能开始介绍它。

1.6.1　lambda 表达式的概念和基本用法

lambda 表达式定义了一个匿名函数，并且可以捕获一定范围内的变量。lambda 表达式的语法形式可简单归纳如下：

```
[ capture ] ( params ) opt -> ret { body; };
```

其中：

capture 是捕获列表；params 是参数表；opt 是函数选项；ret 是返回值类型；body 是函数体。

因此，一个完整的 lambda 表达式看起来像这样：

```
auto f = [](int a) -> int { return a + 1; };
std::cout << f(1) << std::endl;          // 输出：2
```

可以看到，上面通过一行代码定义了一个小小的功能闭包，用来将输入加 1 并返回。

在 C++11 中，lambda 表达式的返回值是通过前面介绍的返回值后置语法来定义的。其实很多时候，lambda 表达式的返回值是非常明显的，比如上例。因此，C++11 中允许省略 lambda 表达式的返回值定义：

```
auto f = [](int a){ return a + 1; };
```

这样编译器就会根据 return 语句自动推导出返回值类型。

需要注意的是，初始化列表不能用于返回值的自动推导：

```
auto x1 = [](int i){ return i; };        // OK: return type is int
auto x2 = [](){ return { 1, 2 }; };      // error：无法推导出返回值类型
```

这时我们需要显式给出具体的返回值类型。

另外，lambda 表达式在没有参数列表时，参数列表是可以省略的。因此像下面的写法都是正确的：

```
auto f1 = [](){ return 1; };
auto f2 = []{ return 1; };               // 省略空参数表
```

lambda 表达式可以通过捕获列表捕获一定范围内的变量：

- [] 不捕获任何变量。
- [&] 捕获外部作用域中所有变量，并作为引用在函数体中使用（按引用捕获）。
- [=] 捕获外部作用域中所有变量，并作为副本在函数体中使用（按值捕获）。
- [=, &foo] 按值捕获外部作用域中所有变量，并按引用捕获 foo 变量。
- [bar] 按值捕获 bar 变量，同时不捕获其他变量。
- [this] 捕获当前类中的 this 指针，让 lambda 表达式拥有和当前类成员函数同样的访问权限。如果已经使用了 & 或者 =，就默认添加此选项。捕获 this 的目的是可以在 lamda 中使用当前类的成员函数和成员变量。

下面看一下它的具体用法，如代码清单 1-23 所示。

代码清单 1-23　lambda 表达式的基本用法

```
class A
{
public:
```

```cpp
    int i_ = 0;
    void func(int x, int y)
    {
        auto x1 = []{ return i_; };                  //error,没有捕获外部变量
        auto x2 = [=]{ return i_ + x + y; };         //OK,捕获所有外部变量
        auto x3 = [&]{ return i_ + x + y; };         //OK,捕获所有外部变量
        auto x4 = [this]{ return i_; };              //OK,捕获this指针
        auto x5 = [this]{ return i_ + x + y; };      //error,没有捕获x、y
        auto x6 = [this, x, y]{ return i_ + x + y; };//OK,捕获this指针、x、y
        auto x7 = [this]{ return i_++; };            //OK,捕获this指针,并修改成员的值
    }
};

int a = 0, b = 1;
auto f1 = []{ return a; };                   //error,没有捕获外部变量
auto f2 = [&]{ return a++; };                //OK,捕获所有外部变量,并对a执行自加运算
auto f3 = [=]{ return a; };                  //OK,捕获所有外部变量,并返回a
auto f4 = [=]{ return a++; };                //error,a是以复制方式捕获的,无法修改
auto f5 = [a]{ return a + b; };              //error,没有捕获变量b
auto f6 = [a, &b]{ return a + (b++); };      //OK,捕获a和b的引用,并对b做自加运算
auto f7 = [=, &b]{ return a + (b++); };      //OK,捕获所有外部变量和b的引用,并对b做自加运算
```

从上例中可以看到,lambda 表达式的捕获列表精细地控制了 lambda 表达式能够访问的外部变量,以及如何访问这些变量。

需要注意的是,默认状态下 lambda 表达式无法修改通过复制方式捕获的外部变量。如果希望修改这些变量的话,我们需要使用引用方式进行捕获。

一个容易出错的细节是关于 lambda 表达式的延迟调用的:

```cpp
int a = 0;
auto f = [=]{ return a; };           //按值捕获外部变量

a += 1;                              //a被修改了

std::cout << f() << std::endl;       //输出?
```

在这个例子中,lambda 表达式按值捕获了所有外部变量。在捕获的一瞬间,a 的值就已经被复制到 f 中了。之后 a 被修改,但此时 f 中存储的 a 仍然还是捕获时的值,因此,最终输出结果是 0。

如果希望 lambda 表达式在调用时能够即时访问外部变量,我们应当使用引用方式捕获。

从上面的例子中我们知道,按值捕获得到的外部变量值是在 lambda 表达式定义时的值。此时所有外部变量均被复制了一份存储在 lambda 表达式变量中。此时虽然修改 lambda 表达式中的这些外部变量并不会真正影响到外部,我们却仍然无法修改它们。

那么如果希望去修改按值捕获的外部变量应当怎么办呢?这时,需要显式指明 lambda 表达式为 mutable:

```
int a = 0;
auto f1 = [=]{ return a++; };              // error,修改按值捕获的外部变量
auto f2 = [=]() mutable { return a++; };   // OK, mutable
```

需要注意的一点是,被 mutable 修饰的 lambda 表达式就算没有参数也要写明参数列表。

最后,介绍一下 lambda 表达式的类型。

lambda 表达式的类型在 C++11 中被称为"闭包类型(Closure Type)"。它是一个特殊的,匿名的非 nunion 的类类型[一]。

因此,我们可以认为它是一个带有 operator() 的类,即仿函数。因此,我们可以使用 std::function 和 std::bind 来存储和操作 lambda 表达式:

```
std::function<int(int)>  f1 = [](int a){ return a; };
std::function<int(void)> f2 = std::bind([](int a){ return a; },
123);
```

另外,对于没有捕获任何变量的 lambda 表达式,还可以被转换成一个普通的函数指针:

```
using func_t = int(*)(int);
func_t f = [](int a){ return a; };
f(123);
```

lambda 表达式可以说是就地定义仿函数闭包的"语法糖"。它的捕获列表捕获住的任何外部变量,最终均会变为闭包类型的成员变量。而一个使用了成员变量的类的 operator(),如果能直接被转换为普通的函数指针,那么 lambda 表达式本身的 this 指针就丢失掉了。而没有捕获任何外部变量的 lambda 表达式则不存在这个问题。

这里也可以很自然地解释为何按值捕获无法修改捕获的外部变量。因为按照 C++ 标准,lambda 表达式的 operator() 默认是 const 的[二]。一个 const 成员函数是无法修改成员变量的值的。而 mutable 的作用,就在于取消 operator() 的 const。

需要注意的是,没有捕获变量的 lambda 表达式可以直接转换为函数指针,而捕获变量的 lambda 表达式则不能转换为函数指针[三]。看看下面的代码:

```
typedef void(*Ptr)(int*);
// 正确,没有状态的 lambda (没有捕获) 的 lambda 表达式可以直接转换为函数指针
Ptr p = [](int* p){delete p;};
Ptr p1 = [&](int* p){delete p;};          // 错误,有状态的 lambda 不能直接转换为函数指针
```

上面第二行代码能编译通过,而第三行代码不能编译通过,因为第三行的代码捕获了变量,不能直接转换为函数指针。

1.6.2 声明式的编程风格,简洁的代码

就地定义匿名函数,不再需要定义函数对象,大大简化了标准库算法的调用。比如,在

[一] ISO/IEC 14882:2011,5.1.2 Lambda expressions,第 3 款。
[二] ISO/IEC 14882:2011,5.1.2 Lambda expressions,第 5 款。
[三] ISO/IEC 14882:2011 93 页第六条。

C++11 之前，我们要调用 for_each 函数将 vector 中的偶数打印出来，如代码清单 1-24 所示。

代码清单 1-24　lambda 表达式代替函数对象的示例

```cpp
class CountEven
{
    int& count_;

public:
    CountEven(int& count)
        : count_(count)
    {}

    void operator()(int val)
    {
        if (!(val & 1))      // val % 2 == 0
        {
            ++ count_;
        }
    }
};

std::vector<int> v = { 1, 2, 3, 4, 5, 6 };
int even_count = 0;
for_each(v.begin(), v.end(), CountEven(even_count));
std::cout << "The number of even is " << even_count << std::endl;
```

这样写既烦琐又容易出错。有了 lambda 表达式以后，我们可以使用真正的闭包概念来替换掉这里的仿函数，代码如下：

```cpp
std::vector<int> v = { 1, 2, 3, 4, 5, 6 };
int even_count = 0;
for_each(v.begin(), v.end(), [&even_count](int val)
{
    if (!(val & 1))        // val % 2 == 0
    {
        ++ even_count;
    }
});
std::cout << "The number of even is " << even_count << std::endl;
```

lambda 表达式的价值在于，就地封装短小的功能闭包，可以极其方便地表达出我们希望执行的具体操作，并让上下文结合得更加紧密。

1.6.3　在需要的时间和地点实现闭包，使程序更灵活

在 1.5.3 节中使用了 std::bind 组合了多个函数，实现了计算集合中大于 5 小于 10 的元素个数的功能：

```cpp
using std::placeholders::_1;
// 查找集合中大于 5 小于 10 的元素个数
auto f = std::bind(std::logical_and<bool>(),
                   std::bind(std::greater<int>(), _1, 5),
                   std::bind(std::less_equal<int>(), _1, 10));
int count = std::count_if(coll.begin(), coll.end(), f);
```

通过使用 lambda 表达式，可以轻松地实现类似的功能：

```cpp
// 查找大于 5 小于 10 的元素的个数
int count = std::count_if(coll.begin(), coll.end(), [](int x){return x > 5 && x < 10;});
```

可以看到，lambda 表达式比 std::bind 的灵活性更好，也更为简洁。当然，这都得益于 lambda 表达式的特征，它可以任意封装出功能闭包，使得短小的逻辑可以以最简洁清晰的方式表达出来。

比如说，我们这时候的需求变更了，只希望查找大于 10，或小于 10 的个数：

```cpp
// 查找大于 10 的元素的个数
int count = std::count_if(coll.begin(), coll.end(), [](int x){return x > 10;});
// 查找小于 10 的元素的个数
int count = std::count_if(coll.begin(), coll.end(), [](int x){return x < 10;});
```

不论如何去写，使用 lambda 表达式的修改量是非常小的，清晰度也很好。

lambda 和 std::function 的效果是一样的，代码还更简洁了。一般情况下可以直接用 lambda 来代替 function，但还不能完全替代，因为还有些老的库，比如 boost 的一些库就不支持 lambda，还需要 function。

C++11 引入函数式编程的概念中的 lambda，让代码更简洁，更灵活，也更强大，并提高了开发效率，提高了可维护性。

1.7　tupe 元组

tuple 元组是一个固定大小的不同类型值的集合，是泛化的 std::pair。和 C# 中的 tuple 类似，但是比 C# 中的 tuple 强大得多。我们也可以把它当作一个通用的结构体来用，不需要创建结构体又获取结构体的特征，在某些情况下可以取代结构体，使程序更简洁、直观。

tuple 看似简单，其实它是简约而不简单，可以说它是 C++11 中一个既简单又复杂的类型，简单的一面是它很容易使用，复杂的一面是它内部隐藏了太多细节，往往要和模板元的一些技巧结合起来使用。下面看看 tuple 的基本用法。

先构造一个 tuple：

```cpp
tuple<const char*, int>tp = make_tuple(sendPack,nSendSize); // 构造一个 tuple
```

这个 tuple 等价于一个结构体：

```
struct A
{
    char* p;
    int len;
};
```

用 tuple<const char*, int>tp 就可以不用创建这个结构体了，而作用是一样的，是不是更简洁直观了？还有一种方法也可以创建元组，用 std::tie，它会创建一个元组的左值引用。

```
int x = 1;
int y = 2;
string s = "aa";
auto tp = std::tie(x, s, y);
//tp 的类型实际是：std::tuple<int&,string&, int&>
```

再看看如何获取元组的值：

```
const char* data = tp.get<0>();        //获取第一个值
int len = tp.get<1>();                 //获取第二个值
```

还有一种方法也可以获取元组的值，通过 std::tie 解包 tuple。

```
int x,y;
string a;
std::tie(x,a,y) = tp;
```

通过 tie 解包后，tp 中 3 个值会自动赋值给 3 个变量。解包时，如果只想解某个位置的值时，可以用 std::ignore 占位符来表示不解某个位置的值。比如我们只想解第 3 个值：

```
std::tie(std::ignore,std::ignore,y) = tp;    //只解第 3 个值了
```

还有一个创建右值的引用元组方法：forward_as_tuple。

```
std::map<int, std::string> m;
m.emplace(std::piecewise_construct,
          std::forward_as_tuple(10),
          std::forward_as_tuple(20, 'a'));
```

它实际上创建了一个类似于 std::tuple<int&&, std::string&&> 类型的 tuple。
我们还可以通过 tuple_cat 连接多个 tupe，代码如下：

```
int main()
{
    std::tuple<int, std::string, float> t1(10, "Test", 3.14);
    int n = 7;
    auto t2 = std::tuple_cat(t1, std::make_pair("Foo", "bar"), t1, std::tie(n));
    n = 10;
```

```
    print(t2);
}
```

输出结果如下：

```
(10, Test, 3.14, Foo, bar, 10, Test, 3.14, 10)
```

可以看到 tuple 的基本用法还是比较简单的，也很容易使用。然而 tuple 是简约而不简单，它有很多高级的用法，具体内容将在第 3 章中介绍。

tuple 虽然可以用来代替简单的结构体，但不要滥用，如果用 tuple 来替代 3 个以上字段的结构体时就不太合适了，因为使用 tuple 可能会导致代码的易读性降低，如果到处都是 std::get<N>(tuple)，反而不直观，建议对于多个字段的结构体时，不要使用 tuple。

1.8 总结

本章主要介绍了通过一些 C++11 的特性简化代码，使代码更方便、简洁和优雅。首先讨论了自动类型推断的两个关键字 auto 和 decltype，通过这两个关键字可以化繁为简，使我们不仅能方便地声明变量，还能获取复杂表达式的类型，将二者和返回值后置组合起来能解决函数的返回值难以推断的难题。

模板别名和模板默认参数可以使我们更方便地定义模板，将复杂的模板定义用一个简短更可读的名称来表示，既减少了烦琐的编码又提高了代码的可读性。

range-based for 循环可以用更简洁的方式去遍历数组和容器，它还可以支持自定义的类型，只要自定义类型满足 3 个条件即可。

初始化列表和统一的初始化使得初始化对象的方式变得更加简单、直接和统一。

std::function 不仅是一个函数语义的包装器，还能绑定任意参数，可以更灵活地实现函数的延迟执行。

lambda 表达式能更方便地使用 STL 算法，就地定义的匿名函数免除了维护一大堆函数对象的烦琐，也提高了程序的可读性。

tuple 元组可以作为一个灵活的轻量级的小结构体，可以用来替代简单的结构体，它有一个很好的特点就是能容纳任意类型和任意数量的元素，比普通的容器更灵活，功能也更强大。但是它也有复杂的一面，tuple 的解析和应用往往需要模板元的一些技巧，对使用者有一定的要求。

Chapter 2 第 2 章

使用 C++11 改进程序性能

C++11 中引入了右值引用和移动语义,可以避免无谓的复制,提高了程序性能,相应的,C++11 的容器还增加了一些右值版本的插入函数。C++11 还增加了一些无序容器,如 unordered_map、unordered_multimap,这些容器不同于标准库的 map,map 在插入元素时,会自动排序,在一些场景下这种自动排序会影响性能,而且在不需要排序的场景下,它还是会自动排序,造成了额外的性能损耗。为了改进这些缺点,C++11 引入了无序容器,这些无序容器在插入元素时不会自动排序,在不需要排序时,不会带来额外的性能损耗,提高了程序性能。本章将分别介绍右值引用相关的新特性。

2.1 右值引用

C++11 增加了一个新的类型,称为右值引用(R-value reference),标记为 T &&。在介绍右值引用类型之前先要了解什么是左值和右值。左值是指表达式结束后依然存在的持久对象,右值是指表达式结束时就不再存在的临时对象。一个区分左值与右值的便捷方法是:看能不能对表达式取地址,如果能,则为左值,否则为右值⊖。所有的具名变量或对象都是左值,而右值不具名。

在 C++11 中,右值由两个概念构成,一个是将亡值(xvalue, expiring value),另一个则是纯右值(prvalue, PureRvalue),比如,非引用返回的临时变量、运算表达式产生的临时变量、原始字面量和 lambda 表达式等都是纯右值。而将亡值是 C++11 新增的、与右值引用相

⊖ http://www.cnblogs.com/hujian/archive/2012/02/13/2348621.html

关的表达式，比如，将要被移动的对象、T&& 函数返回值、std::move 返回值和转换为 T&& 的类型的转换函数的返回值。

C++11 中所有的值必属于左值、将亡值、纯右值三者之一[一]，将亡值和纯右值都属于右值。区分表达式的左右值属性有一个简便方法：若可对表达式用 & 符取址，则为左值，否则为右值。

比如，简单的赋值语句：

```
int i = 0;
```

在这条语句中，i 是左值，0 是字面量，就是右值。在上面的代码中，i 可以被引用，0 就不可以了。字面量都是右值。[二]

2.1.1 && 的特性

右值引用就是对一个右值进行引用的类型。因为右值不具名，所以我们只能通过引用的方式找到它。

无论声明左值引用还是右值引用都必须立即进行初始化，因为引用类型本身并不拥有所绑定对象的内存，只是该对象的一个别名。通过右值引用的声明，该右值又"重获新生"，其生命周期与右值引用类型变量的生命周期一样，只要该变量还活着，该右值临时量将会一直存活下去。[三]

看一下下面的代码：

```cpp
#include <iostream>
using namespace std;

int g_constructCount=0;
int g_copyConstructCount=0;
int g_destructCount=0;
struct A
{
    A(){
        cout<<"construct: "<<++g_constructCount<<endl;
    }

    A(const A& a)
    {
        cout<<"copy construct: "<<++g_copyConstructCount <<endl;
    }
    ~A()
    {
        cout<<"destruct: "<<++g_destructCount<<endl;
    }
};
```

[一] 《深入理解 C++11》（机械工业出版社 2013 年版）3.3.3 节。
[二] http://www.ibm.com/developerworks/cn/aix/library/1307_lisl_c11/
[三] 《深入理解 C++11》3.3.3 节。

```
A GetA()
{
    return A();
}

int main() {
    A a = GetA();
    return 0;
}
```

为了清楚地观察临时值,在 GCC 下编译时设置编译选项 -fno-elide-constructors 来关闭返回值优化效果。

输出结果:

```
construct: 1
copy construct: 1
destruct: 1
copy construct: 2
destruct: 2
destruct: 3
```

从上面的例子中可以看到,在没有返回值优化的情况下,拷贝构造函数调用了两次,一次是 GetA() 函数内部创建的对象返回后构造一个临时对象产生的,另一次是在 main 函数中构造 a 对象产生的。第二次的 destruct 是因为临时对象在构造 a 对象之后就销毁了。如果开启返回值优化,输出结果将是:

```
construct: 1
destruct: 1
```

可以看到返回值优化将会把临时对象优化掉,但这不是 C++ 标准,是各编译器的优化规则。我们在回到之前提到的可以通过右值引用来延长临时右值的生命周期,如果在上面的代码中我们通过右值引用来绑定函数返回值,结果又会是什么样的呢? 在编译时设置编译选项 -fno-elide-constructors。

```
int main() {
    A&& a = GetA();
    return 0;
}
```

输出结果:

```
construct: 1
copy construct: 1
destruct: 1
destruct: 2
```

通过右值引用,比之前少了一次拷贝构造和一次析构,原因在于右值引用绑定了右值,让临时右值的生命周期延长了。我们可以利用这个特点做一些性能优化,即避免临时对象的拷贝构造和析构，事实上，在 C++98/03 中，通过常量左值引用也经常用来做性能优化。将上面的代码改成：

```
const A& a = GetA();
```

输出的结果和右值引用一样，因为常量左值引用是一个"万能"的引用类型，可以接受左值、右值、常量左值和常量右值。需要注意的是普通的左值引用不能接受右值，比如这样的写法是不对的：

```
A& a = GetA();
```

上面的代码会报一个编译错误，因为非常量左值引用只能接受左值。

实际上 T&& 并不是一定表示右值，它绑定的类型是未定的，既可能是左值又可能是右值。看看这个例子：

```
template<typename T>
void f(T&& param);

f(10);                      // 10 是右值
int x = 10;
f(x);                       // x 是左值
```

从这个例子可以看出，param 有时是左值，有时是右值，因为在上面的例子中有 &&，这表示 param 实际上是一个未定的引用类型。这个未定的引用类型称为 universal references [1]（可以认为它是一种未定的引用类型），它必须被初始化，它是左值还是右值引用取决于它的初始化，如果 && 被一个左值初始化，它就是一个左值；如果它被一个右值初始化，它就是一个右值。

需要注意的是，只有当发生自动类型推断时（如函数模板的类型自动推导，或 auto 关键字），&& 才是一个 universal references。

```
template<typename T>
void f(T&& param);          // 这里 T 的类型需要推导，所以 && 是一个 universal references

template<typename T>
class Test {
   ...
   Test(Test&& rhs);        // 已经定义了一个特定的类型，没有类型推断
   ... // && 是一个右值引用
};

void f(Test&& param);       // 已经定义了一个确定的类型，没有类型推断，&& 是一个右值引用
```

再看一个复杂一点的例子：

```
template<typename T>
```

---

[1] http://isocpp.org/blog/2012/11/universal-references-in-c11-scott-meyers

```cpp
void f(std::vector<T>&& param);
```

这里既有推断类型 T 又有确定类型 vector，那么这个 param 到底是什么类型呢？

答案是它是右值引用类型，因为在调用这个函数之前，这个 vector<T> 中的推断类型已经确定了，所以到调用 f 时没有类型推断了。再看下面这个例子：

```cpp
template<typename T>
void f(const T&& param);
```

这个 param 是 universal references 吗？其实它也是一个右值引用类型。读者也许会不明白，T 不是推断类型吗，怎么会是右值引用类型？其实还有一条很关键的规则：universal references 仅仅在 T&& 下发生，任何一点附加条件都会使之失效，而变成一个普通的右值引用。

因此，上面的 T&& 在被 const 修饰之后就成为右值引用了。

由于存在 T&& 这种未定的引用类型，当它作为参数时，有可能被一个左值引用或者右值引用的参数初始化，这时经过类型推导的 T&& 类型，相比右值引用（&&）会发生类型的变化，这种变化被称为引用折叠。C++11 中的引用折叠规则如下：

1）所有的右值引用叠加到右值引用上仍然还是一个右值引用。

2）所有的其他引用类型之间的叠加都将变成左值引用。

左值或者右值是独立于它的类型的，右值引用可能是左值也可能是右值。比如下面的例子：

```cpp
int&& var1 = 0; //var1 的类型是 int&&
```

```cpp
//var2 存在类型推导，因此是一个 universal references。这里 auto&& 最终会被推导为 int&
auto&& var2 = var1;
```

其中，var1 的类型是一个右值类型，但 var1 本身是一个左值；var1 是一个左值，根据引用折叠规则，var2 是一个 int&。下面再来看一个例子：

```cpp
int w1, w2;
auto&& v1 = w1;
decltype(w1)&& v2 = w2;
```

其中，v1 是一个 universal reference，它被一个左值初始化，所以它最终是一个左值；v2 是一个右值引用类型，但它被一个左值初始化，一个左值初始化一个右值引用类型是不合法的，所以会编译报错。但是，如果希望把一个左值赋给一个右值引用类型该怎么做呢？用 std::move：

```cpp
decltype(w1)&& v2 = std::move(w2);
```

std::move 可以将一个左值转换成右值。关于 std::move 的内容将在下一节介绍。

编译器会将已命名的右值引用视为左值，而将未命名的右值引用视为右值。看下面的例子：

```cpp
void PrintValue(int& i)
{
        std::cout<<"lvalue : "<<i<<std::endl;
}
void PrintValue(int&& i)
{
        std::cout<<"rvalue : "<<i<<std::endl;
}

void Forward(int&& i)
{
        PrintValue(i);
}

int main()
{
        int i = 0;
        PrintValue(i);
        PrintValue(1);
        Forward (2);
}
```

将输出如下结果：

```
lvalue : 0
rvalue : 1
lvaue : 2
```

Forward 函数接收的是一个右值，但在转发给 PrintValue 时又变成了左值，因为在 Forward 中调用 PrintValue 时，右值 i 变成了一个命名的对象，编译器会将其当作左值处理。

对于 T&& 作为参数的时候需要注意 T 的类型，如代码清单 2-1 所示。

代码清单 2-1　输出引用类型的示例

```cpp
#include <type_traits>
#include <typeinfo>
#ifndef _MSC_VER
#include <cxxabi.h>
#endif
#include <memory>
#include <string>
#include <cstdlib>

template <class T>
std::string type_name()
{
        typedef typename std::remove_reference<T>::type TR;
        std::unique_ptr<char, void(*)(void*)> own
                (
#ifndef __GNUC__
```

```
        nullptr,
#else
abi::__cxa_demangle(typeid(TR).name(), nullptr,
                    nullptr, nullptr),
#endif
                std::free
                );
        std::string r = own != nullptr ? own.get() : typeid(TR).name();
        if (std::is_const<TR>::value)
            r += " const";
        if (std::is_volatile<TR>::value)
            r += " volatile";
        if (std::is_lvalue_reference<T>::value)
            r += "&";
        else if (std::is_rvalue_reference<T>::value)
            r += "&&";
        return r;
}

template<typename T>
void Func(T&& t)
{
        cout<<type_name<T>()<<endl;
}
void TestReference()
{
        string str = "test";
        Func(str);
        Func(std::move(str));
}
```

上述例子将输出:

```
std::string&
std::string
```

在上述例子中，abi::__cxa_demangle 将低级符号名解码（demangle）成用户级名字，使得 C++ 类型名具有可读性。可以通过一个例子展示 abi::__cxa_demangle 的作用，代码如下：

```
#include <iostream>
#include <typeinfo>
class Foo {};

int main()
{
        class Foo {};
        std::cout << typeid(Foo*[10]).name() << std::endl;
        class Foo {};
        std::cout << typeid(Foo*[10]).name() << std::endl;
}
```

结果如下:

```
class Foo * [10]   // vc
A10_P3Foo          // gcc
```

在 gcc 中,类型名很难看明白,为了输出让用户能看明白的类型,在 gcc 中需作如下修改:

```
#include <iostream>
#include <typeinfo>
#ifndef _MSC_VER
#include <cxxabi.h>
#endif

class Foo {};

int main() {
   char* name = abi::__cxa_demangle(typeid(Foo*[10]).name(), nullptr, nullptr,
       nullptr);
   std::cout << name << std::endl;
   free(name);

   return 0;
}
```

结果如下:

```
Foo* [10]
```

这个例子中的 std::unique_ptr 是智能指针,相关内容将在第 4 章中介绍。可以看到,当 T&& 为模板参数时,如果输入左值,它会变成左值引用,而输入右值时则变为无引用的类型。这是因为 T&& 作为模板参数时,如果被左值 X 初始化,则 T 的类型为 X&;如果被右值 X 初始化,则 T 的类型为 X。

&& 的总结如下:

1)左值和右值是独立于它们的类型的,右值引用类型可能是左值也可能是右值。

2)auto&& 或函数参数类型自动推导的 T&& 是一个未定的引用类型,被称为 universal references,它可能是左值引用也可能是右值引用类型,取决于初始化的值类型。

3)所有的右值引用叠加到右值引用上仍然是一个右值引用,其他引用折叠都为左值引用。当 T&& 为模板参数时,输入左值,它会变成左值引用,而输入右值时则变为具名的右值引用。

4)编译器会将已命名的右值引用视为左值,而将未命名的右值引用视为右值。

2.1.2　右值引用优化性能,避免深拷贝

对于含有堆内存的类,我们需要提供深拷贝的拷贝构造函数,如果使用默认构造函数,

会导致堆内存的重复删除，比如下面的代码：

```cpp
class A
{
public:
        A() :m_ptr(new int(0))
        {
        }

        ~A()
        {
                delete m_ptr;
        }

private:
        int* m_ptr;
};


// 为了避免返回值优化，此函数故意这样写
A Get(bool flag)
{
        A a;
        A b;
        if (flag)
                return a;
        else
                return b;
}
int main()
{
        A a = Get(false);                           //运行报错
}
```

在上面的代码中，默认构造函数是浅拷贝，a 和 b 会指向同一个指针 m_ptr，在析构的时候会导致重复删除该指针。正确的做法是提供深拷贝的拷贝构造函数，比如下面的代码（关闭返回值优化的情况下）：

```cpp
class A
{
public:
        A() :m_ptr(new int(0))
        {
                cout << "construct" << endl;
        }

        A(const A& a):m_ptr(new int(*a.m_ptr))//深拷贝
        {
                cout << "copy construct" << endl;
        }
```

```cpp
        ~A()
        {
                cout << "destruct" << endl;
                delete m_ptr;
        }

private:
        int* m_ptr;
};

int main()
{
        A a = Get(false);                        //运行正确
}
```

上面的代码将输出：

```
construct
construct
copy construct
destruct
destruct
destruct
```

这样就可以保证拷贝构造时的安全性，但有时这种拷贝构造却是不必要的，比如上面代码中的拷贝构造就是不必要的。上面代码中的 Get 函数会返回临时变量，然后通过这个临时变量拷贝构造了一个新的对象 b，临时变量在拷贝构造完成之后就销毁了，如果堆内存很大，那么，这个拷贝构造的代价会很大，带来了额外的性能损耗。有没有办法避免临时对象的拷贝构造呢？答案是肯定的。看下面的代码：

```cpp
class A
{
public:
        A() :m_ptr(new int(0))
        {
                cout << "construct" << endl;
        }

        A(const A& a):m_ptr(new int(*a.m_ptr))//深拷贝
        {
                cout << "copy construct" << endl;
        }

        A(A&& a) :m_ptr(a.m_ptr)
        {
                a.m_ptr = nullptr;
                cout << "move construct: " << endl;
        }
```

```cpp
        ~A()
        {
                cout << "destruct" << endl;
                delete m_ptr;
        }
private:
        int* m_ptr;
};

int main()
{
        A a = Get(false); // 运行正确
}
```

上面的代码将输出：

```
construct
construct
move construct
destruct
destruct
destruct
```

上面的代码中没有了拷贝构造，取而代之的是移动构造（Move Construct）。从移动构造函数的实现中可以看到，它的参数是一个右值引用类型的参数 A&&，这里没有深拷贝，只有浅拷贝，这样就避免了对临时对象的深拷贝，提高了性能。这里的 A&& 用来根据参数是左值还是右值来建立分支，如果是临时值，则会选择移动构造函数。移动构造函数只是将临时对象的资源做了浅拷贝，不需要对其进行深拷贝，从而避免了额外的拷贝，提高性能。这也就是所谓的移动语义（move 语义），右值引用的一个重要目的是用来支持移动语义的。

移动语义可以将资源（堆、系统对象等）通过浅拷贝方式从一个对象转移到另一个对象，这样能够减少不必要的临时对象的创建、拷贝以及销毁，可以大幅度提高 C++ 应用程序的性能，消除临时对象的维护（创建和销毁）对性能的影响。

以代码清单 2-2 所示为示例，实现拷贝构造函数和拷贝赋值操作符。

代码清单 2-2　MyString 类的实现

```cpp
class MyString {
private:
        char* m_data;
        size_t   m_len;
        void copy_data(constchar *s) {
                m_data = new char[m_len+1];
                memcpy(m_data, s, m_len);
                m_data[m_len] = '\0';
        }
```

```cpp
public:
    MyString(){
        m_data = NULL;
        m_len = 0;
    }

    MyString(const char* p) {
        m_len = strlen(p);
        copy_data(p);
    }

    MyString(const MyString& str) {
        m_len = str.m_len;
        copy_data(str.m_data);
        std::cout <<"Copy Constructor is called! source: "<< str.m_data
            << std::endl;
    }

    MyString&operator=(const MyString& str) {
        if (this != &str) {
            m_len = str.m_len;
            copy_data(str._data);
        }
        std::cout <<"Copy Assignment is called! source: "<< str.m_data
            << std::endl;
        return *this;
    }

    virtual ~MyString() {
        if (m_data) delete[]m_data;
    }
};
void test() {
    MyString a;
    a = MyString("Hello");
    std::vector<MyString> vec;
    vec.push_back(MyString("World"));
}
```

实现了调用拷贝构造函数的操作和拷贝赋值操作符的操作。MyString("Hello") 和 MyString("World") 都是临时对象，也就是右值。虽然它们是临时的，但程序仍然调用了拷贝构造和拷贝赋值函数，造成了没有意义的资源申请和释放的操作。如果能够直接使用临时对象已经申请的资源，既能节省资源，又能节省资源申请和释放的时间。这正是定义移动语义的目的。

用 C++11 的右值引用来定义这两个函数，如代码清单 2-3 所示。

代码清单 2-3　MyString 的移动构造函数和移动赋值函数

```cpp
MyString(MyString&& str) {
    std::cout <<"Move Constructor is called! source: "<< str._data << std::endl;
    _len = str._len;
```

```cpp
                _data = str._data;                    // 避免了不必要的拷贝
                str._len = 0;
                str._data = NULL;
    }

    MyString&operator=(MyString&& str) {
                std::cout <<"Move Assignment is called! source: "<< str._data << std::endl;
                if (this != &str) {
                        _len = str._len;
                        _data = str._data;            // 避免了不必要的拷贝
                        str._len = 0;
                        str._data = NULL;
                }
                return *this;
    }
```

再看一个简单的例子,代码如下:

```cpp
struct Element
{
        Element(){}
        // 右值版本的拷贝构造函数
        Element(Element&& other) : m_children(std::move(other.m_children)){}
        Element(const Element& other) : m_children(other.m_children){}
private:
        vector<ptree> m_children;
};
```

这个 Element 类提供了一个右值版本的构造函数。这个右值版本的构造函数的一个典型应用场景如下:

```cpp
void Test()
{
        Element t1 = Init();
        vector<Element> v;
        v.push_back(t1);
        v.push_back(std::move(t1));
}
```

先构造了一个临时对象 t1,这个对象中一个存放了很多 Element 对象,数量可能很多,如果直接将这个 t1 用 push_back 插入到 vector 中,没有右值版本的构造函数时,会引起大量的拷贝,这种拷贝会造成额外的严重的性能损耗。通过定义右值版本的构造函数以及 std::move(t1) 就可以避免这种额外的拷贝,从而大幅提高性能。

有了右值引用和移动语义,在设计和实现类时,对于需要动态申请大量资源的类,应该设计右值引用的拷贝构造函数和赋值函数,以提高应用程序的效率。需要注意的是,我们一般在提供右值引用的构造函数的同时,也会提供常量左值引用的拷贝构造函数,以保证移动不成还可以使用拷贝构造。

需要注意的一个细节是，我们提供移动构造函数的同时也会提供一个拷贝构造函数，以防止移动不成功的时候还能拷贝构造，使我们的代码更安全。

2.2 move 语义

我们知道移动语义是通过右值引用来匹配临时值的，那么，普通的左值是否也能借助移动语义来优化性能呢，那该怎么做呢？事实上 C++11 为了解决这个问题，提供了 std::move 方法来将左值转换为右值，从而方便应用移动语义。move 是将对象的状态或者所有权从一个对象转移到另一个对象，只是转移，没有内存拷贝。深拷贝和 move 的区别如图 2-1 所示。

在图 2-1 中，对象 SourceObject 中有一个 Source 资源对象，如果是深拷贝，要将 SourceObject 拷贝到 DestObject 对象中，需要将 Source 拷贝到 DestObject 中；如果是 move 语义，要将 SourceObject 移动到 DestObject 中，只需要将 Source 资源的控制权从 SourceObject 转移到 DestObject 中，无须拷贝。

move 实际上并不能移动任何东西，它唯一的功能是将一个左值强制转换为一个右值引用[⊖]，使我们可以通过右值引用使用该值，以用于移动语义。强制转换为右值的目的是为了方便实现移动构造。

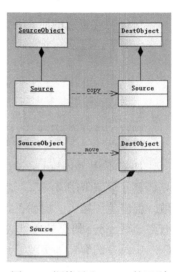

图 2-1 深拷贝和 move 的区别

这种 move 语义是很有用的，比如一个对象中有一些指针资源或者动态数组，在对象的赋值或者拷贝时就不需要拷贝这些资源了。在 C++11 之前拷贝构造函数和赋值函数可能要像下面这样定义。假设一个 A 对象内部有一个资源 m_ptr：

```
A& A::operator=(const A& rhs)
{
// 销毁 m_ptr 指向的资源
// 复制 rhs.m_ptr 所指的资源，并使 m_ptr 指向它
}
```

同样 A 的拷贝构造函数也是这样。假设这样来使用 A：

```
A foo();  // foo 是一个返回值为 X 的函数
A a;
a = foo();
```

最后一行将会发生如下操作：

- 销毁 a 所持有的资源。
- 复制 foo 返回的临时对象所拥有的资源。
- 销毁临时对象，释放其资源。

⊖ 《深入理解 C++11：C++ 新特性解析与应用》3.3.4 节。

上面的过程是可行的，但是更有效率的办法是直接交换 a 和临时对象中的资源指针，然后让临时对象的析构函数去销毁 a 原来拥有的资源。换句话说，当赋值操作符的右边是右值的时候，我们希望赋值操作符被定义成下面这样：

```
A& A::operator=(const A&& rhs)
{
        // 转移资源的控制权，无须复制
}
```

仅仅转移资源的所有者，将资源的拥有者改为被赋值者，这就是所谓的 move 语义。再看一个例子，假设一个临时容器很大，赋值给另一个容器。

```
{
    std::list< std::string> tokens;             // 省略初始化……
    std::list< std::string> t = tokens;
}
std::list< std::string> tokens;
std::list< std::string> t = std::move(tokens);
```

如果不用 std::move，拷贝的代价很大，性能较低。使用 move 几乎没有任何代价，只是转换了资源的所有权。实际上是将左值变成右值引用，然后应用 move 语义调用构造函数，就避免了拷贝，提高了程序性能。当一个对象内部有较大的堆内存或者动态数组时，很有必要写 move 语义的拷贝构造函数和赋值函数，避免无谓的深拷贝，以提高性能。事实上，C++ 中所有的容器都实现了 move 语义，方便我们实现性能优化。

这里也要注意对 move 语义的误解，move 只是转移了资源的控制权，本质上是将左值强制转换为右值引用，以用于 move 语义，避免含有资源的对象发生无谓的拷贝。move 对于拥有形如对内存、文件句柄等资源的成员的对象有效。如果是一些基本类型，比如 int 和 char[10] 数组等，如果使用 move，仍然会发生拷贝（因为没有对应的移动构造函数），所以说 move 对于含资源的对象来说更有意义。

2.3　forward 和完美转发

在 2.2 节中介绍的右值引用类型是独立于值的，一个右值引用参数作为函数的形参，在函数内部再转发该参数的时候它已经变成一个左值了，并不是它原来的类型了。比如：

```
template <typename T>
void forwardValue(T& val)
{
    processValue(val);                  // 右值参数会变成左值
}
template <typename T>
void forwardValue(const T& val)
{
    processValue(val);                  // 参数都变成常量左值引用了
}
```

都不能按照参数的本来的类型进行转发。

因此，我们需要一种方法能按照参数原来的类型转发到另一个函数，这种转发被称为完美转发。所谓完美转发（Perfect Forwarding），是指在函数模板中，完全依照模板的参数的类型[⊖]（即保持参数的左值、右值特征），将参数传递给函数模板中调用的另外一个函数。C++11 中提供了这样的一个函数 std::forward，它是为转发而生的，不管参数是 T&& 这种未定的引用还是明确的左值引用或者右值引用，它会按照参数本来的类型转发。看看这个例子：

代码清单 2-4　参数转发的示例

```
void PrintT(int&t)
{
    cout <<"lvaue"<< endl;
}

template<typename T>
void PrintT(int &t)
{
    cout <<"rvalue"<< endl;
}

template<typename T>
void TestForward(T && v)
{
    PrintT(v);
    PrintT(std::forward<T>(v));
    PrintT(std::move(v));
}

Test()
{
    TestForward(1);
    int x = 1;
    TestForward(x);
    TestForward(std::forward<int>(x));
}
```

测试结果如图 2-2 所示。

我们来分析一下测试结果。

- TestForward(1)：由于 1 是右值，所以未定的引用类型 T && v 被一个右值初始化后变成了一个右值引用，但是在 TestForward 函数体内部，调用 PrintT(v) 时，v 又变成了一个左值（因为在这里它已经变成了一个具名的变量，所以它是一个左值），因此，

图 2-2　std::forward 示例测试结果

⊖ 《深入理解 C++11：C++11 新特性解析与应用》85 页。

第一个 PrintT 被调用，打印出" lvaue"。调用 PrintT(std::forward<T>(v)) 时，由于 std::forward 会按参数原来的类型转发，因此，它还是一个右值（这里已经发生了类型推导，所以这里的 T&& 不是一个未定的引用类型（关于这点可以参考 2.1 节），会调用 void PrintT(T &&t) 函数。调用 PrintT(std::move(v)) 是将 v 变成一个右值（v 本身也是右值），因此，它将输出 rvalue。

❑ TestForward(x) 未定的引用类型 T && v 被一个左值初始化后变成了一个左值引用，因此，在调用 PrintT(std::forward<T>(v)) 时它会被转发到 void PrintT(T& t)。

右值引用、完美转发再结合可变模板参数，我们可以写一个万能的函数包装器（可变模板参数将在 3.2 节中介绍，读者不妨读完下一节再回头来看这个函数），带返回值的、不带返回值的、带参数的和不带参数的函数都可以委托这个万能的函数包装器执行。下面看看这个万能的函数包装器。

```cpp
template<class Function, class... Args>
inline auto FuncWrapper(Function && f, Args && ... args) -> decltype(f(std::forward<Args>(args)...))
{
    return f(std::forward<Args>(args)...);
}
```

测试代码如下：

```cpp
void test0()
{
    cout <<"void"<< endl;
}

int test1()
{
    return 1;
}

int test2(int x)
{
    return x;
}

string test3(string s1, string s2)
{
    return s1 + s2;
}

test()
{
    FuncWrapper(test0);          //没有返回值，打印 void
    FuncWrapper(test1);          //返回 1
```

```
        FuncWrapper(test2, 1);              //返回 1
        FuncWrapper(test3, "aa", "bb");     //返回 "aabb"
}
```

2.4　emplace_back 减少内存拷贝和移动

　　emplace_back 能就地通过参数构造对象，不需要拷贝或者移动内存，相比 push_back 能更好地避免内存的拷贝与移动，使容器插入元素的性能得到进一步提升。在大多数情况下应该优先使用 emplace_back 来代替 push_back。所有的标准库容器（array 除外，因为它的长度不可改变，不能插入元素）都增加了类似的方法：emplace、emplace_hint、emplace_front、emplace_after 和 emplace_back，关于它们的具体用法可以参考 cppreference.com。这里仅列举典型的示例。

　　vector 的 emplace_back 的基本用法如下：

```
#include <vector>
#include <iostream>
using namespace std;
struct A
{
        int x;
        double y;
        A(int a, double b):x(a),y(b){}
};

int main() {
        vector<A> v;
        v.emplace_back(1, 2);
        cout<<v.size()<<endl;
        return 0;
}
```

　　可以看出，emplace_back 的用法比较简单，直接通过构造函数的参数就可以构造对象，因此，也要求对象有对应的构造函数，如果没有对应的构造函数，编译器会报错。如果把上面的构造函数注释掉，在 vs2013 下编译会报如下错误：

```
error C2661:"A::A":没有重载函数接受 2 个参数
```

　　其他容器相应的 emplace 方法也是类似的。
　　相对 push_back 而言，emplace_back 更具性能优势。下面通过一个例子来看 emplace_back 和 push_back 的性能差异，如代码清单 2-5 所示。

代码清单 2-5   emplace_back 和 push_back 的比较

```cpp
#include <vector>
#include <map>
#include <string>
#include <iostream>
using namespace std;

struct Complicated
{
        int year;
        double country;
        std::string name;

        Complicated(int a, double b, string c):year(a),country(b),name(c)
        {
                cout<<"is constucted"<<endl;
        }

        Complicated(const Complicated&other):year(other.year),county(other.
            county),name(std::move(other.name))
        {
                cout<<"is moved"<<endl;
        }
};

int main()
{
        std::map<int, Complicated> m;
        int anInt = 4;
        double aDouble = 5.0;
        std::string aString = "C++";
        cout<<"—insert--"<<endl;
        m.insert(std::make_pair(4, Complicated(anInt, aDouble, aString)));

        cout<<"—emplace--"<<endl;
        // should be easier for the optimizer
        m.emplace(4, Complicated(anInt, aDouble, aString));

        cout<<"--emplace_back--"<<endl;
        vector<Complicated> v;
        v.emplace_back(anInt, aDouble, aString);
        cout<<"--push_back--"<<endl;
        v.push_back(Complicated(anInt, aDouble, aString));
}
```

输出如下：

```
--insert--
is constucted
is moved
is moved
--emplace--
is constucted
is moved
--emplace_back--
is constucted
--push_back--
is constucted
is moved
is moved
```

代码清单2-5测试了map的emplace和vector的emplace_back，用map的insert方法插入元素时有两次内存移动，而用emplace时只有一次内存移动；用vector的push_back插入元素时有两次移动内存，而用emplace_back时没有内存移动，是直接构造的。

可以看到，emplace/emplace_back的性能比之前的insert和push_back的性能要提高很多，我们应该尽量用emplace/emplace_back来代替原来的插入元素的接口以提高性能。需要注意的是，我们还不能完全用emplace_back来取代push_back等老接口，因为在某些场景下并不能直接使用emplace来进行就地构造，比如，当结构体中没有提供相应的构造函数时就不能用emplace了，这时就只能用push_back。

2.5 unordered container 无序容器

C++11增加了无序容器unordered_map/unordered_multimap和unordered_set/unordered_multiset，由于这些容器中的元素是不排序的，因此，比有序容器map/multimap和set/multiset效率更高。map和set内部是红黑树，在插入元素时会自动排序，而无序容器内部是散列表（Hash Table），通过哈希（Hash），而不是排序来快速操作元素，使得效率更高。由于无序容器内部是散列表，因此无序容器的key需要提供hash_value函数，其他用法和map/set的用法是一样的。不过对于自定义的key，需要提供Hash函数和比较函数。代码清单2-6是无序容器的基本用法。

代码清单2-6　无序容器的基本用法

```
#include <unordered_map>
#include <vector>
#include <bitset>
#include <string>
#include <utility>
```

```cpp
struct Key {
        std::string first;
        std::string second;
};

struct KeyHash {
        std::size_t operator()(const Key& k) const
        {
                return std::hash<std::string>()(k.first) ^
                        (std::hash<std::string>()(k.second) << 1);
        }
};

struct KeyEqual {
        bool operator()(const Key& lhs, const Key& rhs) const
        {
                return lhs.first == rhs.first && lhs.second == rhs.second;
        }
};

int main()
{
        // default constructor: empty map
        std::unordered_map<std::string, std::string> m1;

        // list constructor
        std::unordered_map<int, std::string> m2 =
        {
                {1, "foo"},
                {3, "bar"},
                {2, "baz"},
        };

        // copy constructor
        std::unordered_map<int, std::string> m3 = m2;

        // move constructor
        std::unordered_map<int, std::string> m4 = std::move(m2);

        // range constructor
        std::vector<std::pair<std::bitset<8>, int>> v = { {0x12, 1}, {0x01,-1} };
        std::unordered_map<std::bitset<8>, double> m5(v.begin(), v.end());

        // constructor for a custom type
        std::unordered_map<Key, std::string, KeyHash, KeyEqual> m6 = {
```

```
                { {"John", "Doe"}, "example"},
                { {"Mary", "Sue"}, "another"}
        };
}
```

对于基本类型来说，不需要提供 Hash 函数和比较函数，用法上和 map/set 一样，对于自定义的结构体，就稍微复杂一些，需要提供 Hash 函数和比较函数。

2.6 总结

C++11 在性能上做了很大的改进，最大程度减少了内存移动和复制，通过右值引用、forward、emplace 和一些无序容器我们可以大幅度改进程序性能。

- 右值引用仅仅是通过改变资源的所有者来避免内存的拷贝，能大幅度提高性能。
- forward 能根据参数的实际类型转发给正确的函数。
- emplace 系列函数通过直接构造对象的方式避免了内存的拷贝和移动。
- 无序容器在插入元素时不排序，提高了插入效率，不过对于自定义 key 时需要提供 hash 函数和比较函数。

Chapter 3 第 3 章

使用 C++11 消除重复，提高代码质量

本章将主要讨论 C++ 泛型编程相关的一些特性，利用这些特性我们可以在编译期获取丰富的类型相关的信息，利用这些信息不仅可以消除一些重复代码，还可以增强泛型能力，提高代码质量。

本章将先介绍 type_traits 的用法，通过 type_traits 可以实现在编译期计算、查询、判断、转换和选择，增强了泛型编程的能力，也增强了我们程序的弹性，使得我们在编译期就能做到优化改进甚至排错，能进一步提高代码质量；本章还介绍可变参数模板，可变参数模板可以说是 C++11 中最复杂也最强大的特性之一，会用和用好它可以消除程序中的重复代码，还可以使代码更简洁、优雅和强大；本章最后会通过一些实例去介绍如何综合运用这些 C++11 的特性去完成一些功能强大的基础组件。这些实例会用到第 2 章的一些特性，读者阅读的时候可以回过头来再看看前面的章节，加深理解。本章的内容很重要，有一定的难度，希望读者能能结合案例认真揣摩。

3.1　type_traits——类型萃取

type_traits 提供了丰富的编译期计算、查询、判断、转换和选择的帮助类，在很多场合中会使用到这些特性。

type_traits 的类型选择功能，在一定程度上可以消除冗长的 swich-case 或者 if-else 的语句，降低程序的圈复杂度⊖，提高代码的可维护性。type_traits 的类型判断功能，在编译期就

⊖　是一种代码复杂度的衡量标准，衡量模块的复杂程度。

可以检查出是否是正确的类型，以便能编写更安全的代码。

本节和下节可变参数模板联系比较紧密，可变参数模板往往需要和 type_traits 结合起来实现更强大的编译期计算功能，也是程序库开发过程中经常要用到的。

 圈复杂度大说明程序代码质量可能比较低且难于测试和维护，大多数代码审查工具都将圈复杂度作为衡量代码质量的一个指标。

《代码大全》建议使用下面的方法来度量复杂度。规则如下：

- 从函数第一行开始，一直往下看程序。
- 一旦遇到以下关键字或者同类的词就加 1：

    if, while, repeat, for, and, or；
- 向 case 语句中的每一种情况加 1。

3.1.1 基本的 type_traits

1. 简单的 type_traits

在介绍基本的 type_traits 之前，先看看在 C++11 之前，在一个类中定义编译期常量的一些方法：

```
template<typename Type>
struct GetLeftSize
{
        static const int value = 1;
};
```

上面的例子中类型 GetLeftSize 维护了一个静态常量 1，可以通过 GetLeftSize::value 获取这个常量。还可以通过 enum 来定义编译期常量，具体定义如下：

```
template<typename Type>
struct GetLeftSize
{
        enum{value  = 1};
};
```

上述代码通过定义枚举变量的方式来获取常量 1，这种写法比前面那种写法更简洁一点。

在 C++11 中定义编译期常量，无须自己定义 static const int 或 enum 类型，只需要从 std::integral_constant 派生，代码如下：

```
template<typename Type>
struct GetLeftSize : std::integral_constant<int, 1>
{
};
```

同样可以根据 GetLeftSize::value 来获取常量 1，这种写法不需要再额外定义变量，使用更加方便。

下面来看看将编译期常量包装为一个类型的 type_trait——integral_constant，它的实现比较简单，代码如下（不同的编译器可能稍有差异）：

```
template <class T, T v>
struct integral_constant
{
        static cons T value = v;
        typedef  T value_type;
        typedef  integral_constant<T, v>type;
        operator value_type() { return value; }
};
```

integral_constant 类有一个常量成员变量 value，可以通过 integral_constant::value 来获取 integral_constant 所代表的真正值。常见的用法是从 integral_constant 派生，从而可以通过继承得到 value，而不用再自己定义 const static T value=? 或者 enum{value=?}，而 true_type 和 false_type 是 integral_constant 的一个实例：

```
typedef  integral_constant<bool, true> true_type;
typedef  integral_constant<bool, false> false_type;
```

std::true_type 和 std::false_type 分别定义了编译期的 true 和 false 类型。

2. 类型判断的 type_traits

这些 type_traits 从 std::integral_constant 派生，用来检查模板类型是否为某种类型，通过这些 trait 可以获取编译期检查的 bool 值结果。

```
template <class T>
struct is_integral;
```

std:: is_integral 是用来检查 T 是否为 bool、char、char16_t、char32_t、wchar_t、short、int、long、long long 或者这些类型的无符号等整型类型，如果 T 是这些类型中的某一种类型，则 std::is_integral::value 为 true，否则为 false。

表 3-1 是一些常用的判断类型的 traits，更多的 traits 可以从网站 http://en.cppreference.com/w/cpp/types 上查看。

表 3-1　常用的 traits 判断类型

traits 类型	说明
template<class T> struct is_void;	T 是否为 void 类型
template<class T> struct is_floating_point;	T 是否为浮点类型
template<class T> struct is_array;	T 是否为数组类型

（续）

traits 类型	说明
template<class T> struct is_pointer;	T 是否为指针类型（包括函数指针，但不包括成员（函数）指针）
template<class T> struct is_enum;	T 是否为枚举类型
template<class T> struct is_union;	T 是否为 union 的 class/struct
template<class T> struct is_class;	T 是否为类类型而不是 union 类型
template<class T> struct is_function;	T 是否为函数类型
template<class T> struct is_reference;	T 是否为引用类型（左值引用或者右值引用）
template<class T> struct is_arithmetic;	T 是否为整型和浮点类型
template<class T> struct is_fundamental;	T 是否为整型、浮点、void 或 nullptr_t 类型
template<class T> struct is_object;	T 是否为一个对象类型（不是函数、不是引用、不是 void）
template<class T> struct is_scalar;	T 是否为 arithmetic、enumeration、pointer、pointer to member 或 std::nullptr_t 类型
template<class T> struct is_compound;	T 是否非 fundamental 类型构造的
template<class T> struct is_member_pointer;	T 是否为成员函数指针类型
template<class T> struct is_polymorphic;	T 是否有虚函数
template<class T> struct is_abstract;	T 是否为抽象类
template<class T> struct is_signed;	T 是是否有符号类型
template<class T> struct is_unsigned;	T 是否无符号类型
template<class T> struct is_const;	是否为 const 修饰的类型

判断类型的 traits 通过字面意思就能知道其含义，都是派生于 std::integral_constant，因此可以通过 std::is_xxx::value 是否为 true 来判断模板类型是否为目标类型，用法也很简单：

```
#include <iostream>
#include <type_traits>

int main() {
```

```cpp
    std::cout << "is_const:" << std::endl;
    std::cout << "int: " << std::is_const<int>::value << std::endl;
    std::cout << "const int: " << std::is_const<const int>::value << std::endl;
    std::cout << "const int&: " << std::is_const<const int&>::value << std::endl;
    std::cout << "const int*: " << std::is_const<const int*>::value << std::endl;
    std::cout << "int* const: " << std::is_const<int* const>::value << std::endl;
    return 0;
}
```

输出结果如下：

```
is_const:
int: false
const int: true
const int&: true
const int*: false
int* const: true
```

判断类型的 traits 一般和 std::enable_if 结合起来使用，通过 SFINAE 特性来实现功能更强大的重载，详细内容会在 3.1.4 节中介绍。

3. 判断两个类型之间的关系 traits

上一小节的 traits 是检查某一个模板的类型，有时需要检查两个模板类型之间的关系，比如两个类型是否相同或是否为继承关系等，C++11 提供了判断类型之间关系的 traits，方便我们使用，表 3-2 是这些 traits 的含义。

表 3-2　判断类型之间关系的 traits

traits 类型	说明
template<class T, class U> struct is_same;	判断两个类型是否相同
template<class Base, class Derived> struct is_base_of;	判断 Base 类型是否为 Derived 类型的基类
template<class From, class To> struct is_convertible;	判断前面的模板参数类型能否转换为后面的模板参数类型

（1）is_same 的用法

is_same 用来在编译期判断两种类型是否相同，用法如下：

```cpp
#include <iostream>
#include <type_traits>
int main()
{
    std::cout<< std::is_same<int, int>::value<<"\n";           // true
    std::cout<< std::is_same<int, unsigned int>::value<<"\n";  // false
    std::cout<< std::is_same<int, signed int>::value<<"\n";    // true
```

```
        return 0;
}
```

其中，std::is_same<T, U> 对两种类型做了是否相同的判断，类型严格相同才会认为类型一致，比如 std::is_same<int, unsignedint>::value 的值为 false。

(2) is_base_of 的用法

is_base_of 用来在编译期判断两种类型是否为继承关系，用法如下：

```
#include <iostream>
#include <type_traits>

class A {};

class B : A {};

class C {};

int main()
{
        std::cout<<std::is_base_of<A, B>::value<<'\n';
        std::cout<<std::is_base_of<B, A>::value<<'\n';
        std::cout<<std::is_base_of<C, B>::value<<'\n';
}
```

输出结果如下：

```
true
false
false
```

需要注意的是，is_base_of<B, D> 是将第一个模板参数作为基类类型，在使用时要注意将基类类型作为第一个模板参数。

(3) is_convertible 的用法

is_convertible 用来判断前面的模板参数类型能否转换为后面的模板参数类型，用法如下[1]：

```
#include <iostream>
#include <type_traits>

class A {};
class B :public A {};
class C {};

int main()
{
        bool b2a = std::is_convertible<B*, A*>::value;
```

---

[1] http://en.cppreference.com/w/cpp/types/is_convertible

```
            bool a2b = std::is_convertible<A*, B*>::value;
            bool b2c = std::is_convertible<B*, C*>::value;

            std::cout<<std::boolalpha;
            std::cout<< b2a <<'\n';
            std::cout<< a2b <<'\n';
            std::cout<< b2c <<'\n';
}
```

输出结果如下：

true
false
false

其中，std::is_convertible<B*, A*>::value，由于 A* 是 B 的基类指针，是可以隐式转换的，所以判断的结果为 true，而反过来，std::is_convertible<A*, B*>::value 是不能直接向下转型的，所以判断的结果为 false。

4. 类型的转换 traits

常用的类型的转换 traits 包括对 const 的修改——const 的移除和添加，引用的修改——引用的移除和添加，数组的修改和指针的修改，如表 3-3 所示。

表 3-3 类型的转换 traits

traits 类型	说明
template<class T> struct remove_const;	移除 const
template<class T> struct add_const;	添加 const
template<class T> struct remove_reference;	移除引用
template<class T> structadd_lvalue_reference;	添加左值引用
template<class T> struct add_rvalue_reference;	添加右值引用
template<class T> struct remove_extent;	移除数组顶层的维度
template<class T> struct remove_all_extents;	移除数组所有的维度
template<class T> struct remove_pointer;	移除指针
template<class T> struct add_pointer;	添加指针

（续）

traits 类型	说明
template<class T> struct decay;	移除 cv 或添加指针
template<class...T> struct common_type;	获取公共类型

这里只列举了一部分常用的用于类型转换的 type_traits，它们的基本用法如下：

```cpp
#include <iostream>
#include <type_traits>
using namespace std;

int main()
{
    // 添加和移除 const、reference
    cout << std::is_same<const int, add_const<int>::type>::value << endl;
    cout << std::is_same<int, remove_const<const int>::type>::value << endl;
    cout << std::is_same<int&, add_lvalue_reference<int>::type>::value << endl;
    cout << std::is_same<int&&, add_rvalue_reference<int>::type>::value << endl;
    cout << std::is_same<int, remove_reference<int&>::type>::value << endl;
    cout << std::is_same<int, remove_reference<int&&>::type>::value << endl;

    cout << std::is_same<int*, add_pointer<int>::type>::value << endl;

    // 移除数组的顶层维度
    cout << std::is_same<int, std::remove_extent<int[]>::type>::value << endl;
    cout << std::is_same<int[2], std::remove_extent<int[][2]>::type>::value << endl;
    cout << std::is_same<int[2][3], std::remove_extent<int[][2][3]>::type>::value<< endl;
    // 移除数组的所有维度
    cout << std::is_same<int, std::remove_all_extents<int[][2][3]>::type>::value <<endl;

    // 取公共类型
    typedef std::common_type<unsigned char, short, int>::type NumericType;
    cout << std::is_same<int, NumericType>::value << endl;
}
```

根据模板参数类创建对象时，要注意移除引用：

```cpp
template<typename T>
typename std::remove_reference<T>::type* Create()
{
    typedef typename std::remove_reference<T>::type U;
    return new U();
}
```

在上述例子中，模板参数 T 可能是引用类型，而创建对象时，需要原始的类型，不能用引用类型，所以需要将可能的引用移除。

有时需要添加引用类型，比如从智能指针中获取对象的引用时，如代码清单 3-1 所示。

代码清单 3-1　移除和添加引用的示例

```cpp
#include <iostream>
#include <type_traits>
#include <memory>
using namespace std;

template <class T>
struct Construct
{
        typedef typename std::remove_reference<T>::type U;    //移除可能的引用
        Construct() : m_ptr(new U)
        {
        }

        typename std::add_lvalue_reference<U>::type           //添加左值引用
        Get() const
        {
                return * m_ptr.get();
        }

private:
std::unique_ptr<U> m_ptr;
};


int main() {
        Construct<int> c;
        int a = c.Get();
        cout<<a<<endl;
        return 0;
}
```

在上述代码中，构造对象时需要创建一个智能指针，创建智能指针时需要获取 T 的原始类型，我们通过 std::remove_reference 来移除 T 可能的引用，后面，需要获取智能向的对象时又要对原始类型 U 添加左值引用。

再看一个带 cv 符类型的例子：

```cpp
template<typename T>
T* Create()
{
        return new T();
}
```

对于一个带 cv 符的引用类型，在获取它原始类型的时候就比较麻烦，比如下面的代码：

```
int* p = Create<const volatile int&>();
```

上述代码是无法编译通过的，需要移除引用和 cv 符才能获取原始的类型 int，可以这样修改：

```
template<typename T>
typename std::remove_cv<typename std::remove_reference<T>::type>::type*
Create()
{
        typedef typename std::remove_cv<typename
std::remove_reference<T>::type>::type U;
        return new U();
}
```

先移除引用，再移除 cv 符，最终获得了原始类型 int，这样虽然能解决问题，但是代码比较长，可读性也不好。这时就可以用 decay 来简化代码，简化后的代码如下：

```
template<typename T>
typename std::decay<T>::type* Create()
{
        typedef typename std::decay<T>::type U;
        return new U();
}
```

对于普通类型来说，std::decay 是移除引用和 cv 符，大大简化了我们的书写。除了普通类型之外，std::decay 还可以用于数组和函数，具体的转换规则如下：[○]

- 先移除 T 类型的引用，得到类型 U，U 定义为 remove_reference<T>::type。
- 如果 is_array<U>::value 为 true，修改类型 type 为 remove_extent<U>::type *。
- 否则，如果 is_function<U>::value 为 true，修改类型 type 将为 add_pointer<U>::type。
- 否则，修改类型 type 为 remove_cv<U>::type。

根据上面的规则，再对照用法示例[○]就能清楚地理解 std::decay 的含义了。下面是 std::decay 的基本用法：

```
typedef std::decay<int>::type A;           // int
typedef std::decay<int&>::type B;          // int
typedef std::decay<int&&>::type C;         // int
typedef std::decay<const int&>::type D;    // int
typedef std::decay<int[2]>::type E;        // int*
typedef std::decay<int(int)>::type F;      // int(*)(int)
```

由于 std::decay 对于函数来说是添加指针，利用这一点，我们可以将函数变成函数指针类型，从而将函数指针变量保存起来，以便在后面延迟执行，比如下面的例子。

```
template<typename F>
struct SimpFunction
```

○ http://msdn.microsoft.com/en-us/library/ee361638.aspx
○ http://en.cppreference.com/w/cpp/types/decay

```cpp
{
            using FnType = typename std::decay<F>::type;

            SimpFunction(F& f) : m_fn(f)
            {

            }

            void Run()
            {
                    m_fn();
            }

            FnType m_fn;
};
```

如果要保存输入的函数，则先要获取函数对应的函数指针类型，这时就可以用 std::decay 来获取函数指针类型了，using FnType=typename std::decay<F>::type; 实现函数指针类型的定义。

3.1.2 根据条件选择的 traits

std::conditional 在编译期根据一个判断式选择两个类型中的一个，和条件表达式的语义类似，类似于一个三元表达式。它的原型如下：

```cpp
template< bool B, class T, class F >
struct conditional;
```

std::conditional 的模板参数中，如果 B 为 true，则 conditional::type 为 T，否则为 F。
std::conditional 的测试代码如下：

```cpp
typedef std::conditional<true,int,float>::type A;                              // int
typedef std::conditional<false,int,float>::type B;                             // float
typedef std::conditional<std::is_integral<A>::value,long,int>::type C;         // long
typedef std::conditional<std::is_integral<B>::value,long,int>::type D;         // int
```

比较两个类型，输出较大的那个类型：

```cpp
typedef std::conditional<(sizeof(long long) >sizeof(long double)),
        long long, long double>::type max_size_t;
cout<<typeid(max_size_t).name()<<endl;
```

将会输出：long double。

我们可以通过编译期的判断式来选择类型，这给我们动态选择类型提供了很大的灵活性，在后面经常和其他的 C++11 特性配合起来使用，是比较常用的特性之一。

3.1.3 获取可调用对象返回类型的 traits

有时要获取函数的返回类型是一件比较困难的事情，比如下面的代码：

```cpp
template <typename F, typename Arg>
?? Func(F f, Arg arg)
{
        return f(r);
}
```

由于函数的入参都是两个模板参数，导致我们不能直接确定返回类型，在1.1.2节中我们提到可以通过decltype来推断出函数返回类型，代码如下：

```cpp
template <typename F, typename Arg>
decltype((*(F*)0)((*(Arg*)0))) Func(F f, Arg arg)
{
        return f(arg);
}
```

虽然可以通过decltype来获取函数的返回类型，但是可读性很差，晦涩难懂。可以通过返回类型后置来简化，关于返回类型后置读者可以参考1.1.3节。

```cpp
template <typename F, typename Arg>
auto Func(F f, Arg arg)->decltype(f(arg))
{
        return f(arg);
}
```

上面的写法比之前的写法更简洁，在一般情况下也是没问题的，但是在某个类型没有模板参数时，就不能通过decltype来获取类型了，比如下面的代码：

```cpp
#include <type_traits>
class A
{
        A()=delete;
public:
        int operator()(int i)
        {
                return i;
        }
};

int main()
{
        decltype(A()(0)) i = 4;
        cout<<i<<endl;
        return 0;
}
```

上面的代码将会编译报错，因为A没有默认构造函数。对于这种没有默认构造函数的类型，我们如果希望能推导其成员函数的返回类型，则需要借助std::declval。

```cpp
decltype(std::declval<A>()(std::declval<int>())) i = 4;
```

上面的代码能编译通过，因为 std::declval 能获取任何类型的临时值，而不管它是不是有默认构造函数，因此，我们通过 declval<A>() 获得了 A 的临时值。需要注意的是，declval 获取的临时值引用不能用于求值，因此，我们需要用 decltype 来推断出最终的返回类型。

虽然结合返回类型后置、decltype 和 declval 能解决推断函数返回类型的问题，但显得不够简洁，C++11 提供了另外一个 trait——std::result_of，用来在编译期获取一个可调用对象（关于可调用对象，读者可以参考 1.5.1 节）的返回类型。上面的代码可以这样写：

```
std::result_of<A(int)>::type i = 4;
```

上面的 std::result_of<A(int)>::type 实际上等价于 decltype(std::declval<A>()(std::declval<int>()))。std::result_of 的原型如下：

```
template< class F, class... ArgTypes >
class result_of<F(ArgTypes...)>;
```

第一个模板参数为可调用对象的类型，第二个模板参数为参数的类型。再来看如代码清单 3-2 所示的例子。

代码清单 3-2　std::result_of 的基本用法

```
int fn(int) {return int();}                                    // function
typedef int(&fn_ref)(int);                                     // function reference
typedef int(*fn_ptr)(int);                                     // function pointer
struct fn_class { int operator()(int i){return i;} };          // function-like class

int main() {
  typedef std::result_of<decltype(fn)&(int)>::type A;    // int
  typedef std::result_of<fn_ref(int)>::type B;           // int
  typedef std::result_of<fn_ptr(int)>::type C;           // int
  typedef std::result_of<fn_class(int)>::type D;         // int

  std::cout << std::boolalpha;
  std::cout << "typedefs of int:" << std::endl;

  std::cout << "A: " << std::is_same<int,A>::value << std::endl;
  std::cout << "B: " << std::is_same<int,B>::value << std::endl;
  std::cout << "C: " << std::is_same<int,C>::value << std::endl;
  std::cout << "D: " << std::is_same<int,D>::value << std::endl;

  return 0;
}
```

std::result_of<Fn(ArgTypes...)> 要求 Fn 为一个可调用对象（可以参考 1.5.1 节），不能是一个函数类型，因为函数类型不是一个可调用对象，因此，下面这种方式是错误的：

```
typedef std::result_of<decltype(fn)(int)>::type A;
```

如果要对某个函数使用 std::result_of，要先将函数转换为可调用对象。可以通过以下方式来获取函数返回类型：

```
        typedef std::result_of<decltype(fn)&(int)>::typeA;
        typedef std::result_of<decltype(fn)*(int)>::typeB;
        typedef std::result_of<typename
std::decay<decltype(fn)>::type(int)>::typeC;
        static_assert(std::is_same<A, B>::value, "not equal");    // true
        static_assert(std::is_same<A, C>::value, "not equal");    // true
        static_assert(std::is_same<B, C>::value, "not equal");    // true
```

再来看一个推断返回值类型的例子，代码如下：

```
template<typename Fn>
auto GroupBy(constvector<Person>&vt,
constFn&keySlector)->multimap<decltype(keySlector((Person&) nullptr)), Person>
{
        // 推断出 keySlector 的返回值类型
        typedef decltype(keySlector(*(Person*) nullptr)) key_type;
        multimap<key_type, Person> map;
        std::for_each(vt.begin(), vt.end(), [&](const Person&person)
        {
                map.insert(make_pair(keySlector(person), person));
        });

        return map;
}
```

这个函数返回的 map 将 vector 中的元素的某个属性作为 key，将元素作为 value，这个 Fn 的返回值依赖于元素和外部指定函数。由于这个返回值的类型不是固定的，所以，要获取这个返回值有点麻烦，通过 typedefdecltype(keySlector(*(Person*)nullptr))key_type; 可以推断出 key_type，但是这种方式比较晦涩难懂。通过 std::result_of 来获取函数返回值就很简单了，而且代码可读性也更好：

```
template<typenameFn>
multimap<typename std::result_of<Fn(Person)>::type, Person>
GroupBy(constvector<Person>&vt, Fn&&keySlector)
{
        // 推断出 keySlector 的返回值类型
        typedef std::result_of<Fn(Person)>::type key_type;
        multimap<key_type, Person> map;
        std::for_each(vt.begin(), vt.end(), [&](constPerson&person)
        {
                map.insert(make_pair(keySlector(person), person));
        });

        return map;
}
```

3.1.4 根据条件禁用或启用某种或某些类型 traits

编译器在匹配重载函数时会匹配所有的重载函数，找到一个最精确匹配的函数，在匹配过程中可能会有一些失败的尝试，当匹配失败时会再尝试匹配其他的重载函数。比如下面的例子：

```cpp
template<typename T>
void Fun(T*){ }

template<typename T>
void Fun(T){ }

int main() {
    // your code goes here
    Fun(1);

    return 0;
}
```

将会匹配第二个重载函数，在匹配过程中，当匹配到 void Fun(T*) 时，将一个非 0 的整数来替换 T* 是错误的，此时编译器并不会报错，而是继续匹配其他的重载函数，如果最后发现 void Fun(T) 能匹配上，整个过程就不会报错。这个规则就是 SFINAE（substitution-failure-is-not-an-error），替换失败并非错误。

std::enable_if 利用 SFINAE 实现根据条件选择重载函数，std::enable_if 的原型如下：

```cpp
template< bool B, class T = void >
struct enable_if;
```

再结合 std::enable_if 的字面意思就可以知道，std::enable_if 使得函数在判断条件 B 仅为 true 时才有效。它的基本用法如下：

```cpp
template <class T>
typename std::enable_if<std::is_arithmetic<T>::value, T>::type foo(T t)
{
    return t;
}
auto r = foo(1);             // 返回整数 1
auto r1 = foo(1.2);          // 返回浮点数 1.2
auto r2 = foo("test");       // compile error
```

在上面的例子中对模板参数 T 做了限定，即只能是 arithmetic（整型和浮点型）类型，如果为非 arithmetic 类型，则编译不通过，因为 std::enable_if 只对满足判断式条件的函数有效，对其他函数无效。

在上面例子中，std::enable_if 作用于返回值，它还可以作用于模板定义、类模板的特化和入参类型的限定，代码如下：

```cpp
// 对入参类型做了限定，即第二个入参类型为 integral 类型
template<classT>
T foo2(T t, typename std::enable_if<std::is_integral<T>::value, int>::type = 0)
```

```
{
        return t;
}

// 对模板参数T做了限定, T只能是integral类型
template<classT,
class = typename std::enable_if<std::is_integral<T>::value>::type>
        T foo3(T t) //note, function signature is unmodified
{
                returnt;
}

template<class T, class Enable = void>
class A;

// 模板特化时,对模板参数做了限定,模板参数类型只能为浮点型
template<classT>
classA<T, typename std::enable_if<std::is_floating_point<T>::value >::type> {};
foo2(1, 2);          // 满足限定条件
// foo2(1, "");       // 编译报错,不满足限定条件,第二参数的类型应为integral类型

foo3(1);             // 编译通过
// foo3(1.2);         // 编译报错,不满足限定条件,模板参数的类型应为integral类型

A<double> a;         // 编译通过
//A<int> a;   // 编译报错,不满偏模板特化的限定条件,模板参数的类型应为浮点类型
```

可以通过判断式和非判断式来将入参分为两大类,从而满足所有的入参类型,代码如下:

```
template <class T>
typename std::enable_if<std::is_arithmetic<T>::value, int>::type foo1(T t)
{
        cout << t << endl;
        return 0;
}

template <class T>
typename std::enable_if<!std::is_arithmetic<T>::value, int>::type foo1(T &t)
{
        cout << typeid(T).name() << endl;
        return 1;
}
```

对于arithmetic类型的入参则返回0,对于非arithmetic的类型则返回1,通过arithmetic将所有的入参类型分成了两大类进行处理。

std::enable_if的第二个模板参数是默认模板参数void类型,因此,在函数没有返回值时,后面的模板参数可以省略:

```
template <class T>
```

```cpp
typename std::enable_if<std::is_arithmetic<T>::value >::type foo1(T t)
{
        cout << typeid(T).name() << endl;
}

template <class T>
typename std::enable_if<std::is_same<T,std::string>::value >::type foo1(T &t)
{
        cout << typeid(T).name() << endl;
}
```

由于 std::enable_if 具备限定模板参数的作用，因此，可以用 std::enable_if 在编译期检查输入模板参数是否有效。比如，在上例中限定了 foo1 函数的入参类型必须为整型、浮点型和 string，如果输入类型不为以上类型，比如为 int*，则在编译时会提示编译错误，从而避免了直到运行期才能发现错误。

从上面的几个例子可以看到，std::enable_if 可以实现强大的重载机制，因为通常必须是参数不同才能重载，如果只有返回值不同是不能重载的，而在上面的例子中，返回类型相同的函数都可以重载。可以利用这个特性来消除圈复杂度较高的 switch-case/if-else if-else 语句，有效提高可维护性和降低圈复杂度。例如，要将一些基本类型转换为 string 类型的函数：

```cpp
template<typename T>
string ToString(T t)
{
        if(typeid(T) == typeid(int) || typeid(T) == typeid(double) || typeid(T) ==
        typeid(float) || typeid(T) == typeid(float))
        {
                std::stringstream ss;
                ss << value;
                return ss.str();
        }
        else if (typeid(T) == typeid(string))
        {
                return t;
        }
}
```

这段代码的圈复杂度（关于圈复杂度读者可以参考 2.1 节中的介绍）达到了 6，逻辑判断式较长，使用 C++11 的 std::enable_if 特性，可以根据条件选择恰当的重载函数，简化了条件分支，让代码变得简洁而优雅。通过 std::enable_if 改进之后的代码如下：

```cpp
template <class T>
typename std::enable_if<std::is_arithmetic<T>::value, string>::type
        ToString(T& t) { return std::to_string(t); }

template <class T>
typename std::enable_if<!std::is_same<T,string>::value, string>::type
        ToString(T& t) { return t; }
```

对于 arithmetic 类型就调用 std::to_string(t)，对于 string 类型则返回其本身。

3.2 可变参数模板

C++11 增强了模板功能，在 C++11 之前，类模板和函数模板只能含有固定数量的模板参数，现在 C++11 中的新特性可变参数模板允许模板定义中包含 0 到任意个模板参数。可变参数模板和普通模板的语义是一样的，只是写法上稍有区别，声明可变参数模板时需要在 typename 或 class 后面带上省略号"..."。

省略号的作用有两个：
- 声明一个参数包，这个参数包中可以包含 0 到任意个模板参数。
- 在模板定义的右边，可以将参数包展开成一个一个独立的参数。

3.2.1 可变参数模板函数

一个可变参数模板函数的定义如下：

```
template <class... T>
void f(T... args)
{
        cout << sizeof...(args) << endl;        // 打印变参的个数
}

f();                                            // 0
f(1, 2);                                        // 2
f(1, 2.5, "");                                  // 3
```

从上面的例子中可以看到，参数包可以容纳 0 到 N 个模板参数，这几个参数类型可以为任意类型。f() 没有传入参数，所以参数包为空，输出的 size 为 0，后面两次调用分别传入两个和三个参数，故输出的 size 分别为 2 和 3。

如果需要用参数包中的参数，则一定要将参数包展开。有两种展开参数包的方法：一种方法是通过递归的模板函数来将参数包展开，另外一种是通过逗号表达式和初始化列表方式展开参数包。

1. 递归函数方式展开参数包

通过递归函数展开参数包，需要提供一个参数包展开的函数和一个递归终止函数，递归终止函数正是用来终止递归的，来看下面的例子。

```
#include <iostream>
using namespace std;
// 递归终止函数
void print()
```

```
{
  cout << "empty" << endl;
}
// 展开函数
template <class T, class ...Args>
void print(T head, Args... rest)
{
  cout << "parameter " << head << endl;
  print(rest...);
}


int main(void)
{
  print(1,2,3,4);
  return 0;
}
```

上例会输出每一个参数，直到为空时输出 empty。有两个函数，一个是递归函数，另一个是递归终止函数，参数包 Args... 在展开的过程中递归调用自己，每调用一次参数包中的参数就会少一个，直到所有的参数都展开为止，当没有参数时，则调用非模板函数 fun 终止递归过程。

递归调用的过程如下：

```
print(1,2,3,4);
print(2,3,4);
print(3,4);
print(4);
print();
```

上面的递归终止函数还可以写成这样：

```
template <class T>
void print(T t)
{
  cout << t << endl;
}
```

上例中的调用过程如下：

```
print(1,2,3,4);
print(2,3,4);
print(3,4);
print(4);
```

当参数包展开到最后一个参数时递归为止。

递归终止函数可以写成如下形式：

```
template<typename T,typename T1, typename T2>
```

```
void print(T t, T1 t1)
{
        cout<<t<<""<<t1 <<endl;
}
```

或

```
void print(T t, T1 t1, T2 t2)
{
        cout<<t<<""<<t1<<""<<t2<<endl;
}
```

除了上面介绍的这种递归方式展开并打印参数包的方法外，我们还可以通过 type_traits 来展开并打印参数包，比如下面的代码：

```
template<std::size_t I = 0, typename Tuple>
typename std::enable_if<I == std::tuple_size<Tuple>::value>::type printtp(Tuplet)
{
}
template<std::size_t I = 0, typename Tuple>
typename std::enable_if<I < std::tuple_size<Tuple>::value>::type printtp(Tuplet)
{
        std::cout << std::get<I>(t) << std::endl;
        printtp<I + 1>(t);
}
template<typename... Args>
void print(Args... args)
{
        printtp(std::make_tuple(args...));
}
```

在上面的代码中，通过 std::enable_if 来选择合适的重载函数打印可变模版参数，基本思路是先将可变模版参数转换为 tuple，然后通过递增参数的索引来选择 print 函数，当参数的索引小于总的参数个数时，会不断取出当前索引位置的参数并输出，当参数索引等于总的参数个数时终止递归。

2. 逗号表达式和初始化列表方式展开参数包

递归函数展开参数包是一种标准做法，也比较好理解，但也有一个缺点，就是必须有一个重载的递归终止函数，即必须有一个同名的终止函数来终止递归，这样会感觉稍有不便。有没有一种更简单的方式，直接展开参数包呢？其实还有一种方法可以不通过递归方式来展开参数包，这种方式需要借助逗号表达式和初始化列表。比如前面 print 的例子可以改成这样：

```
template <class T>
void printarg(T t)
```

```cpp
{
    cout << t << endl;
}

template <class ...Args>
void expand(Args... args)
{
    int arr[] = {(printarg(args), 0)...};
}

expand(1,2,3,4);
```

这个例子将分别打印出 1, 2, 3, 4 四个数字。这种展开参数包的方式，不需要通过递归终止函数，是直接在 expand 函数体中展开的，printarg 不是一个递归终止函数，只是一个处理参数包中每一个参数的函数。这种就地展开参数包的方式实现的关键是逗号表达式。逗号表达式会按顺序执行逗号前面的表达式，比如：

```
d = (a = b, c);
```

这个表达式会按如下顺序执行：b 会先赋值给 a，接着括号中的逗号表达式返回 c 的值，因此 d 将等于 c。

expand 函数中的逗号表达式：(printarg(args), 0)，也是按照这个执行顺序，先执行 printarg(args)，再得到逗号表达式的结果 0。同时还用到了 C++11 的另外一个特性——初始化列表（见 1.3 节），通过初始化列表来初始化一个变长数组，{(printarg(args), 0)...} 将会展开成 ((printarg(arg1), 0), (printarg(arg2), 0), (printarg(arg3), 0), etc...)，最终会创建一个元素值都为 0 的数组 int arr[sizeof...(Args)]。由于是逗号表达式，在创建数组的过程中会先执行逗号表达式前面的部分 printarg(args) 打印出参数，也就是说在构造 int 数组的过程中就将参数包展开了，这个数组的目的纯粹是为了在数组构造的过程展开参数包。

我们还可以对上面的 expand 方法做一点改进，通过 std::initializer_list 来代替原来的 int arr[] 数组。改进之后的代码如下：

```cpp
template <class ...Args>
void expand(Args... args)
{
    std::initializer_list<int>{(printarg(args), 0)...};
}
```

改进之后代码的可读性更好，也无需专门定义一个数组了。事实上，还可以进一步做改进，上面代码中的 printarg 函数也可以改为 lambda 表达式。改进之后的代码如下：

```cpp
template<typename... Args>
void expand (Args... args)
{
        std::initializer_list<int>{([&]{cout << args << endl; }(), 0)...};
}
```

3.2.2 可变参数模板类

可变参数模板类是一个带可变模板参数的模板类,第 1 章中介绍的 std::tuple 就是一个可变模板类,它的定义如下:

```
template< class... Types >
class tuple;
```

这个可变参数模板类可以携带任意类型任意个数的模板参数:

```
std::tuple<int> tp1 = std::make_tuple(1);
std::tuple<int, double> tp2 = std::make_tuple(1, 2.5);
std::tuple<int, double, string> tp3 = std::make_tuple(1, 2.5, "");
```

可变参数模板的模板参数个数可以为 0,所以下面的定义也是也是合法的:

```
std::tuple<> tp;
```

可变参数模板类的参数包展开的方式和可变参数模板函数的展开方式不同,可变参数模板类的参数包需要通过模板特化或继承方式去展开,展开方式比可变参数模板函数要复杂。

1. 模板递归和特化方式展开参数包

可变参数模板类的展开一般需要定义 2～3 个类,包括类声明和特化的模板类。如下方式定义了一个基本的可变参数模板类:

```
template<typename... Args>structSum;

template<typename First, typename... Rest>
struct Sum<First, Rest...>
{
        enum { value = Sum<First>::value +Sum< Rest...>::value};
};

template<typename Last>struct Sum<Last>
{
        enum { value = sizeof (Last) };
};
```

这个 sum 类的作用是在编译期计算出参数包中参数类型的 size 之和,通过 sum<int, double, short>::value 就可以获取这 3 个类型的 size 之和为 14。这是一个简单的通过可变参数模板类计算的例子,可以看到一个基本的可变参数模板应用类由三部分组成,第一部分是:

```
template<typename... Args> struct sum
```

它是前向声明,声明这个 sum 类是一个可变参数模板类;第二部分是类的定义:

```
template< typename First, typename... Rest>
struct sum<First, Rest...>
```

```
{
    enum { value = Sum<First>::value +Sum< Rest...>::value };
};
```

它定义了一个部分展开的可变模参数模板类,告诉编译器如何递归展开参数包。第三部分是特化的递归终止类:

```
template<typename Last> struct sum<last>
{
        enum { value = sizeof (Last) };
}
```

通过这个特化的类来终止递归:

```
template<typename First, typename... Args>struct sum;
```

这个前向声明要求 sum 的模板参数至少有一个,因为可变参数模板中的模板参数可以有 0 个,有时 0 个模板参数没有意义,就可以通过上面的声明方式来限定模板参数不能为 0 个。
上面这种 3 段式的定义也可以改为两段式的,可以将前向声明去掉,这样定义:

```
template<typename First, typename... Rest>
struct sum
{
        enum { value = Sum<First>::value+Sum< Rest...>::value };
};

template<typename Last>
struct sum<Last>
{
        enum{ value = sizeof(Last) };
};
```

上面的方式只要一个基本的模板类定义和一个特化的终止函数就行了,而且限定了模板参数至少有一个。
递归终止模板类可以有多种写法,比如上例的递归终止模板类还可以这样写:

```
template<typename First, typename Last>
struct sum<First, Last>
{
        enum{ value = sizeof(First) +sizeof(Last) };
};
```

在展开到最后两个参数时终止。
还可以在展开到 0 个参数时终止:

```
template<>struct sum<> { enum{ value = 0 }; };
```

还可以使用 std::integral_constant 来消除枚举定义 value(关于 std::integral_constant 内容可以参考 3.1.1 节)。利用 std::integral_constant 可以获得编译期常量的特性,可以将前面的

sum 例子改为这样：

```cpp
// 前向声明
template<typename... Args>struct sum;

// 基本定义
template<typename First, typename... Rest>
struct sum<First, Rest...> : std::integral_constant<int, sum<First>::value
+sum<Rest...>::value>
{
};

// 递归终止
template<typenameLast>
struct sum<Last> : std::integral_constant<int, sizeof(Last)>
{
};
sum<int,double,short>::value;// 值为 14
```

2. 继承方式展开参数包

上一节介绍了可变参数模板类参数包展开的一种方式：通过模板递归和模板特化的方式展开。还有另外一种方式：通过继承和特化的方式展开。下面的例子就是通过继承的方式去展开参数包。

```cpp
// 整型序列的定义
template<int...>
struct IndexSeq{};

// 继承方式，开始展开参数包
template<int N, int... Indexes>
struct MakeIndexes : MakeIndexes<N - 1, N - 1, Indexes...> {};

// 模板特化，终止展开参数包的条件
template<int... Indexes>
struct MakeIndexes<0, Indexes...>
{
        typedef IndexSeq<Indexes...> type;
};

int main()
{
        using T = MakeIndexes<3>::type;
        cout <<typeid(T).name() << endl;
        return 0;
}
```

其中，MakeIndexes 的作用是为了生成一个可变参数模板类的整数序列，最终输出的类型是 struct IndexSeq<0, 1, 2>。

MakeIndexes 继承于自身的一个特化的模板类，这个特化的模板类同时也在展开参数包,这个展开过程是通过继承发起的,直到遇到特化的终止条件展开过程才结束。
MakeIndexes<3>::type 的展开过程如下:

```
MakeIndexes<3, IndexSeq<>> : MakeIndexes<2, IndexSeq<2>>{}
MakeIndexes<2, IndexSeq<2>> : MakeIndexes<1, IndexSeq<1, 2>>{}
MakeIndexes<1, IndexSeq<1, 2>> : MakeIndexes<0, IndexSeq<0, 1, 2>>
{
        typedef IndexSeq<0, 1, 2> type;
}
```

通过不断继承递归调用,最终得到整型序列 IndexSeq<0, 1, 2>。

上面代码生成的 IndexSeq<0, 1, 2> 序列是升序的序列,如果需要得到降序的序列,只需要修改 Indexes... 的生成顺序,将 MakeIndexes 修改成如下代码:

```
template<int N, int... Indexes>
struct MakeIndexes : MakeIndexes<N - 1, Indexes..., N - 1> {};
```

MakeIndexes 如果不通过继承递归方式生成,可以通过 using 来实现,修改成如下代码:

```
template<int N, int... Indexes>
struct MakeIndexes{
        using type = MakeIndexes<N - 1, N - 1, Indexes...>::type;
};
template<int... Indexes>
struct MakeIndexes<0, Indexes...>
{
        using type = IndexSeq<Indexes...>;
};
```

我们可以用上面生成的 IndexSeq 来展开并打印可变模版参数,比如下面的代码:

```
template<int...>
struct IndexSeq{};
template<int N, int... Indexes>
struct MakeIndexes{
        using type = MakeIndexes<N - 1, N - 1, Indexes...>::type;
};
template<int... Indexes>
struct MakeIndexes<0, Indexes...>
{
        using type = IndexSeq<Indexes...>;
};

template<int ... Indexes, typename ... Args>
void print_helper(IndexSeq<Indexes...>, std::tuple<Args...>&& tup){
        print(std::get<Indexes>(tup)...); //将 tuple 转换为函数参数,再调用方法 1
}


template<typename ... Args>
```

```
void print(Args... args){
        print_helper(typename MakeIndexes<sizeof... (Args)>::type(),
std::make_tuple(args...));
}
```

上面代码在将可变模版参数转化为 tuple 的同时，生成了可变 tuple 中元素对应的索引位置的整型序列，在 print_helper 函数中展开这个整型序列时可以获取当前的索引，然后就可以通过这个索引来获取 tuple 中的元素了，当整型序列展开完毕时，可变模版参数就生成了，它就是函数的入参，这时再调用 print 函数就可以打印参数了。这里用到的技巧是将可变模版参数转换为 tuple，然后又将 tuple 转换为可变模版参数，将 tuple 转换为可变模版参数需要借助整型序列 IndexSeq。

可变参数模板类比可变参数模板函数要复杂一些，功能也更强大一些，因为可变参数模板类可以带有状态，可以通过一些 type_traits 在编译期对类型做一些判断、选择和转换等操作（读者 3.3 节中看到可变参数模板和 type_traits 结合起来的一些实例）。

3.2.3 可变参数模板消除重复代码

可变参数模板的一个特性是参数包中的模板参数可以是任意数量和任意类型的，因此，可以以一种更加泛化的方式去处理一些问题，比如一个泛型的打印函数，在 C++11 之前，要写一个通用的打印函数可能不得不像代码清单 3-3 这样写。

代码清单 3-3　C++98/03 实现的打印函数

```cpp
template<typename T>
void Print(T t)
{
        cout<<t<<endl;
}

template<typename T1, typename T2>
void Print(T1 t1, T2 t2)
{
        cout<<t1<<t2<<endl;
}

template<typename T1, typename T2, typename T3>
void Print(T1 t1, T2 t2, T3 t3)
{
        cout<<t1<<t2<<t3<<endl;
}

template<typename T1, typename T2, typename T3, typename T4>
void Print(T1 t1, T2 t2, T3 t3, T4 t4)
{
        cout<<t1<<t2<<t3<<t4<<endl;
}
```

```
template<typename T1, typename T2, typename T3, typename T4, typename T5>
void Print(T1 t1, T2 t2, T3 t3, T4 t4, T5 t5)
{
        cout<<t1<<t2<<t3<<t4<<t5<<endl;
}
```

可以看到这个 Print 函数最多只能支持 5 个模板参数的打印，而且很多重复的模板定义，当需要打印更多的参数时不得不再增加模板定义，当然可以通过一些宏手段消除这种重复，但这又带来难于调试以及代码可读性变差的问题。通过可变参数模板可以完全消除这种重复，代码简洁而优雅，如下：

```
template<typename T>
void Print(T t)
{
        cout<<t<<endl;
}
template<typename T, typename... Args>
void Print(T t, Args... args)
{
        cout<<t;
        Print(args...);
}
```

在 C++11 之前写一个对象创建的工厂函数，也需要写很多重复的模板定义，如代码清单 3-4 所示。

代码清单 3-4　创建对象的工厂函数

```
template<typename T>
T* Instance()
{
        return new T();
}

template<typename T, typename T0>
T* Instance(T0 arg0)
{
        return new T(arg0);
}

template<typename T, typename T0, typename T1>
T* Instance(T0 arg0, T1 arg1)
{
        return new T(arg0, arg1);
}

template<typename T, typename T0, typename T1, typename T2>
T* Instance(T0 arg0, T1 arg1, T2 arg2)
```

```
{
        return new T(arg0, arg1, arg2);
}

template<typename T, typename T0, typename T1, typename T2, typename T3>
T* Instance(T0 arg0, T1 arg1, T2 arg2, T3 arg3)
{
        return new T(arg0, arg1, arg2, arg3);
}

template<typename T, typename T0, typename T1, typename T2, typename T3, typename T4>
T* Instance(T arg, T0 arg0, T1 arg1, T2 arg2, T3 arg3, T4 arg4)
{
        return new T(arg, arg0, arg1, arg2, arg3, arg4);
}
struct A
{
        A(int){}
};

struct B
{
        B(int,double){}
};
A* pa = Instance<A>(1);
B* pb = Instance<B>(1,2);
```

可以看到一样的问题,存在大量的重复的模板定义以及限定的模板参数。用可变模板参数可以消除重复,同时去掉参数个数的限制,代码很简洁,通过可变参数模版优化后的工厂函数如下:

```
template<typename... Args>
T* Instance(Args... args)
{
        return new T(args...);
}
A* pa = Instance<A>(1);
B* pb = Instance<B>(1,2);
```

在上面的实现代码 T* Instance(Args...args) 中,Args 是值拷贝的,存在性能损耗,可以通过完美转发来消除损耗(关于完美转发,读者可以参考第 2 章的内容介绍),代码如下:

```
template<typename... Args>
T* Instance(Args&&... args)
{
        return new T(std::forward<Args >(args)...);
}
```

3.3 可变参数模版和 type_taits 的综合应用

可变参数模板是 C++11 中功能最强大也最复杂的一个特性，它经常和 lambda、function、type_traits 等其他 C++11 特性结合起来实现更为强大的功能。本节将通过可变参数模板结合其他特性实现一些基础类，这些基础类在后面的工程实例中会用到。通过这些综合实例读者可以知道可变参数模板在实际开发中是如何应用的。

3.3.1 optional 的实现

C++14 中将包含一个 std::optional 类，它的功能及用法和 boost 的 optional 类似。optional<T> 内部存储空间可能存储了 T 类型的值也可能没有存储 T 类型的值，只有当 optional 被 T 初始化之后，这个 optional 才是有效的，否则是无效的，它实现了未初始化的概念。

optional 可以用于解决函数返回无效值的问题，有时根据某个条件去查找对象时，如果查找不到对象，就会返回一个无效值，这不表明函数执行失败，而是表明函数正确执行了，只是结果不是有用的值。这时就可以返回一个未初始化的 optional 对象，判断这个 optional 对象是否是有效对象需要判断它是否被初始化，如果没有被初始化就表明这个值是无效的。boost 中的 optional 就实现了这种未初始化的概念。boost.optional 的基本用法很简单，代码如下：

```
optional<int> op;
if(op)
    cout<<*op<<endl;

optional<int> op1 = 1;
if(op1)
    cout<<*op1<<endl;
```

第一个 op 由于没有被初始化，所以它是一个无效值，将不会输出打印信息；第二个 op 被初始化为 1，所以它是一个有效值，将会输出 1。optional 经常用于函数返回值，boost.property_tree 中有很多 optional 接口，比如 get_child_optional 接口，返回一个 optional<ptree> 对象，需要判断它是否是一个有效值来确定是否取到了对应的子节点。

目前，C++11 中还没有 optional，在 C++17 中可能会增加 std::optional，其功能和用法与 boost.optional 类似。在 std::optional 出来之前，如果不想依赖 boost 库，可以用 C++11 实现一个 optional。

由于 optional<T> 需要容纳 T 的值，所以需要一个缓冲区保存这个 T，这个缓冲区不能用普通的 char 数组，比如下面的用法：

```
char xx[32];
new (xx) MyStruct;
```

char[32] 是 1 字节对齐的，xx 很有可能并不在 MyStruct 指定的对齐位置上。这时调用 placement new 构造内存块，可能会引起效率问题或出错，因此，需要用内存对齐的缓冲区：std::aligned_storage。

std::aligned_storage 的原型如下：

```
template< std::size_t Len, std::size_t Align = /*default-alignment*/ >
struct aligned_storage;
```

其中，Len 表示所存储类型的 size，Align 表示该类型内存对齐的大小，通过 sizeof(T) 可以获取 T 的 size，通过 alignof(T) 可以获取 T 内存对齐大小，所以 std::aligned_storage 的声明如下：

```
std::aligned_storage<sizeof(T), alignof(T)>
```

alignof 是 vs2013 ctp 中才支持的，如果没有该版本，则可以用 std::alignment_of 来代替，通过 std::alignment_of<T>::value 来获取内存对齐大小。因此，std::aligned_storage 可以这样声明：

```
std::aligned_storage<sizeof(T), std::alignment_of<T>::value>
```

std::aligned_storage 一般和 place_ment new 结合起来使用。其基本用法如下：

```cpp
#include <iostream>
#include <type_traits>

struct A
{
  int avg;
  A (int a, int b) : avg((a+b)/2) {}
};

typedef std::aligned_storage<sizeof(A),alignof(A)>::type Aligned_A;

int main()
{
  Aligned_A a,b;
  new (&a) A (10,20);
  b=a;
  std::cout << reinterpret_cast<A&>(b).avg << std::endl;

  return 0;
}
```

关于内存对齐更详细的内容，读者可以参考 7.4 节。

除了内存对齐问题之外，还需要注意复制和赋值时，内部状态和缓冲区销毁的问题。内部状态用来标示该 optional 是否被初始化，当已经初始化时需要先将缓冲区清理一下。需要增加右值版本优化效率（关于右值，读者可以参考第 2 章的内容）。Optional 的实现如代码清单 3-5 所示（完整的代码请读者参考随书资源）。

代码清单 3-5　Optional 的实现部分代码

```cpp
#include <type_traits>

template<typename T>
class Optional
{
        // 定义内存对齐的缓冲区类型
        using data_t=typename std::aligned_storage<sizeof(T), std::alignment_of<T>::value>::type;
public:
        Optional(){}
        Optional(const T& v)
        {
                Create(v);                          // 内部通过 palcement new 创建对象
        }

        Optional(const Optional& other)
        {
                if (other.IsInit())
                        Assign(other);
        }

        ~Optional()
        {
                Destroy();                          // 删除缓冲区中创建的对象
        }

        // 根据参数创建
        template<class... Args>
        void Emplace(Args&&... args)
        {
                Destroy();
                Create(std::forward<Args>(args)...);
        }

        bool IsInit() const { return m_hasInit; }   // 是否已经初始化

        explicit operator bool() const              // 判断是否已经初始化
        {
                return IsInit();
        }

        T const&operator*() const                   // 从 optional 中取出对象
        {
                if (IsInit())
                {
                        return *((T*)(&m_data));
                }
                throw std::logic_error("is not init");
        }
```

```cpp
private:
    template<class... Args>
    void Create(Args&&... args)
    {
        new (&m_data) T(std::forward<Args>(args)...);
        m_hasInit = true;
    }

    //销毁缓冲区的对象
    void Destroy()
    {
        if (m_hasInit)
        {
            m_hasInit = false;
            ((T*)(&m_data))->~T();
        }
    }

    void Assign(const Optional& other)
    {
        if (other.IsInit())
        {
            Copy(other.m_data);
            m_hasInit = true;
        }
        else
        {
            Destroy();
        }
    }

    void Copy(const data_t& val)
    {
        Destroy();
        new (&m_data) T(*((T*)(&val)));
    }

private:
    bool m_hasInit=false;      //是否已经初始化
    data_t m_data;             //内存对齐的缓冲区
};
```

测试代码如下：

```cpp
struct MyStruct
{
    MyStruct(int a, int b):m_a(a),m_b(b){}
    int m_a;
    int m_b;
};
```

```cpp
void TestOptional()
{
    Optional<string> a("ok");
    Optional<string> b("ok");
    Optional<string> c("aa");
    c = a;


    Optional<MyStruct> op;
    op.Emplace(1, 2);
    MyStruct t;
    if(op)// 判断 optional 是否被初始化
         t = *op;

    op.Emplace(3, 4);
    t = *op;}
```

3.3.2 惰性求值类 lazy 的实现

本节主要通过一个 lazy（惰性求值类）的实现来讲解如何将可变参数模板与 function、lambda、type_traits 和 optional 结合起来使用。

惰性求值一般用于函数式编程语言中。在使用延迟求值的时候，表达式不在它被绑定到变量之后就立即求值，而是在后面某个时候求值。

在 .NET 4.0 中增加一个惰性求值类 Lazy<T>，它的作用是实现惰性求值，也许很多人用过。一个典型的应用场景是这样的：当初始化某个对象时，该对象引用了一个大对象，这个对象的创建需要较长的时间，同时也需要在托管堆上分配较多的空间，这样可能会在初始化时变得很慢，尤其是 UI 应用时会导致用户体验很差。其实很多时候并不需要马上就获取大数据，只是在需要时获取，这种场景就很适合延迟加载。在 C# 中 Lazy 的用法如代码清单 3-6 所示。

代码清单 3-6　C# 中 Lazy 的用法

```csharp
class LargeObject
{
    public int InitializedBy { get { return initBy; } }

    int initBy = 0;
    public LargeObject(int initializedBy)
    {
        initBy = initializedBy;
        Console.WriteLine("LargeObject was created on thread id {0}.", initBy);
    }

    public long[] Data = new long[100000000];
}

class TestLazy
```

```
{
    Lazy<LargeObject> lazyLargeObject = null;

    public TestLazy()
    {
        //创建一个延迟加载对象
        lazyLargeObject = new Lazy<LargeObject>(InitLargeObject);
    }

    public void ReallyLoad()
    {
        //此时真正加载
        lazyLargeObject.Value;
        Console.WriteLine("lazy load big object");

        //do something
    }
}

void Test()
{
    TestLazy t = new TestLazy();
    t.ReallyLoad(); //这时，真正加载时才会打印"lazy load big object"
}
```

在上面的代码，TestLazy 类中有一个大对象，如果在创建 TestLazy 类时加载大对象，就会导致初始化过程变得很慢，这时，将大对象交给一个 Lazy 对象，由于 Lazy 对象并不会立即创建大对象，初始化不会因为大对象而变慢，在后面调用 ReallyLoad() 函数，真正要用到大对象时才加载大对象，从而实现了延迟加载。

目前 C++ 中还没有类似的 Lazy<T> 惰性求值类，实现思路比较简单，借助 lamda 表达式，将函数封装到 lamda 表达式中，而不是马上求值，是在需要的时候再调用 lamda 表达式去求值。C++11 中的 lamda 表达式和 function 正好用来做这样的事。C++11 如何实现类似 C# 的 Lazy<T> 延迟加载类？如代码清单 3-7 所示。

代码清单 3-7　C++11 实现的 Lazy

```
1  #include <Optional.hpp>
2  template<typename T>
3  struct Lazy
4  {
5      Lazy(){}
6      //保存需要延迟执行的函数
7      template <typename Func, typename... Args>
8      Lazy(Func& f, Args && ... args)
9      {
10         m_func = [&f, &args...]{return f(args...); };
11     }
```

```
12      // 延迟执行，将结果放到 option1 中缓存起来，下次不用重新计算可以直接返回结果
13      T& Value()
14      {
15        if (!m_value.IsInit())
16        {
17            m_value = m_func();
18        }
19
20        return *m_value;
21      }
22
23      bool IsValueCreated() const
24      {
25        return m_value.IsInit();
26      }
27
28 private:
29      std::function<T()> m_func;
30      Optional<T> m_value;
31 };
32
33 template<class Func, typename... Args>
34 Lazy<typename std::result_of<Func(Args...)>::type>
35     lazy(Func && fun, Args && ... args)
36 {
37 return Lazy<typename
   std::result_of<Func(Args...)>::type>(std::forward<Func>(fun),
   std::forward<Args>(args)...);
38 }
```

lazy 类用到了 std::function 和 optional，其中 std::function 用来保存传入的函数，不马上执行，而是延迟到后面需要使用值的时候才执行，函数的返回值被放到一个 optional 对象中，如果不用 optional，则需要增加一个标识符来标识是否已经求值，而使用 optional 对象可以直接知道对象是否已经求值，用起来更简便。通过 optional 对象我们就知道是否已经求值，当发现已经求值时直接返回之前计算的结果，起到缓存的作用。

代码清单 3-7 的第 33 ~ 38 行定义了一个辅助函数，该辅助函数的作用是更方便地使用 Lazy，因为 Lazy 类需要一个模板参数来表示返回值类型，而 type_traits 中的 std::result_of 可以推断出函数的返回值类型，所以这个辅助函数结合 std::result_of 就无须显式声明返回类型了，同时可变参数模板消除了重复的模板定义和模板参数的限制，可以满足所有的函数入参，在使用时只需要传入一个函数和其参数就能实现延迟计算。

Lazy 内部的 std::function<T()> 用来保存传入的函数，以便在后面延迟执行，这个 function 定义是没有参数的，因为可以通过一个 lambda 表达式去初始化一个 function，而 lambda 表达式可以捕获参数，所以无须定义 function 的参数，当然还可以通过 std::bind 绑定器来将 N 元的入参函数变为 std::function<T()>。代码清单 3 ~ 7 的第 10 行还可以改为：

```
m_func = std::bind(f, std::forward<Args>(args)...);
```

测试代码如代码清单 3-8 所示。

代码清单 3-8　Lazy 的测试代码

```cpp
struct BigObject
{
    BigObject()
    {
        cout <<"lazy load big object"<< endl;
    }
};

struct MyStruct
{
    MyStruct()
    {
        m_obj = lazy([]{return std::make_shared<BigObject>(); });
    }

    void Load()
    {
        m_obj.Value();
    }

    Lazy< std::shared_ptr<BigObject>> m_obj;
};

int Foo(int x)
{
    return x * 2;
}

void TestLazy()
{
    // 带参数的普通函数
    int y = 4;
    auto lazyer1 = lazy(Foo, y);
    cout << lazyer1.Value() << endl;

    // 不带参数的 lamdba
    Lazy<int> lazyer2 = lazy([]{return 12; });
    cout << lazyer2.Value() << endl;

    // 带参数的 fucntion
    std::function <int(int) > f = [](int x){return x + 3; };
    auto lazyer3 = lazy(f, 3);
    cout << lazyer3.Value() << endl;

    // 延迟加载大对象
```

```
    MyStruct t;
    t.Load();
}
```

输出结果如下：

```
8
12
6
lazy laod big object
```

这个 Lazy<T> 类可以接收 lamda 表达式和 function，实现按需延迟加载，和 C# 的 Lazy<T> 用法类似。

3.3.3 dll 帮助类

本节将通过实例演示如何将可变参数模板和 function、type_traits 结合起来做一个通用的 dll 帮助类，简化 dll 函数的调用。

用过 dll 的人会发现，在 C++ 中调用 dll 中的函数有点烦琐，调用过程如下：在加载 dll 后还要定义一个对应的函数指针类型，接着调用 GetProcAddress 获取函数地址，再转成函数指针，最后调用该函数。代码清单 3-9 是调用 dll 中 Max 和 Get 函数的例子。

代码清单 3-9　C++ 中调用 dll 中函数的例子

```
void TestDll()
{
    typedef int(*pMax)(int a,int b);
    typedef int(*pGet)(int a);
    HINSTANCE hDLL =LoadLibrary("MyDll.dll");
    if(hMode==nullptr)
            return;

    PMax Max = (PMax)GetProcAddress(hDLL,"Max");
    if(Max==nullptr)
            return;

    int ret =Max(5,8);          // 8

    PMin Get = (PGet)GetProcAddress(hDLL,"Get");
    if(Get==nullptr)
            return;

    int ret =Get(5);            // 5

    FreeLibrary(hDLL);
}
```

这段代码看起来很烦琐，是因为每用一个函数就需要先定义一个函数指针，然后再根据名称获取函数地址，最后调用。如果一个 dll 中有上百个函数，这种烦琐的定义会让人不胜其烦。其实获取函数地址和调用函数的过程是重复逻辑，应该消除，我们不希望每次都定义一个函数指针和调用 GetProcAddress，应该用一种简洁通用的方式去调用 dll 中的函数。我们希望调用 dll 中的函数就像调用普通的函数一样，即传入一个函数名称和函数的参数就可以实现函数的调用了，就类似于：

```
Ret CallDllFunc(const string& funName, T arg)
```

如果以这种方式调用，就能避免烦琐的函数指针定义以及反复地调用 GetProcAddress 了。下面介绍一种可行的解决方案。

如果要按照：

```
Ret CallDllFunc(const string& funName, T arg)
```

这种方式调用，首先要把函数指针转换成一种函数对象或泛型函数，这里可以用 std::function 去做这个事情，即通过一个函数封装 GetProcAddress，这样通过函数名称就能获取一个泛型函数 std::function，希望这个 function 是通用的，不论 dll 中是什么函数都可以转换成这个 function，最后调用这个通用的 function 就可以了。但是调用这个通用的 function 还有两个问题需要解决：

1）函数的返回值可能是不同类型，如何以一种通用的返回值来消除这种不同返回值导致的差异呢？

2）函数的入参数目可能任意个数，且类型也不尽相同，如何来消除入参个数和类型的差异呢？

首先看一下如何封装 GetProcAddress，将函数指针转换成 std::function，代码如下：

```
template <typename T>
std::function<T> GetFunction(const string&funcName)
{
        FARPROC funAddress = GetProcAddress(m_hMod, funcName.c_str());
        return std::function<T>((T*)(funAddress));
}
```

其中，T 是 std::function 的模板参数，即函数类型的签名。如果要获取上面例子中的 Max 和 Get 函数，则可以这样获取：

```
auto fmax = GetFunction<int(int, int)>("Max");
auto fget = GetFunction<int(int)>("Get");
```

这种方式比之前先定义函数指针再调用 GetProcAddress 的方式更简洁通用。

再看看如何解决函数返回值和入参不统一的问题，通过 result_of 和可变参数模板来解决，最终的调用函数如下：

```
template <typename T, typename... Args>
```

```cpp
typename std::result_of<std::function<T>(Args...)>::type ExcecuteFunc(const
string& funcName,Args&&... args)
{
    return GetFunction<T>(funcName)(args...);
}
```

上面的例子中要调用 Max 和 Get 函数，这样就行了：

```cpp
auto max = ExecuteFunc<int(int, int)>("Max", 5, 8);
auto ret = ExecuteFunc<int(int)>("Get", 5);
```

比之前的调用方式简洁、直观多了，没有了烦琐的函数指针的定义，没有了反复的调用 GetProcAddress 及其转换和调用。

最后看看完整的代码，如代码清单 3-10 所示。

代码清单 3-10　dll 帮助类的实现

```cpp
#include <Windows.h>
#include <string>
#include <map>
#include <functional>
using namespace std;

class DllParser
{
public:

    DllParser():m_hMod(nullptr)
    {
    }

    ~DllParser()
    {
        UnLoad();
    }

    bool Load(const string& dllPath)
    {
        m_hMod = LoadLibraryA(dllPath.data());
        if (nullptr == m_hMod)
        {
            printf("LoadLibrary failed\n");
            return false;
        }

        return true;
    }

    bool UnLoad()
    {
        if (m_hMod == nullptr)
```

```cpp
                        return true;

                auto b = FreeLibrary(m_hMod);
                if (!b)
                        return false;

                m_hMod = nullptr;
                return true;
        }

        template <typename T>
        std::function<T> GetFunction(const string& funcName)
        {
                auto it = m_map.find(funcName);
                if (it == m_map.end())
                {
                        auto addr = GetProcAddress(m_hMod, funcName.c_str());
                        if (!addr)
                                return nullptr;
                        m_map.insert(std::make_pair(funcName, addr));
                        it = m_map.find(funcName);
                }

                return std::function<T>((T*) (it->second));
        }

        template <typename T, typename... Args>
        typename std::result_of<std::function<T>(Args...)>::type ExceuteFunc(const
            string& funcName, Args&&... args)
        {
                auto f = GetFunction<T>(funcName);
                if (f == nullptr)
                {
                        string s = "can not find this function " + funcName;
                        throw std::exception(s.c_str());
                }

                return f(std::forward<Args>(args)...);
        }

private:
        HMODULE m_hMod;
        std::map<string, FARPROC> m_map;
};
```

实现的关键是如何将一个 FARPROC 变成一个函数指针复制给 std::function，然后再调用可变参数执行。函数的返回值通过 std::result_of 来泛化，使得不同返回值的 dll 函数都可以用相同的方式来调用。

3.3.4　lambda 链式调用

关于链式调用，比较典型的例子是 C# 中的 linq，不过这个 linq 还只是一些特定函数的链式调用。C++11 支持 lamda 和 function，在一些延迟计算的场景下，这个链式调用的需求更强烈了。链式调用要实现的目的是，将多个函数按照前一个的输出作为下一个输入串起来，然后再推迟到某个时刻计算。C++ 中的链式调用更少见，因为实现起来比较复杂。在 C++ 中，目前看到 PPL 中有这样的用法，如代码清单 3-11 所示。

代码清单 3-11　PPL 中的链式调用

```
int main()
{
  auto t = create_task([]() ->int
  {
      return 0;
  });

// Create a lambda that increments its input value.
  auto increment = [](int n) { return n + 1; };

// Run a chain of continuations and print the result.
  int result = t.then(increment).then(increment).then(increment).get();
  wcout << result << endl;
}

/* Output:
   3
*/
```

在这个例子中先创建一个 task 对象，然后连续调用 then 函数，其实这个 then 中的 lamda 的形参可以是任意类型的，只要保证前一个函数的输出为后一个的输入就行。先将这些 task 串起来，最后在需要的时候去计算结果，计算的过程是链式的，从最开始的函数一直计算到最后一个从而得到最终结果。这个 task 和它的链式调用过程是很有意思的。不过 PPL 中的链式调用有一点不太好，就是初始化的 task 不能有参数，因为 wait 函数是不能接收参数的。其实用 C++11 可以做一个差不多链式调用的 task，还可以弥补前面所说 PPL task 不太好的地方，即可以接收参数。下面介绍如何实现和 PPL 类似的可以实现链式调用的 task，如代码清单 3-12 所示。

代码清单 3-12　lambda 的链式调用

```
#include <functional>
#include <type_traits>
#include <iostream>
using namespace std;

template<typename T>
```

```cpp
class Task;

template<typename R, typename...Args>
class Task<R(Args...)>
{
public:
        Task(std::function<R(Args...)>&& f) : m_fn(std::move(f)){}
        Task(std::function<R(Args...)>& f) : m_fn(f){}

        R Run(Args&&...args)
        {
                return m_fn(std::forward<Args>(args)...);  // 完美转发
        }

        // 连续调用新的函数, 将函数不断地串联起来
        template<typename F>
        auto Then(F&& f)->Task<typename std::result_of<F(R)>::type(Args...)>
        {
                using return_type = typename std::result_of<F(R)>::type;
                        // result_of 获取 F 的返回类型

                auto func = std::move(m_fn);
                return Task<return_type(Args...)>([ func, f](Args&&... args)
                {
                        // 将前一个函数的输出作为后一个函数的输入
                        return f(func(std::forward<Args>(args)...));
                });
        }

private:
   std::function<R(Args...)> m_fn;
};

void TestTask()
{
        Task<int(int)> task([](int i){return i;});
        auto result = task.Then([](int i){return i+1;}).Then([](int i){return i+2;}).Then([](int i){return i+3;}).Run(1);
        cout<<result<<endl;
}
```

测试代码如下:

```cpp
int main() {
        // your code goes here
        TestTask();

        return 0;
}
```

输出结果如下：

7

可以看到，这个链式调用的 task 调用方式和 PPL 一致，并且还可以接收参数。

3.3.5 any 类的实现

boost 库中有一个 any 类，是一个特殊的只能容纳一个元素的容器，它可以擦除类型，可以赋给它任何类型的值，不过在使用的时候需要根据实际类型将 any 对象转换为实际的对象。any 的基本用法如下：

```cpp
#include <boost/any.hpp>
#include <vector>
boost::any a = 1;
boost::any b = 2.5;

std::vector<boost::any> v;
v.push_back(a);                           // 存入一个 int 值
v.push_back(b);                           // 存入一个 double 值

int va = boost::any_cast<int>(a);         // 1
double vb = boost::any_cast<double>(b);   // 2.5
```

在上述代码中，vecotr 中可以存放 int 和 double 类型的原因是，any 擦除了 int 和 double 类型（关于类型擦除的更多内容可以参考 11.3 节），所以不管将什么类型赋值给 any 都可以，不过当通过 any_cast<T> 取出实际类型时，如果 T 不是原来的类型，则会抛出异常。any 在程序开发过程中经常会用到，如果不希望依赖 boost 库，就需要一个 C++11 版本的 any。

接下来重点介绍实现 any 的关键技术。

any 能容纳所有类型的数据，因此，当赋值给 any 时，需要将值的类型擦除，即以一种通用的方式保存所有类型的数据。这里可以通过继承去擦除类型，基类是不含模板参数的，派生类中才有模板参数，这个模板参数类型正是赋值的类型。在赋值时，将创建的派生类对象赋值给基类指针，基类的派生类携带了数据类型，基类只是原始数据的一个占位符，通过多态的隐式转换擦除了原始数据类型，因此，任何数据类型都可以赋值给它，从而实现能存放所有类型数据的目标。当取数据时需要向下转换成派生类型来获取原始数据，当转换失败时打印详情，并抛出异常。由于向 any 赋值时需要创建一个派生类对象，所以还需要管理该对象的生命周期，这里用 unique_ptr 智能指针去管理对象的生命周期。

下面介绍一个完整的 any 是如何实现的，如代码清单 3-13 所示。

代码清单 3-13 Any 的实现

```cpp
#include <memory>
#include <typeindex>
struct Any
```

```cpp
{
    Any(void) : m_tpIndex(std::type_index(typeid(void))){}
    Any(Any& that) : m_ptr(that.Clone()), m_tpIndex(that.m_tpIndex) {}
    Any(Any && that) : m_ptr(std::move(that.m_ptr)),
        m_tpIndex(that.m_tpIndex) {}

    //创建智能指针时,对于一般的类型,通过 std::decay 来移除引用和 cv 符,从而获取原始类型
    template<typename U, class = typename std::enable_if<!std::is_same<typename
        std::decay<U>::type, Any>::value, U>::type> Any(U && value):m_ptr(new
        Derived < typename std::decay<U>::type>(forward<U>(value))),m_tpIndex
        (type_index(typeid(typename std::decay<U>::type))){}

    bool IsNull() const { return !bool(m_ptr); }

    template<class U> bool Is() const
    {
        return m_tpIndex == type_index(typeid(U));
    }

    // 将 Any 转换为实际的类型
    template<class U>
    U& AnyCast()
    {
        if (!Is<U>())
        {
            cout << "can not cast " << typeid(U).name() << " to " << m_tpIndex.name() << endl;
            throw bad_cast();
        }

        auto derived = dynamic_cast<Derived<U>*> (m_ptr.get());
        return derived->m_value;
    }

    Any& operator=(const Any& a)
    {
        if (m_ptr == a.m_ptr)
            return *this;

        m_ptr = a.Clone();
        m_tpIndex = a.m_tpIndex;
        return *this;
    }

private:
    struct Base;
    typedef std::unique_ptr<Base> BasePtr;

    struct Base
    {
        virtual ~Base() {}
```

```cpp
        virtual BasePtr Clone() const = 0;
};

template<typename T>
struct Derived : Base
{
        template<typename U>
        Derived(U && value) : m_value(forward<U>(value)) { }

        BasePtr Clone() const
        {
                return BasePtr(new Derived<T>(m_value));
        }

        T m_value;
};

BasePtr Clone() const
{
        if (m_ptr != nullptr)
                return m_ptr->Clone();

        return nullptr;
}

BasePtr m_ptr;
std::type_index m_tpIndex;
};
```

测试代码如下：

```cpp
void TestAny()
{
   Any n;
   auto r = n.IsNull();   // true
   string s1 = "hello";
   n = s1;
   n.AnyCast<int>();       // 转换失败将抛异常
   Any n1 = 1;
   n1.Is<int>();           // true
}
```

再总结一下 any 的设计思路：any 内部维护了一个基类指针，通过基类指针擦除具体类型，通过多态在运行期获取类型。需要注意的是，any_cast 时会向下转型获取实际数据，当转型失败时打印详情。上面的例子中将一个 string 类型的 Any 转型为 int 时会打印如图 3-1 所示的信息。

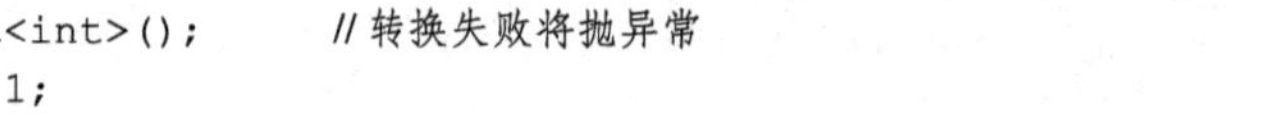

```
can not cast int to class std::basic_string<char,struct std::char_traits<char>,class std::allocator<char> >
```

图 3-1 将一个 string 类型的 Any 转型为 int 时打印的信息

3.3.6 function_traits

虽然 C++11 的 type_traits 中有关于 function 的 trait（比如，std::is_function 用来判断类型是否为 fucntion 类型），但这还远远不够，实际上很多时候都需要获取函数的实际类型、返回类型、参数个数和参数的具体类型。因此，需要一个 function_traits 来获取这些信息，而且这个 function_traits 能获取所有函数语义类型的这些信息，即可以获取普通函数、函数指针、std::function、函数对象和成员函数的函数类型、返回类型、参数个数和参数的具体类型。例如：

```
int func(int a, string b);
// 获取函数类型
function_traits<decltype(func)>::function_type; // int __cdecl(int, string)

// 获取函数返回值
function_traits<decltype(func)>::return_type;   // int

// 获取函数的参数个数
function_traits<decltype(func)>::arity;          // 2

// 获取函数第一个入参类型
function_traits<decltype(func)>::arg_type<0>;   // int

// 获取函数第二个入参类型
function_traits<decltype(func)>::arg_type<1>;   // string
```

通过 function_traits 可以很方便地获取所有函数语义类型丰富的信息，对于实际开发很有用。

1. 实现 function_traits 的关键技术

实现 function_traits 关键是要通过模板特化和可变参数模板来获取函数类型和返回类型。先定义一个基本的 function_traits 的模板类：

```
template<typename T>
struct function_traits;
```

再通过特化，将返回类型和可变参数模板作为模板参数，就可以获取函数类型、函数返回值和参数的个数了。基本的特化版本如下（为简单起见，不考虑 __cdecl 等调用约定）：

```
template<typename Ret, typename... Args>
struct function_traits<Ret(Args...)>
{
public:
    enum { arity = sizeof...(Args) };
    typedef Ret function_type(Args...);
    typedef Ret return_type;
```

```cpp
    using stl_function_type = std::function<function_type>;
    typedef Ret(*pointer)(Args...);

    template<size_t I>
    struct args
    {
        static_assert(I < arity, "index is out of range, index must less than sizeof Args");
        using type = typename std::tuple_element<I, std::tuple<Args...>>::type;
    };
};
```

这个基本的特化版本只支持普通的函数，要支持函数指针、std::function、函数对象和成员函数还需要定义更多的特化版本。

通过继承于 function_traits_fn 的方式来获取函数类型以及返回类型等信息。针对函数指针的特化版本如下：

```cpp
template<typename Ret, typename... Args>
struct function_traits<Ret(*)(Args...)> : function_traits<Ret(Args...)>{};
```

针对 std::function 的特化版本如下：

```cpp
// std::function
template <typename Ret, typename... Args>
struct function_traits<std::function<Ret(Args...)>> : function_traits<Ret(Args...)>{};
```

针对成员函数和函数对象的版本如下（要注意 const 和 volatile 版本的定义）：

```cpp
#define FUNCTION_TRAITS(...) \
    template <typename ReturnType, typename ClassType, typename... Args>\
    struct function_traits<ReturnType(ClassType::*)(Args...) __VA_ARGS__> : \
        function_traits<ReturnType(Args...)>{}; \

FUNCTION_TRAITS()
FUNCTION_TRAITS(const)
FUNCTION_TRAITS(volatile)
FUNCTION_TRAITS(const volatile)
// 函数对象
template<typename Callable>
struct function_traits : function_traits<decltype(&Callable::operator())>{};
```

function_traits 中函数的入参是可变参数模板，其类型和个数都是任意的，要获取指定位置的类型，可以通过 std::tuple_element 来获取，代码如下：

```cpp
template<size_t N>
using arg_type = typename std::tuple_element<N,std::tuple<Args...>>::type;
```

这样，通过 arg_type<N> 就可以获取可变参数模板中第 N 个位置的参数类型了。

2. function_traits 的实现

function_traits 完整的实现，读者可以从随书源码中下载。下面来看看 function_traits 的测试代码。

```cpp
template<typenameT>
void PrintType()
{
        cout <<typeid(T).name() << endl;
}

float(*castfunc)(string, int);
 float free_function(const std::string& a, int b)
{ return (float) a.size() / b; }
struct AA
{
        int f(int a, int b)volatile{ return a + b; }
        int operator()(int)const{ return 0; }
};

void TestFunctionTraits()
{
        std::function<int(int)> f = [](int a){return a; };
        PrintType<function_traits<std::function<int(int)>>::function_type>();
        PrintType<function_traits<std::function<int(int)>>::arg_type<0>>();
        PrintType<function_traits<decltype(f)>::function_type>();
        PrintType<function_traits<decltype(free_function)>::function_type>();

        PrintType<function_traits<decltype(castfunc)>::function_type>();

        PrintType<function_traits<AA>::function_type>();
        using T = decltype(&AA::f);
        PrintType<T>();
        PrintType<function_traits<decltype(&AA::f)>::function_type>();
        static_assert(std::is_same<function_traits<decltype(f)>::return_type,
            int>::value, "");
}
```

function_traits 的测试结果如图 3-2 所示。

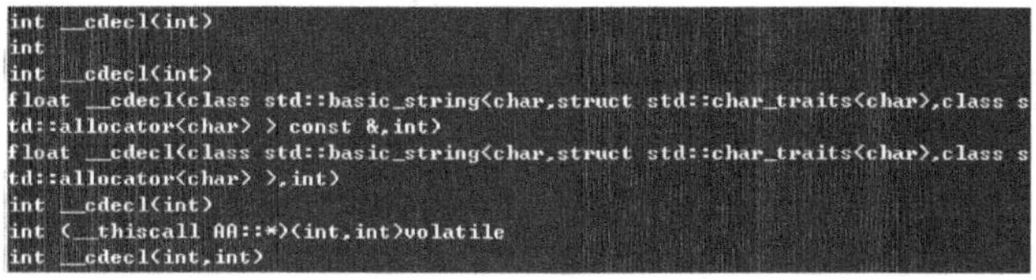

图 3-2 function_tratis 的测试结果

可以看到，通过这个 function_traits 可以很方便地获取所有函数语义类型的函数类型、返回类型、参数个数和参数的具体类型，是 C++11 type_traits 的有效补充，后面的实例中也会经常用到。

3.3.7 variant 的实现

variant 类似于 union，它能代表定义的多种类型，允许赋不同类型的值给它。它的具体类型是在初始化赋值时确定的。boost 库中有 variant，这个 variant 的基本用法如下：

```
typedef variant<int,char, double> vt;
vt v = 1;
v = '2';
v = 12.32;
```

用 variant 的一个好处是可以擦除类型，不同类型的值都统一成一个 variant。虽然这个 variant 只能存放已定义的类型，但是这在很多时候已经够用了。在取值的时候，通过 get<T>(v) 来获取真实值。然而，当 T 类型与 v 类型不匹配时，会抛出一个 bad_cast 的异常来。boost 的 variant 抛出的异常往往没有更多的信息，不知道到底是哪个类型转换失败，导致发生异常调试时很不方便。因此，就考虑用 C++11 去实现一个 vairiant，这个 variant 可以很容易知道在取值时是什么类型转换失败了。

1. 打造 variant 需要解决的问题

（1）要在内部定义一个内存对齐的缓冲区

缓冲区用来存放 variant 的值，这个值是 variant 定义的多种类型中的某种类型的值，因此，要求这个缓冲区是内存对齐的，还必须在编译期计算出大小。而 std::aligned_storage 恰好满足这些条件，所以这里用 std::aligned_storage 作为 variant 值存放的缓冲区。关于 std::aligned_storage 的用法，读者可以参考 7.4 节的内容。

（2）要解决赋值的问题

将值赋给 vairiant 时，需要将该值的类型 ID 记录下来，以便在后面根据类型取值。将值保存到内部缓冲区时，还需要用 palcement new 在缓冲区创建对象。另外，还要解决一个问题，那就是在赋值时需要检查 variant 中已定义的类型中是否含有该类型，如果没有则编译不通过，从而保证赋值是合法的。

variant 如果通过默认赋值函数赋值的话，将是浅拷贝，会造成两个 variant 共用一个缓冲区，导致重复析构的错误。variant 的赋值函数需要做两件事：第一是从原来的 Variant 中取出缓冲区中的对象；第二通过缓冲区中取出的对象构造出当前 variant 中的对象。赋值函数的左值和右值版本的实现如下（关于右值可以参考第 2 章的内容）：

```cpp
Variant(Variant<Types...>&& old) : m_typeIndex(old.m_typeIndex)
{
    Helper_t::move(old.m_typeIndex, &old.m_data, &m_data);
}

Variant(const Variant<Types...>& old) : m_typeIndex(old.m_typeIndex)
{
    Helper_t::copy(old.m_typeIndex, &old.m_data, &m_data);
}
```

右值版本 Helper_t::move 的内部如下：

```cpp
new (new_v) T(std::move(*reinterpret_cast<T*>(old_v)));
```

左值版本 Helper_t::copy 的内部如下：

```cpp
new (new_v) T(*reinterpret_cast<const T*>(old_v));
```

右值版本可以通过移动语义做性能优化，避免临时对象的复制，左值版本则需要复制原来的对象。

（3）要解决取值的问题

通过类型取值时，要判断类型是否匹配，如果不匹配，将详情打印出来，方便调试。

在 boost.variant 中可以使用 apply_visitior 来访问 variant 中实际的类型，具体做法是先创建一个从 boost::static_visitor<T> 派生的访问者类，这个类定义了访问 variant 各个类型的方法，接着将这个访问者对象和 vairant 对象传给 boost::apply_visitor(visitor, it->first) 来实现 vairant 的访问。一个简单的例子如代码清单 3-14 所示。

代码清单 3-14   boost::vairant 通过定义 visitor 访问实际类型的示例

```cpp
// 创建一个访问者类，这个类可以访问 vairant<int,short,double,std::string>
struct VariantVisitor : public boost::static_visitor<void>
{
    void operator() (int a)
    {
        cout << "int" << endl;
    }

    void operator() (short val)
    {
        cout << "short" << endl;
    }

    void operator() (double val)
    {
        cout << "double" << endl;
    }

    void operator() (std::string val)
```

```
    {
        cout << "string" << endl;
    }
};

boost::variant<int,short,double,std::string> v = 1;
boost::apply_visitor(visitor, v); // 将输出 int
```

实际上这也是标准的访问者模式的实现,这种方式虽然可以实现对 variant 内部实际类型的访问,但是有一个缺点是有点烦琐,因为还需要定义一个函数对象。C++11 中有了 lambda 表达式,是不是可以用 lambda 表达式来替代函数对象呢?如果直接通过一组 lambda 表达式来访问实际类型,那将是更直观而方便的访问方式,不再需要从 boost::static_visitor 派生了,也不需要写一堆重载运算符。我们希望像下面这样访问 vairant 的实际类型:

```
typedef Variant<int, double, string, int> cv;
cv v = 10;
v.Visit([&](double i){cout << i << endl; }, [](short i){cout << i << endl; },
[=](int i){cout << i << endl; },[](string i){cout << i << endl; });
```

// 结果将输出 10

这种方式比 boost 的访问方式更简洁直观。C++11 实现的 variant 中将增加这种内置的访问方式,相比 boost::variant 需要通过专门定义 visitor 而言,增强了 variant 的功能。

有时我们希望 variant 具备通过索引获取类型以及通过类型获取索引的功能,这样就可以从 variant 中获取更多信息了,boost.variant 中是没有通过索引获取类型以及通过类型获取索引的功能。

C++11 版本的 varaint 会比 boost 的 variant 增加一些更具特色的功能:

1)variant 自带的 Visit 功能,方便又直观地访问 variant 的真实值。
2)通过索引位置获取类型,可以更方便地获取 varaint 包含的类型的一些细节信息。
3)通过类型获取索引位置。

2. 打造 variant 的关键技术

(1) 找出最大的 typesize 来构造一个内存对齐的缓冲区

在这个问题中需要解决的是如何找出多种类型中 size 最大的那个类型的 size。从多种类型中找出最大类型的 size 的示例如下:

```
template<typename T, typename... Args>
struct IntegerMax: std::integral_constant<int,
(sizeof(T)>IntegerMax<Args...>::value ? sizeof(T) : IntegerMax<Args...>::value) >
{};
```

```
template<typename T>
struct IntegerMax<T> : std::integral_constant<int, sizeof(T) >{};
```

通过 IntegerMax 就可以在编译期获取类型中最大的 maxsize：

```
IntegerMax<Types...>::value
```

这里通过继承和递归方式来展开参数包，在展开参数包的过程中将第一个参数的 size 和后面一个参数的 size 做比较，获取较大的那个 size，直到比较完所有的参数，从而获得所有类型中最大的 size，比较的过程和冒泡排序的过程类似。

内存对齐的缓冲区 aligned_storage 需要两个模版参数，第一个是缓冲区大小，第二个是内存对齐的大小。variant 中的 aligned_storage 中的缓冲区大小就是最大类型的 size，我们已经找出，下一步是找出最大的内存对齐大小。我们可以在 MaxType 的基础上来获取 MaxAlign，下面是具体代码：

```
template<typename... Args>
 struct MaxAlign : std::integral_constant<int,
IntegerMax<std::alignment_of<Args>::value...>::value>{};
```

有了这两个参数之后我们就可以定义内存对齐的缓冲区了：

```
enum{
    data_size = IntegerMax<sizeof(Types)...>::value,
    align_size = MaxAlign<Types...>::value
};
using data_t = typename std::aligned_storage<data_size, align_size>::type;
```

（2）类型检查和缓冲区中创建对象

这里需要解决两个问题：检查赋值的类型是否在已定义的类型中；在缓冲区中创建对象及析构。

判断类型列表中是否含有某种类型的示例如下：

```
template < typename T, typename... List >
struct Contains : std::true_type {};

template < typename T, typename Head, typename... Rest >
struct Contains<T, Head, Rest...>
  : std::conditional< std::is_same<T, Head>::value, std::true_type,
Contains<T, Rest...>>::type{};

template < typename T >
struct Contains<T> : std::false_type{};
```

通过 bool 值 Contains<T, Types>::vaule 就可以判断是否含有某种类型。

再看看如何在缓冲区中创建对象。

通过 placement new 在该缓冲区上创建对象：

```
new(data) T(value);
```

其中，data 表示一个 char 缓冲区，T 表示某种类型。在缓冲区上创建的对象还必须通过 ~T 去析构，因此，还需要一个析构 vairiant 的帮助类，代码如下：

```cpp
template<typename T, typename... Args>
struct VariantHelper<T, Args...>
{
        inline static void Destroy(type_index id, void * data)
        {
        if (id == type_index(typeid(T)))
                ((T*)(data))->~T();
        else
                VariantHelper<Args...>::Destroy(id, data);
        }
};

template<>struct VariantHelper<>
{
        inline static void Destroy(type_index id, void * data) { }
};
```

通过 VariantHelper::Destroy 函数就可以析构 variant 了。

3. 取值问题

在第三个问题中需要解决取值问题，如果发生异常，就打印出详细信息。取值的代码如代码清单 3-15 所示。

代码清单 3-15　获取和访问 variant 中实际的对象

```cpp
template<typename T>
typename std::decay<T>::type& Get()
{
        using U = typename std::decay<T>::type;
        if (!Is<U>())
        {
                cout << typeid(U).name() << " is not defined. " << "current type is "<<
                        m_typeIndex.name() << endl;
                throw std::bad_cast();
        }

        return *(U*)(&m_data);
}

template<typename T>
int GetIndexOf()
```

```cpp
            return Index<T, Types...>::value;
}

template<typename F>
void Visit(F&& f)
{
        using T = typename function_traits<F>::arg<0>::type;
        if (Is<T>())
                f(Get<T>());
}

template<typename F, typename... Rest>
void Visit(F&& f, Rest&&... rest)
{
        using T = typename function_traits<F>::arg<0>::type;
        if (Is<T>())
                Visit(std::forward<F>(f));
        else
                Visit(std::forward<Rest>(rest)...);
}
```

Variant 完整的代码读者可以从随书资源中下载。Variant 的测试代码如下：

```cpp
typedef Variant<int, double, string, int> cv;
cv v = 10;
cout << typeid(cv::IndexType<1>).name() << endl;          //将输出 double
int i = v.GetIndexOf<string>();                           //将输出索引位置 2
typedef Variant<int, double, string, int> cv;
//根据 index 获取类型
cout << typeid(cv::IndexType<1>).name() << endl;

//根据类型获取索引
cv v=10;
int i = v.GetIndexOf<string>();

//通过一组 lambda 访问 vairant
v.Visit([&](double i){cout << i << endl; }, [&](short i){cout << i << endl; },
[](int i){cout << i << endl; },
    [](string i){cout << i << endl; }
);

bool emp1 = v.Empty();
cout << v.Type().name() << endl;
```

C++11 版本的 Vairant 在元素的访问方面比 Boost 的 Variant 更方便，如果不希望依赖 Boost 库，可以在项目中用这个 C++11 版本的 Variant 替代 Boost 的 Variant。

3.3.8 ScopeGuard

ScopeGuard 的作用是确保资源面对非正常返回（比如，函数在中途提前返回了，或者中途抛异常了，导致不能执行后面的释放资源的代码）时总能被成功释放。它利用 C++ 的 RAII 机制，在构造函数中获取资源，在析构函数中释放资源。当非正常返回时，ScopeGuard 就会析构，这时会自动释放资源。如果没有发生异常，则正常结束，只有在异常发生或者没有正常退出时释放资源。C# 从语言层面支持了 ScopeGuard。C# 中的 ScopeGuard 比较简单，通过 using 初始化或者通过 finally 就可以做到，而在 C++ 中需要自己去实现。

C++ 中设计 ScopeGuard 的关键技术：通过局部变量析构函数来管理资源，根据是否正常退出来确定是否需要清理资源。用 C++11 实现很简单，如代码清单 3-16 所示。

代码清单 3-16 ScopeGuard 的实现

```
template <typename F>
class ScopeGuard
{
public:
        explicit ScopeGuard(F && f) : m_func(std::move(f)), m_dismiss(false){}
        explicit ScopeGuard(const F& f) : m_func(f), m_dismiss(false){}

        ~ScopeGuard()
        {
                if (!m_dismiss&&m_func != nullptr)
                        m_func();
        }

        ScopeGuard(ScopeGuard && rhs) : m_func(std::move(rhs.m_func)), m_dismiss(rhs.m_dismiss)
        {
                rhs.Dismiss();
        }

        void Dismiss()
        {
                m_dismiss = true;
        }

private:
        F m_func;
        bool m_dismiss;

        ScopeGuard();
        ScopeGuard(const ScopeGuard&);
        ScopeGuard&operator=(const ScopeGuard&);
};

template <typename F>ScopeGuard<typename std::decay<F>::type> MakeGuard(F && f)
```

```cpp
{
    return ScopeGuard<typename std::decay<F>::type>(std::forward<F>(f));
}
```

测试代码如下：

```cpp
void TestScopeGuard()
{
    std::function <void()> f = [] { cout <<"cleanup from unnormal exit"<< endl; };
    // 正常退出
    {
        auto gd = MakeGuard(f);
        //...
        gd.Dismiss();
    }

    // 异常退出
    {
        auto gd = MakeGuard(f);
        //...
        throw std::exception("exception");
    }

    // 非正常退出
    {
        auto gd = MakeGuard(f);
        return;
        //...
    }
}
```

通过测试程序可以知道，当程序没有发生异常正常退出时，需要调用一下 Dismiss 函数，以解除 ScopeGuard；当程序异常退出时，会进入异常处理函数去释放相应资源，实现 ScopeGuard 的目的。

3.3.9 tuple_helper

在第 1 章中介绍过，std::tuple 不仅作为一个泛化的 std::pair，它的一个独特的特性是它能容纳任意个数任意类型的元素，这是其他任何数组和容器做不到的。而且 tuple 本身还具备很多编译期计算的特性，正是这些独特的特性使得它成为一个非常重要的数据结构，既可以用于编译期计算又可以用于运行期计算，在某种程度上能作为衔接编译期和运行期的桥梁，因此，tuple 是一个非常有潜力的数据结构。tuple 和其他 C++11 特性结合起来将实现功能更强大的组件，在后面的实例开发中会用到。本节主要介绍如何在编译期对 tuple 进行操作，将实现一些便利的 tuple 操作类，以便在后面的开发实例中使用。

先来介绍一下 tuple 操作的需求。tuple 自身带有一些操作，比如合并 tuple，取指定位置的元素等基本操作，但是在实际开发中需要更多的操作，因此，需要一些辅助类来完成更多的操作。tuple 还需要一些常用操作，比如打印、遍历、根据元素值获取索引位置、反转和应用于函数。

- 打印：由于 tuple 中的元素是可变参数模板，外面并不知道内部到底是什么数据，有时调试需要知道其具体值，希望能打印出 tuple 中所有的元素值。
- 根据元素值获取索引位置：tuple 接口中有根据索引位置获取元素的接口，根据元素值来获取索引位置是相反的做法。
- 获取索引：在运行期根据索引获取索引位置的元素。
- 遍历：类似于 std::for_each 算法，可以将函数对象应用于 tuple 的每个元素。
- 反转：将 tuple 中的元素逆序。
- 应用于函数：将 tuple 中的元素进行一定的转换，使之成为函数的入参。

1. 打印 tuple

tuple 不同于数组和集合，不能通过 for 循环的方式枚举并打印元素值，需要借助可变参数模板的展开方式来打印出元素值。但是 tuple 又不同于可变参数模板，可变参数模板可以通过前面介绍的一些方法来展开参数包，但是 tuple 不能直接通过展开参数包的方式来展开，因为 tuple 中的元素需要用 std::get<N>(tuple) 来获取，展开 tuple 需要带索引参数。

有两种方法可以展开并打印 tuple，第一种方法是通过模板类的特化和递归调用结合来展开 tuple；另一种方法是通过一个索引序列来展开 tuple。

（1）通过模板特化和递归来展开并打印 tuple

因为 tuple 内部的元素个数和类型是不固定的，如果要打印 tuple 中的元素，需要在展开 tuple 时一一打印，展开并打印 tuple 的代码如代码清单 3-17 所示。

代码清单 3-17　展开并打印 tuple

```cpp
template<class Tuple, std::size_t N>
struct TuplePrinter
{
    static void print(const Tuple& t)
    {
        TuplePrinter<Tuple, N - 1>::print(t);
        std::cout << ", " << std::get<N - 1>(t);
    }
};

template<class Tuple>
struct TuplePrinter<Tuple, 1>
{
    static void print(const Tuple& t)
```

```cpp
            {
                    std::cout << std::get<0>(t);
            }
};

template<class... Args>
void PrintTuple(const std::tuple<Args...>& t)
{
        std::cout << "(";
        TuplePrinter<decltype(t), sizeof...(Args)>::print(t);
        std::cout << ")\n";
}
```

模板类 TuplePrinter 带有一个模板参数 std::size_t N，这个 N 是用来控制递归调用的，每调用一次，这个 N 就减 1，直到减为 1 为止。PrintTuple 是一个帮助函数，目的是为了更方便地调用 TuplePrinter，因为 TuplePrinter 需要两个参数，一个是 tuple，另一个是 tuple 的 size。tuple 的 size 是可以通过 sizeof 来获取的，在帮助函数中获取 tuple 的 size 并调用 TuplePrinter，就可以减少外面调用的入参。测试代码如下：

```cpp
void TestPrint()
{
        std::tuple<int,short,double,char> tp = std::make_tuple(1,2,3,'a');
        PrintTuple(tp);
        //输出: (1,2,3,'a')
}
```

调用过程如下：

```cpp
TuplePrinter<std::tuple<int,short,double,char>, 4>::print(tp);
TuplePrinter<std::tuple<int,short,double,char>, 3>::print(tp);
TuplePrinter<std::tuple<int,short,double,char>, 2>::print(tp);
TuplePrinter<std::tuple<int,short,double,char>, 1>::print(tp);
```

当递归终止时，打印第一个元素的值：

```cpp
std::cout << std::get<0>(t);
```

接着返回上一层递归打印第二个元素：

```cpp
std::cout << std::get<1>(t);
```

再依次往上返回，依次打印出剩下的元素：

```cpp
std::cout << std::get<2>(t);
std::cout << std::get<3>(t);
```

最终完成所有元素的打印。

可以看到，通过模板特化和递归调用的方式展开 tuple 本质上是通过整型模板参数的递减来实现的。

（2）通过索引序列来展开并打印 tuple

前面介绍了通过控制模板参数的递减来递归依次展开的 tuple，还有一种方法是将 tuple 中的元素转换为可变参数模板，然后就可以按照 3.2 节中介绍的展开可变参数模板的方法来展开 tuple 了。

将 tuple 变为一个可变参数模板需要一个可变索引序列：

```
template<int...>
struct IndexTuple{};
```

在构造出这样一个可变索引序列之后，再通过 std::get<IndexTuple>(tuple)... 来获取参数序列，从而将 tuple 变成了可变参数模板 Args...，然后就可以按照展开可变参数模板的方法来处理 tuple 中的元素了。

要先创建一个索引序列，通过这个索引序列来取 tuple 中对应位置的元素，代码如下：

```
// tuple 参数的索引序列
template<int...>
struct IndexTuple{};

template<int N, int... Indexes>
struct MakeIndexes : MakeIndexes<N - 1, N - 1, Indexes...>{};

template<int... indexes>
struct MakeIndexes<0, indexes...>
{
        typedef IndexTuple<indexes...> type;
};
```

这个方法和 3.2.2 节中的方法是类似的，MakeIndexes<3>::type() 将生成 IndexTuple<0, 1,2>。对于 tuple 可以通过 MakeIndexes<sizeof...(tuple)>::type() 来生成 tuple 中元素对应的索引位置序列。

在生成一个元素对应的索引位置序列之后，就可以通过 std::get 来获取 tuple 中的所有元素并将其变为可变参数模板。具体代码如代码清单 3-18 所示。

代码清单 3-18　根据索引序列打印 tuple

```
template<typename T>
void Print(T t)
{
        cout << t << endl;
}
```

```cpp
template<typename T, typename... Args>
void Print(T t, Args... args)
{
        cout << t << endl;
        Print(args...);
}

template<typename Tuple, int... Indexes >
void Transform(IndexTuple< Indexes... >& in, Tuple& tp)
{
        Print(get<Indexes>(tp)...);
}

int main()
{
        using Tuple = std::tuple<int, double>;
        Tuple tp = std::make_tuple(1, 2);
        Transform(MakeIndexes<std::tuple_size<Tuple >::value>::type(),tp);
}
// 将输出 1  2
```

Print 函数通过递归方式展开可变参数模板，也可以通过初始化列表和逗号表达式来展开可变参数模板，Transform 还可以这样写：

```cpp
template<typename T>
void Fun(T t)
{
        cout << t << endl;
}

template<typename Tuple, int... Indexes >
void Transform(IndexTuple< Indexes... >& in, Tuple& tp)
{
        int a [] = { (Fun(get<Indexes>(tp)), 0)... };
}
```

Transform 函数通过 std::get 一个索引位置的序列来将 tuple 中的所有元素取出来并生成一个可变参数模板，生成这个可变参数模板之后再根据 3.2.1 节中提到的递归方式展开可变参数模板并打印出每个元素值。这种方式比模板特化和递归方式展开 tuple 要直观一些。不过这种方式会丢失索引信息，因此，当我们需要索引信息时就不能用这种方法。

2. 根据元素值获取索引位置

根据元素值获取索引位置，需要遍历整个 tuple，在遍历时判断当前元素值是否与给定的值相等，如果相等，则返回当前索引，否则直到遍历终止，若遍历完后还没有找到，则返回 −1。根据前面介绍的展开并打印 tuple 的两种方法，第一种方法会丢失索引信息，所以用第二种方法来遍历 tuple，如代码清单 3-19 所示。

代码清单 3-19　根据元素值获取索引位置

```cpp
namespace detail
{
        // 对于可转换的类型则直接比较
        template<typename T, typename U>
        typename std::enable_if<std::is_convertible<T, U>::value ||
std::is_convertible<U, T>::value, bool>::type
             compare(T t, U u)
        {
                return t == u;
        }

        // 不能互转换的类型则直接返回 false
        bool compare(...)
        {
                return false;
        }

        // 根据值查找索引
        template<int I, typename T, typename... Args>
        Struct find_index
        {
                static int call(std::tuple<Args...>const&t, T&&val)
                {
                        return (compare(std::get<I - 1>(t), val) ? I - 1 :
                                find_index<I - 1, T, Args...>::call(t,
std::forward<T>(val)));
                }
        };

        template<typename T, typename... Args>
        struct find_index<0, T, Args...>
        {
                // 递归终止，如果找到则返回 0，否则返回 -1
                static int call(std::tuple<Args...>const&t, T&&val)
                {
                        return compare(std::get<0>(t), val) ? 0 : -1;
                }
        };
}

// 辅助函数，简化调用
template<typename T, typename... Args>
int find_index(std::tuple<Args...> const& t, T&& val)
{
        return detail::find_index<0, sizeof...(Args) -1, T, Args...>::
                call(t, std::forward<T>(val));
}
```

测试代码如下：

```cpp
int main()
{
        std::tuple<int,double,string> tp = std::make_tuple(1,2,"ok");
        int index = find_index(tp, "ok");
        cout<<index<<endl;
        return 0;
}
```

结果会输出：

2

在实现代码中，compare 函数用到了 std::enable_if，它的作用是避免在不可转换的两个类型之间做比较，只对可转换的类型做比较，如果两个类型不可转换，则直接返回 false。需要注意的是，这个根据 tuple 元素值查找索引的方法只是返回第一个匹配元素的索引位置。

3. 在运行期根据索引获取索引位置的元素

在编译期很容易根据索引来获取对应位置的元素，因为 tuple 的帮助函数 std::get<N>(tuple) 就能获取 tuple 中第 N 个元素。然而我们却不能直接在运行期通过变量来获取 tuple 中的元素值，比如下面的用法：

```cpp
int i = 0;
std::get<i>(tuple);
```

这样写是不合法的，会报一个需要编译期常量的错误。要通过运行时的变量来获取 tuple 中的元素值，需要采取一些替代手法，将运行期变量"映射"为编译期常量。下面来看看是如何实现运行期获取索引位置的元素的，如代码清单 3-20 所示。

代码清单 3-20　根据索引获取元素

```cpp
#include <tuple>
#include <type_traits>
#include <iostream>
using namespace std;

template<size_t k, typename Tuple>
typename std::enable_if < (k == std::tuple_size<Tuple>::value)>::type
GetArgByIndex(size_t index, Tuple& tp)
{
        throw std::invalid_argument("arg index out of range");
}

template<size_t k=0, typename Tuple>
typename std::enable_if < (k < std::tuple_size<Tuple>::value)>::type
GetArgByIndex(size_t index, Tuple& tp)
```

```cpp
{
        if (k == index)
        {
                cout << std::get<k>(tp) << endl;
        }
        else
        {
                GetArgByIndex<k + 1>(index, tp);
        }
}

// 测试代码
void TestTupe()
{
        using Tuple = std::tuple<int, double, string, int>;
        Tuple tp = std::make_tuple(1, 2, "test", 3);
        const size_t length =
        std::tuple_size<Tuple>::value;

        // 打印每个元素
        for (size_t i = 0; i < length; ++i)
        {
                GetArgByIndex<0>(i, tp);
        }

        GetArgByIndex(4, tp); // 索引超出范围将抛出异常
}
```

这里通过递归方式自增编译期常量 K，将 K 与运行期变量 index 做比较，当二者相等时，调用编译期常量 K 来获取 tuple 中的第 K 个元素值。

还有一种方法也可以实现在运行期获取指定位置的元素，那就是通过逐步展开参数包的方式来实现，从第一个参数开始展开，直到展开到第 N 个元素为止，如代码清单 3-21 所示。

代码清单 3-21　另外一种根据索引获取元素的方法

```cpp
template<typename Arg>
void GetArgByIndex(int index, std::tuple<Arg>& tp)
{
        cout<<std::get<0>(tp)<<endl;
}

template<typename Arg, typename... Args>
void GetArgByIndex(int index, std::tuple<Arg, Args...>& tp)
{
        if(index<0||index>=std::tuple_size<std::tuple<Arg, Args...>>::value)
                throw std::invalid_argument("index is not valid");

        if(index>0)
                GetArgByIndex(index-1, (std::tuple<Args...>&) tp);
```

```
                else
                        cout<<std::get<0>(tp)<<endl;
}
```

4. 遍历 tuple

遍历 tuple 和前面打印 tuple 的思路类似，也是先将 tuple 展开为可变参数模板，然后再用展开可变参数模板的方法来遍历 tuple。具体代码如代码清单 3-22 所示。

代码清单 3-22　遍历 tuple

```
#include "TpIndexs.hpp"

namespace details
{
        template<typename Func, typename Last>
        void for_each_impl(Func&& f, Last&& last)
        {
                f(last);
        }

        template<typename Func, typename First, typename ... Rest>
        void for_each_impl(Func&& f, First&& first, Rest&&...rest)
        {
                f(first);
                for_each_impl(std::forward<Func>(f), rest...);
        }

        template<typename Func, int ... Indexes, typename ... Args>
        void for_each_helper(Func&& f, IndexTuple<Indexes...>, std::tuple<Args...>&& tup)
        {
                for_each_impl(std::forward<Func>(f), std::forward<Args>(std::get<Indexes>(tup))...);
        }

} // namespace details

template<typename Func, typename Tuple>
void tp_for_each(Func&& f, Tuple& tup)
{
        using namespace details;
        for_each_helper(forward<Func>(f), typename make_indexes<std::tuple_size<Tuple>::value>::type(),tup);
}

template<typename Func, typename ... Args>
void tp_for_each(Func&& f, std::tuple<Args...>&& tup)
```

```cpp
{
    using namespace details;
    for_each_helper(forward<Func>(f), typename
make_indexes<std::tuple_size<Tuple>::value>::type(), forward<Tuple>(tup));
}
```

以上代码中引用的头文件的实现是打印 tuple 一节中的 TupleIndex 的定义。

测试代码如下：

```cpp
struct Functor
{
    template<typename T>
    void operator()(T& t) const { /*t.doSomething();*/cout <<t << endl; }
};

void TestTupleForeach()
{
    tp_for_each(Functor(), std::make_tuple<int, double>(1, 2.5));
}
```

输出结果如下：

1,2.5

由于 tuple 中的元素类型是变化的，不能用 lambda 表达式，所以需要一个泛型的函数对象来处理 tuple 中的元素。

5. 反转 tuple

反转 tuple 先要生成一个索引序列，这个索引序列是逆序的，目的是为了从最后一个 tuple 元素开始将前面的元素一个个取出组成一个新的 tuple。具体代码如代码清单 3-23 所示。

代码清单 3-23　反转 tuple 的实现

```cpp
template<int I, typename IndexTuple, typename... Types>
struct make_indexes_reverse_impl;

// declare
template<int I, int... Indexes, typename T, typename... Types>
struct make_indexes_reverse_impl<I, IndexTuple<Indexes...>, T, Types...>
{
    using type = typename make_indexes_reverse_impl<I-1,
IndexTuple<Indexes..., I - 1>, Types...>::type;
};

// terminate
template<int I, int... Indexes>
struct make_indexes_reverse_impl<I, IndexTuple<Indexes...>>
{
    using type = IndexTuple<Indexes...>;
};
```

```
//type trait
template<typename ... Types>
struct make_reverse_indexes : make_indexes_reverse_impl<sizeof...(Types),
IndexTuple<>, Types...>
{};

//反转
template <class... Args, int... Indexes>
auto reverse_imp(tuple<Args...>&& tup,
IndexTuple<Indexes...>&&)->decltype(std::make_tuple(std::get<Indexes>(forwar
d<tuple<Args...>>(tup))...))
{
        return
std::make_tuple(std::get<Indexes>(forward<tuple<Args...>>(tup))...);
        //cout << std::tuple_size<decltype(r)>::value << endl;
}

template <class ... Args>
auto Reverse(tuple<Args...>&& tup)->
decltype(reverse_imp(forward<tuple<Args...>>(tup), typename
make_reverse_indexes<Args...>::type()))
{
        return reverse_imp(forward<tuple<Args...>>(tup), typename
make_reverse_indexes<Args...>::type());
}
```

测试代码如下：

```
void TupleReverse()
{
        auto tp1 = std::make_tuple<int, short, double, char>(1, 2, 2.5, 'a');
        auto tp2 = Reverse(std::make_tuple<int, short, double, char>(1, 2, 2.5,
'a'));
        PrintTuple(tp2);//调用前面打印tuple的接口
}
```

6. 应用于函数

将 tuple 应用于函数的目的是，可以将 tuple 展开作为函数的参数，实现思路和打印 tuple 的思路类似：先将 tuple 展开转换为可变参数模板，然后将这个可变参数模板应用于某个函数。具体实现如代码清单 3-24 所示。

代码清单 3-24　将 tuple 应用于函数

```
template<int...>
struct IndexTuple{};

template<int N, int... Indexes>
```

```cpp
        struct MakeIndexes : MakeIndexes<N - 1, N - 1, Indexes...>{};

        template<int... indexes>
        struct MakeIndexes<0, indexes...>
        {
                typedef IndexTuple<indexes...> type;
        };

        template<typename F, typename Tuple, int... Indexes >
        auto apply (F&& f, IndexTuple< Indexes... >&& in, Tuple&&
        tp) ->decltype(std::forward<F>(f)(get<Indexes>(tp)...))
        {
                std::forward<F>(f)(get<Indexes>(tp)...);
        }

        void TestF(int a, double b)
        {
                cout << a + b << endl;
        }

        void Test()
        {
                apply (TestF, MakeIndexes<2>::type(), std::make_tuple(1, 2));
        }
```

输出结果如下：

3

在这个例子中，apply 函数中展开可变模板参数的方式还可以改为初始化列表和逗号表达式方式展开：

"std::forward<F>(f)(get<Indexes>(tp)...);" 改为 "int a[]={(std::forward<F>(f)(get<Indexes>(tp))), 0)...};"。

7. 合并 tuple

合并 tuple 是将两个 tuple 合起来，前一个 tuple 中的每个元素为 key，后一个 tuple 中的每个元素为 value，组成一个 pair 集合。具体实现如代码清单 3-25 所示。

代码清单 3-25 合并 tuple

```cpp
        namespace details
        {
            // tuple 参数的索引序列
            template<int...>
            struct IndexTuple{};

            template<int N, int... Indexes>
            struct MakeIndexes : MakeIndexes<N - 1, N - 1, Indexes...>{};
```

```cpp
    template<int... indexes>
    struct MakeIndexes<0, indexes...>
    {
        typedef IndexTuple<indexes...> type;
    };

    template<std::size_t N, typename T1, typename T2>
    using pair_type = std::pair<typename std::tuple_element<N, T1>::type,
typename std::tuple_element<N, T2>::type>;

    template<std::size_t N, typename T1, typename T2>
    pair_type<N, T1, T2> pair(const T1& tup1, const T2& tup2)
    {
        return std::make_pair(std::get<N>(tup1), std::get<N>(tup2));
    }

    template<int... Indexes, typename T1, typename T2>
    auto pairs_helper(IndexTuple<Indexes...>, const T1& tup1, const T2& tup2)
-> decltype(std::make_tuple(pair<Indexes>(tup1, tup2)...))
    {
        return std::make_tuple(pair<Indexes>(tup1, tup2)...);
    }

} // namespace details

template<typename Tuple1, typename Tuple2>
auto Zip(Tuple1 tup1, Tuple2 tup2) -> decltype(details::pairs_helper(typename
details::MakeIndexes<std::tuple_size<Tuple1>::value>::type(), tup1, tup2))
{
    static_assert(std::tuple_size<Tuple1>::value ==
std::tuple_size<Tuple2>::value, "tuples should be the same size.");
return details::pairs_helper(typename
details::MakeIndexes<std::tuple_size<Tuple1>::value>::type(), tup1, tup2);
    }
```

测试代码如下：

```cpp
void TupleZip()
{
        auto tp1 = std::make_tuple<int, short, double, char>(1, 2, 2.5, 'a');
        auto tp2 = std::make_tuple<double, short, double, char>(1.5, 2, 2.5,
'z');
        auto mypairs = pairs(tp1, tp2);
}
```

3.4 总结

C++11 进一步增强了 C++ 泛型编程的能力，尤其是 type_tratis、可变参数模板和 tuple

这些新内容，使我们获取了编译期计算的强大功能，还能消除重复的模板定义，降低圈复杂度，使程序更为简洁高效。

type_traits 使我们可以在编译期获取对类型进行查询、计算、判断、转换和选择，可以在编译期检测到输入参数类型的正确性，还能实现更为强大的重载，还能在一定程度上消除较长的 if/else if 语句，降低圈复杂度。

可变参数模板，使我们大大减少了重复的模板定义，还增强了模板功能，可以写更加泛化的代码。

将 type_traits、tuple 和可变参数模板结合起来，可以实现更加强大的功能，因此本章最后通过一些综合实例展示了如何将这些 C++11 的特性结合起来使用，使读者掌握如何将它们的威力完全发挥出来，有效地解决实际开发中遇到的难题。

第 4 章

使用 C++11 解决内存泄露的问题

C# 和 Java 中有自动垃圾回收机制，.NET 运行时和 Java 虚拟机可以管理分配的堆内存，在对象失去引用时自动回收，因此，在 C# 和 Java 中，内存管理不是大问题。但是 C++ 语言没有垃圾回收机制，必须自己去释放分配的堆内存，否则就会内存泄露。相信大部分 C++ 开发人员都遇到过内存泄露的问题，而查找内存泄露的问题往往要花大量的精力。解决这个问题最有效的办法是使用智能指针（Smart Pointer）。使用智能指针就不会担心内存泄露的问题了，因为智能指针可以自动删除分配的内存。智能指针和普通指针的用法类似，只是不需要手动释放内存，而是通过智能指针自己管理内存的释放，这样就不用担心忘记释放内存从而导致内存泄露了。

智能指针是存储指向动态分配（堆）对象指针的类，用于生存期控制，能够确保在离开指针所在作用域时，自动正确地销毁动态分配的对象，防止内存泄露。它的一种通用实现技术是使用引用计数。每使用它一次，内部的引用计数加 1，每析构一次，内部引用计数减 1，减为 0 时，删除所指向的堆内存。

C++11 提供了 3 种智能指针：std::shared_ptr、std::unique_ptr 和 std::weak_ptr，使用时需要引用头文件 <memory>，本章将分别介绍这 3 种智能指针。

4.1 shared_ptr 共享的智能指针

std::shared_ptr 使用引用计数，每一个 shared_ptr 的拷贝都指向相同的内存。在最后一个 shared_ptr 析构的时候，内存才会被释放。

4.1.1 shared_ptr 的基本用法

1. 初始化

可以通过构造函数、std::make_shared<T> 辅助函数和 reset 方法来初始化 shared_ptr，代码如下：

```
// 智能指针的初始化
std::shared_ptr<int> p(new int(1));
std::shared_ptr<int> p2 = p;
std::shared_ptr<int> ptr;
ptr.reset(new int(1));

if (ptr) {
    cout << "ptr is not null";
}
```

我们应该优先使用 make_shared 来构造智能指针，因为它更加高效。

不能将一个原始指针直接赋值给一个智能指针，例如，下面这种方法是错误的：

```
std::shared_ptr<int> p = new int(1);// 编译报错，不允许直接赋值
```

可以看到智能指针的用法和普通指针的用法类似，只不过不需要自己管理分配的内存。shared_ptr 不能通过直接将原始指针赋值来初始化，需要通过构造函数和辅助方法来初始化。对于一个未初始化的智能指针，可以通过 reset 方法来初始化，当智能指针中有值的时候，调用 reset 会使引用计数减 1。另外，智能指针可以通过重载的 bool 类型操作符来判断智能指针中是否为空（未初始化）。

2. 获取原始指针

当需要获取原始指针时，可以通过 get 方法来返回原始指针，代码如下：

```
std::shared_ptr<int> ptr(new int(1));
int* p = ptr.get();
```

3. 指定删除器

智能指针初始化可以指定删除器，代码如下：

```
void DeleteIntPtr(int* p)
{
    delete p;
}

std::shared_ptr<int> p(new int, DeleteIntPtr);
```

当 p 的引用计数为 0 时，自动调用删除器 DeleteIntPtr 来释放对象的内存。删除器可以是一个 lambda 表达式，因此，上面的写法还可以改为：

```cpp
std::shared_ptr<int> p(new int, [](int* p){delete p;});
```

当我们用 shared_ptr 管理动态数组时,需要指定删除器,因为 std::shared_ptr 的默认删除器不支持数组对象,代码如下:

```cpp
std::shared_ptr<int> p(new int[10], [](int* p){delete[] p;}); //指定 delete[]
```

也可以将 std::default_delete 作为删除器。default_delete 的内部是通过调用 delete 来实现功能的,代码如下:

```cpp
std::shared_ptr<int> p(new int[10], std::default_delete<int[]>);
```

另外,还可以通过封装一个 make_shared_array 方法来让 shared_ptr 支持数组,代码如下:

```cpp
template<typename T>
shared_ptr<T> make_shared_array(size_t size)
{
    return shared_ptr<T>(new T[size], default_delete<T[]>());
}
```

测试代码如下:

```cpp
std::shared_ptr<int> p= make_shared_array<int>(10);
std::shared_ptr<char> p= make_shared_array<char>(10);
```

4.1.2 使用 shared_ptr 需要注意的问题

智能指针虽然能自动管理堆内存,但它还是有不少陷阱,在使用时要注意。

1)不要用一个原始指针初始化多个 shared_ptr,例如下面这些是错误的:

```cpp
int* ptr = new int;
shared_ptr<int> p1(ptr);
shared_ptr<int> p2(ptr); //logic error
```

2)不要在函数实参中创建 shared_ptr。对于下面的用写法:

```cpp
function (shared_ptr<int>(new int), g( ) );                    //有缺陷
```

因为 C++ 的函数参数的计算顺序在不同的编译器不同的调用约定下可能是不一样的,一般是从右到左,但也有可能是从左到右,所以,可能的过程是先 new int,然后调 g( ),如果恰好 g( ) 发生异常,而 shared_ptr<int> 还没有创建,则 int 内存泄露了,正确的写法应该是先创建智能指针,代码如下:

```cpp
shared_ptr<int> p(new int());
f(p, g());
```

3)通过 shared_from_this() 返回 this 指针。不要将 this 指针作为 shared_ptr 返回出来,因为 this 指针本质上是一个裸指针,因此,这样可能会导致重复析构,看下面的例子。

```cpp
struct A
{
    shared_ptr<A>GetSelf()
    {
        return shared_ptr<A>(this);    //don't do this!
    }
};

int main()
{
    shared_ptr<A> sp1(new A);
    shared_ptr<A> sp2 = sp1->GetSelf();
    return 0;
}
```

在这个例子中，由于用同一个指针（this）构造了两个智能指针 sp1 和 sp2，而它们之间是没有任何关系的，在离开作用域之后 this 将会被构造的两个智能指针各自析构，导致重复析构的错误。

正确返回 this 的 shared_ptr 的做法是：让目标类通过派生 std::enable_shared_from_this<T> 类，然后使用基类的成员函数 shared_from_this 来返回 this 的 shared_ptr，看下面的示例。

```cpp
class A: public std::enable_shared_from_this<A>
{
    std::shared_ptr<A> GetSelf()
    {
        return shared_from_this();
    }
};

std::shared_ptr<A> spy(newA)
std::shared_ptr<A> p = spy->GetSelf();    // OK
```

至于用 shared_from_this() 的原因，将在 4.3.3 节中给出解释。

4）要避免循环引用。智能指针最大的一个陷阱是循环引用，循环引用会导致内存泄露。下例是一个典型的循环引用的场景。

```cpp
struct A;
struct B;

struct A {
    std::shared_ptr<B> bptr;
    ~A() { cout << "A is deleted!" << endl; }
};

struct B {
    std::shared_ptr<A> aptr;
    ~B() { cout << "B is deleted!" << endl; }
};
```

```
void TestPtr()
{
    {
            std::shared_ptr<A> ap(new A);
            std::shared_ptr<B> bp(new B);
            ap->bptr = bp;
            bp->aptr = ap;
    }                                          //Objects should be destroyed.
}
```

测试结果是两个指针 A 和 B 都不会被删除，存在内存泄露。循环引用导致 ap 和 bp 的引用计数为 2，在离开作用域之后，ap 和 bp 的引用计数减为 1，并不会减为 0，导致两个指针都不会被析构，产生了内存泄露。解决办法是把 A 和 B 任何一个成员变量改为 weak_ptr，具体方法将在 4.3.3 节中介绍。

4.2 unique_ptr 独占的智能指针

unique_ptr 是一个独占型的智能指针，它不允许其他的智能指针共享其内部的指针，不允许通过赋值将一个 unique_ptr 赋值给另外一个 unique_ptr。下面这样是错误的：

```
unique_ptr<T> myPtr(new T);
unique_ptr<T> myOtherPtr = myPtr;              // 错误，不能复制
```

unique_ptr 不允许复制，但可以通过函数返回给其他的 unique_ptr，还可以通过 std::move 来转移到其他的 unique_ptr，这样它本身就不再拥有原来指针的所有权了。例如：

```
unique_ptr<T> myPtr(new T);                    // Okay
unique_ptr<T> myOtherPtr = std::move(myPtr);   // Okay,
unique_ptr<T> ptr = myPtr;                     // 错误，只能移动，不可复制
```

unique_ptr 不像 shared_ptr 可以通过 make_shared 方法来创建智能指针，C++11 目前还没有提供 make_unique 方法，在 C++14 中会提供和 make_shared 类似的 make_unique 来创建 unique_ptr。其实要实现一个 make_unique 方法是比较简单的，如代码清单 4-1 所示。

代码清单 4-1　make_unique 方法的实现

```
// 支持普通指针
template<class T, class... Args> inline
typename enable_if<!is_array<T>::value, unique_ptr<T>>::type
make_unique(Args&&... args)
{
        return unique_ptr<T>(new T(std::forward<Args>(args)...));
}

// 支持动态数组
template<class T> inline
typename enable_if<is_array<T>::value && extent<T>::value==0,
```

```cpp
unique_ptr<T>>::type
make_unique(size_t size)
{
        typedef typename remove_extent<T>::type U;
        return unique_ptr<T>(new U[size]());
}

//过滤掉定长数组的情况
template<class T, class... Args>
typename enable_if<extent<T>::value != 0, void>::type make_unique(Args&&...) = delete;
```

实现思路很简单,如果不是数组,则直接创建 unique_ptr。如果是数组,先判断是否为定长数组,若为定长数组则编译不通过(因为不能这样调用 make_unique<T[10]>(10),而应该这样 make_unique<T[]>(10));若为非定长数组,则获取数组中的元素类型,再根据入参 size 创建动态数组的 unique_ptr

unique_ptr 和 shared_ptr 相比,unique_ptr 除了独占性这个特点之外,还可以指向一个数组,代码如下:

```cpp
std::unique_ptr<int []> ptr(new int[10]);
ptr[9] = 9;                                                        //设置最后一个元素值为 9
```

而 std::shared_ptr<int []>ptr(new int[10]); 是不合法的。

unique_ptr 指定删除器和 std::shared_ptr 是有差别的,比如下面的写法:

```cpp
std::shared_ptr<int> ptr(new int(1), [](int*p){delete p;});    // 正确
std::unique_ptr<int> ptr(new int(1), [](int*p){delete p;});    // 错误
```

std::unique_ptr 指定删除器的时候需要确定删除器的类型,所以不能像 shared_ptr 那样直接指定删除器,可以这样写:

```cpp
std::unique_ptr<int, void(*)(int*)> ptr(new int(1), [](int*p){delete p;});
```

上面这种写法在 lambda 没有捕获变量的情况下是正确的,如果捕获了变量,则会编译报错:

```cpp
std::unique_ptr<int, void(*)(int*)> ptr(new int(1), [&](int*p){delete p;}); //错误,捕获了变量
```

这是因为 lambda 在没有捕获变量的情况下是可以直接转换为函数指针的,一旦捕获了就无法转换了。

如果希望 unique_ptr 的删除器支持 lambda,可以这样写:

```cpp
std::unique_ptr<int, std::function<void(int*)>> ptr(new int(1),
[&](int*p){delete p;});
```

还可以自定义 unique_ptr 的删除器,比如下面的代码:

```cpp
#include <memory>
#include <functional>
using namespace std;

struct MyDeleter
{
    void operator()(int*p)
    {
        cout<<"delete"<<endl;
        delete p;
    }
};

int main() {
    std::unique_ptr<int, MyDeleter> p(new int(1));
    return 0;
}
```

关于 shared_ptr 和 unique_ptr 的使用场景要根据实际应用需求来选择，如果希望只有一个智能指针管理资源或者管理数组就用 unique_ptr，如果希望多个智能指针管理同一个资源就用 shared_ptr。

4.3　weak_ptr 弱引用的智能指针

弱引用指针 weak_ptr 是用来监视 shared_ptr 的，不会使引用计数加 1，它不管 shared_ptr 内部的指针，主要是为了监视 shared_ptr 的生命周期，更像是 shared_ptr 的一个助手。weak_ptr 没有重载操作符 * 和 ->，因为它不共享指针，不能操作资源，主要是为了通过 shared_ptr 获得资源的监测权，它的构造不会增加引用计数，它的析构也不会减少引用计数，纯粹只是作为一个旁观者来监视 shared_ptr 中管理的资源是否存在。weak_ptr 还可以用来返回 this 指针和解决循环引用的问题。

4.3.1　weak_ptr 基本用法

1）通过 use_count() 方法来获得当前观测资源的引用计数，代码如下：

```cpp
shared_ptr<int> sp(new int(10));
weak_ptr<int> wp(sp);

cout<<wp.use_count()<<endl; //结果将输出 1
```

2）通过 expired() 方法来判断所观测的资源是否已经被释放，代码如下：

```cpp
shared_ptr<int> sp(new int(10));
weak_ptr<int> wp(sp);
if(wp.expired())
```

```
            std::cout << "weak_ptr 无效,所监视的智能指针已被释放 \n";
    else
            std::cout << "weak_ptr 有效 \n";
//结果将输出:weak_ptr 有效
```

3)通过 lock 方法来获取所监视的 shared_ptr,代码如下:

```
std::weak_ptr<int> gw;
void f()
{
    if (gw.expired()) //所监视的 shared_ptr 是否释放
    {
        std::cout << "gw is expired\n";
    }
    else
    {
        auto spt = gw.lock();
        std::cout << *spt << "\n";
    }
}

int main()
{
    {
        auto sp = std::make_shared<int>(42);
        gw = sp;
        f();
    }
    f();
}
```

输出如下:

```
42
gw is expired
```

4.3.2　weak_ptr 返回 this 指针

在 4.1.2 节中提到不能直接将 this 指针返回为 shared_ptr,需要通过派生 std::enable_shared_from_this 类,并通过其方法 shared_from_this 来返回智能指针,原因是 std::enable_shared_from_this 类中有一个 weak_ptr,这个 weak_ptr 用来观测 this 智能指针,调用 shared_from_this() 方法时,会调用内部这个 weak_ptr 的 lock() 方法,将所观测的 shared_ptr 返回。再看一下前面的例子。

```
struct A: public std::enable_shared_from_this<A>
{
    std::shared_ptr<A> GetSelf()
```

```
        {
            return shared_from_this();
        }
        ~A()
        {
                cout <<"A is deleted"<< endl;
        }
};

std::shared_ptr<A> spy(newA);
std::shared_ptr<A> p = spy->GetSelf(); //OK
```

输出结果如下：

```
A is deleted
```

在外面创建 A 对象的智能指针和通过该对象返回 this 的智能指针都是安全的，因为 shared_from_this() 是内部的 weak_ptr 调用 lock() 方法之后返回的智能指针，在离开作用域之后，spy 的引用计数减为 0，A 对象会被析构，不会出现 A 对象被析构两次的问题。

需要注意的是，获取自身智能指针的函数仅在 shared_ptr<T> 的构造函数被调用之后才能使用，因为 enable_shared_from_this 内部的 weak_ptr 只有通过 shared_ptr 才能构造。

4.3.3 weak_ptr 解决循环引用问题

在 4.1.2 节提到智能指针要注意循环引用的问题，因为智能指针的循环引用会导致内存泄露，再看一下前面的例子。

```
struct A;
struct B;

struct A {
        std::shared_ptr<B> bptr;
        ~A() { cout << "A is deleted!" << endl; }
};

struct B {
        std::shared_ptr<A> aptr;
        ~B() { cout << "B is deleted!" << endl; }
};

void TestPtr()
{
        {
                std::shared_ptr<A> ap(new A);
                std::shared_ptr<B> bp(new B);
                ap->bptr = bp;
                bp->aptr = ap;
        } //Objects should be destroyed.
}
```

在这个例子中，由于循环引用导致 ap 和 bp 的引用计数都为 2，离开作用域之后引用计数减为 1，不会去删除指针，导致内存泄露。通过 weak_ptr 就可以解决这个问题，只要将 A 或 B 的任意一个成员变量改为 weak_ptr 即可。

```
struct A;
struct B;

struct A {
    std::shared_ptr<B> bptr;
    ~A() { cout << "A is deleted!" << endl; }
};

struct B {
    std::weak_ptr<A> aptr; //改为 weak_ptr
    ~B() { cout << "B is deleted!" << endl; }
};

void TestPtr()
{
    {
        std::shared_ptr<A> ap(new A);
        std::shared_ptr<B> bp(new B);
        ap->bptr = bp;
        bp->aptr = ap;
    } //Objects should be destroyed.
}
```

输出如下：

```
A is deleted!
B is deleted!
```

这样在对 B 的成员赋值时，即执行 bp->aptr=ap; 时，由于 aptr 是 weak_ptr，它并不会增加引用计数，所以 ap 的引用计数仍然会是 1，在离开作用域之后，ap 的引用计数会减为 0，A 指针会被析构，析构后其内部的 bptr 的引用计数会减为 1，然后在离开作用域后 bp 引用计数又从 1 减为 0，B 对象也将被析构，不会发生内存泄露。

4.4 通过智能指针管理第三方库分配的内存

智能指针可以很方便地管理当前程序库动态分配的内存，还可以用来管理第三方库分配的内存。第三方库分配的内存一般需要通过第三方库提供的释放接口才能释放，由于第三方库返回的指针一般都是原始指针，在用完之后如果没有调用第三方库的释放接口，就很容易造成内存泄露。比如下面的代码：

```
void* p = GetHandle()->Create();
```

```
//do something...
GetHandle()->Release(p);
```

这段代码实际上是不安全的,在使用第三方库分配的内存的过程中,可能忘记调用 Release 接口,还有可能中间不小心返回了,还有可能中间发生了异常,导致无法调用 Release 接口。这时用智能指针来管理第三方库的内存就很合适了,只要离开作用域内存就会自动释放,不用显式去调用释放接口了,不用担心中途返回或者发生异常导致无法调用释放接口的问题。例如:

```
void* p = GetHandle()->Create();
std::shared_ptr<void> sp(p, [this](void*p){GetHandle()->Release(p);});
```

上面这段代码就可以保证任何时候都能正确释放第三方库分配的内存。虽然能解决问题,但还是有些烦琐,因为每个第三方库分配内存的地方都要调用这段代码。我们可以将这段代码提炼出来作为一个公共函数,简化调用:

```
std::shared_ptr<void>  Guard(void* p)
{
        return std::shared_ptr<void> sp(p,
[this](void*p){GetHandle()->Release(p);});
}
void* p = GetHandle()->Create();
auto sp = Guard(p);
// do something...
```

上面的代码通过 Guard 函数做了简化,用起来比较方便,但仍然不够安全,因为使用者可能会这样写:

```
void* p = GetHandle()->Create();
Guard(p); //危险,这句结束之后 p 就被释放了
// do something...
```

这样写是有问题的,会导致访问野指针,因为 Guard(p); 是一个右值,如果不将这个右值赋值给一个指针,Guard(p); 这句结束之后,就会释放,导致 p 提前释放了,后面就会访问野指针的内容。auto sp=Guard(p); 需要一个赋值操作,忘记赋值就会导致指针提前释放,这种写法仍然不够安全。我们可以定义一个宏来解决这个问题,代码如下:

```
#define GUARD(p) std::shared_ptr<void> p##p(p,
[](void*p){GetHandle()->Release(p);});

void* p = GetHandle()->Create();
GUARD(p); //安全
```

也可以用 unique_ptr 来管理第三方的内存,代码如下:

```
#define GUARD(p) std::unique_ptr<void, void(*)(int*)> p##p(p,
[](void*p){GetHandle()->Release(p);});
```

通过宏定义的方式可以保证不会忘记智能指针没有赋值，既方便又安全。

我们在第 3 章也实现了一个 ScopeGuard 类，和这里实现的 GUARD 有什么不同呢？首先两者的目标不相同，ScopeGuard 是确保能正确地进行异常处理，如果没有发生异常，正常出函数作用域，则调用 dismiss 取消保护。而 GUARD 是为了能在各种场景下正确释放内存，本质上是智能指针。二者的共同点是，都能在发生异常或者中途不小心返回时仍然保证正确的处理逻辑（比如释放内存或者做异常处理）。

4.5 总结

智能指针是为没有垃圾回收机制的语言解决可能的内存泄露问题的利器，但是在实际应用中使用智能指针有一些需要注意的地方，好在这些问题都可以解决。

- shared_ptr 和 unqi_ptr 使用时如何选择：如果希望只有一个智能指针管理资源或者管理数组，可以用 uniq_ptr；如果希望多个智能指针管理同一个资源，可以用 shared_ptr。
- weak_ptr 是 shared_ptr 的助手，只是监视 shared_ptr 管理的资源是否被释放，本身并不操作或者管理资源。用于解决 shared_ptr 循环引用和返回 this 指针的问题。

第 5 章 使用 C++11 让多线程开发变得简单

C++11 之前，C++ 语言没有对并发编程提供语言级别的支持，这使得我们在编写可移植的并发程序时，存在诸多不便。现在 C++11 增加了线程以及线程相关的类，很方便地支持了并发编程，使得编写的多线程程序的可移植性得到了很大的提高。

本章将介绍 C++11 中线程的基本用法，接着还会介绍用于线程同步的互斥量，用于线程通信的条件变量、线程安全的原子变量、call_once 用法、用于异步操作的 future、promise 和 task，以及更高层次的线程异步操作函数 async。

5.1 线程

5.1.1 线程的创建

用 std::thread 创建线程非常简单，只需要提供线程函数或者函数对象即可，并且可以同时指定线程函数的参数。下面是创建线程的示例：

```
#include <thread>

void func()
{
    //do some work
}

int main()
{
    std::thread t(func);
```

```
    t.join();
    return 0;
}
```

在上例中,函数 func 将会运行于线程对象 t 中,join 函数将会阻塞线程,直到线程函数执行结束,如果线程函数有返回值,返回值将被忽略。

如果不希望线程被阻塞执行,可以调用线程的 detach() 方法,将线程和线程对象分离。比如下面的例子:

```
#include <thread>

void func()
{
    // do some work
}

int main()
{
    std::thread t(func);
    t.detach();
        // 做其他的事情...
    return 0;
}
```

通过 detach,线程就和线程对象分离了,让线程作为后台线程去执行,当前线程也不会阻塞了。但需要注意的是,detach 之后就无法再和线程发生联系了,比如 detach 之后就不能再通过 join 来等待线程执行完,线程何时执行完我们也无法控制了。

线程还可以接收任意个数的参数:

```
void func(int i, double d, const std::string& s)
{
    std::cout << i << ", "<< d << ", "<< s << std::endl;
}

int main()
{
    std::thread t(func, 1, 2, "test");
    t.join();

    return 0;
}
```

上面的例子将会输出:

1, 2, test

使用这种方式创建线程很方便,但需要注意的是,std::thread 出了作用域之后将会析构,这时如果线程函数还没有执行完则会发生错误,因此,需要保证线程函数的生命周期在线程变量 std::thread 的生命周期之内。

线程不能复制,但可以移动,例如:

```
#include <thread>

void func()
{
   // do some work
}

int main()
{
   std::thread t(func);
   std::thread t1(std::move(t));
   t.join();
   t2.join();

   return 0;
}
```

线程被移动之后,线程对象 t 将不再不代表任何线程了。另外,还可以通过 std::bind 或 lambda 表达式来创建线程,代码如下:

```
void func(int a,double b)
{
}
int main()
{
    std::thread t1(std::bind(func, 1, 2));
    std::thread t2([](int a, double b){}, 1,2);
    t1.join();
    t2.join();
    return 0;
}
```

需要注意的是线程对象的生命周期,比如下面的代码:

```
#include <thread>

void func()
{
   // do some work
}

int main()
{
   std::thread t(func);
   return0;
}
```

上面的代码运行可能会抛出异常，因为线程对象可能先于线程函数结束了，应该保证线程对象的生命周期在线程函数执行完时仍然存在。可以通过 join 方式来阻塞等待线程函数执行完，或者通过 detach 方式让线程在后台执行，还可以将线程对象保存到一个容器中，以保证线程对象的生命周期。比如下面的代码：

```cpp
#include <thread>

std::vector<std::thread> g_list;
std::vector<std::shared_ptr<std::thread>> g_list2;
void CreateThread()
{
    std::thread t(func);
    g_list.push_back(std::move(t));

    g_list2.push_back(std::make_shared<std::thread>(func));
}
int main()
{
    CreateThread();
    for (auto& thread : g_list)
    {
        thread.join();
    }

    for (auto& thread : g_list2)
    {
        thread->join();
    }

    return 0;
}
```

5.1.2 线程的基本用法

1. 获取当前信息

线程可以获取当前线程的 ID，还可以获取 CPU 核心数量，例如：

```cpp
void func()
{
}
int main()
{
    std::thread t(func);
    cout<<t.get_id()<<endl; // 获取当前线程 ID
    // 获取 CPU 核数，如果获取失败则返回 0
    cout<< std::thread::hardware_concurrency()<<endl;
    return0;
}
```

2. 线程休眠

可以使当前线程休眠一定时间，代码如下：

```
void f(){
  std::this_thread::sleep_for(std::chrono::seconds(3));
  cout<<"time out"<<endl;
}

int main(){
  std::thread t(f);
  t.join();
}
```

在上面的例子中，线程将会休眠 3 秒，3 秒之后将打印 time out。

5.2 互斥量

互斥量是一种同步原语，是一种线程同步的手段，用来保护多线程同时访问的共享数据。C++11 中提供了如下 4 种语义的互斥量（mutex）：

- std::mutex：独占的互斥量，不能递归使用。
- std::timed_mutex：带超时的独占互斥量，不能递归使用。
- std::recursive_mutex：递归互斥量，不带超时功能。
- std::recursive_timed_mutex：带超时的递归互斥量。

5.2.1 独占互斥量 std::mutex

这些互斥量的基本接口很相似，一般用法是通过 lock() 方法来阻塞线程，直到获得互斥量的所有权为止。在线程获得互斥量并完成任务之后，就必须使用 unlock() 来解除对互斥量的占用，lock() 和 unlock() 必须成对出现。try_lock() 尝试锁定互斥量，如果成功则返回 true，如果失败则返回 false，它是非阻塞的。std::mutex 的基本用法如代码清单 5-1 所示。

代码清单 5-1　std::mutex 的基本用法

```
#include <iostream>
#include <thread>
#include <mutex>
#include <chrono>

std::mutex g_lock;

void func()
{
    g_lock.lock();

    std::cout << "entered thread " << std::this_thread::get_id() << std::endl;
```

```cpp
        std::this_thread::sleep_for(std::chrono::seconds(1));
        std::cout << "leaving thread " << std::this_thread::get_id() << std::endl;

        g_lock.unlock();
}

int main()
{
        std::thread t1(func);
        std::thread t2(func);
        std::thread t3(func);

        t1.join();
        t2.join();
        t3.join();

        return 0;
}
```

输出结果如下：

```
entered thread 10144
leaving thread 10144
entered thread 4188
leaving thread 4188
entered thread 3424
leaving thread 3424
```

使用 lock_guard 可以简化 lock/unlock 的写法，同时也更安全，因为 lock_guard 在构造时会自动锁定互斥量，而在退出作用域后进行析构时就会自动解锁，从而保证了互斥量的正确操作，避免忘记 unlock 操作，因此，应尽量用 lock_guard。lock_guard 用到了 RAII 技术，这种技术在类的构造函数中分配资源，在析构函数中释放资源，保证资源在出了作用域之后就释放。上面的例子使用 lock_guard 后会更简洁，代码如下：

```cpp
void func()
{
        std::lock_guard< std::mutex> locker(g_lock); // 出作用域之后自动解锁
        std::cout << "entered thread " << std::this_thread::get_id() << std::endl;
        std::this_thread::sleep_for(std::chrono::seconds(1));
        std::cout << "leaving thread " << std::this_thread::get_id() << std::endl;
}
```

5.2.2 递归的独占互斥量 std::recursive_mutex

递归锁允许同一线程多次获得该互斥锁，可以用来解决同一线程需要多次获取互斥量时死锁的问题。在代码清单 5-2 中，一个线程多次获取同一个互斥量时会发生死锁。

代码清单 5-2　使用 std::mutex 发生死锁的示例

```
struct Complex {
    std::mutex mutex;
    int i;

    Complex() : i(0) {}

    void mul(int x){
        std::lock_guard<std::mutex> lock(mutex);
        i *= x;
    }

    void div(int x){
        std::lock_guard<std::mutex> lock(mutex);
        i /= x;
    }
};
void both(int x, int y){
    std::lock_guard<std::mutex> lock(mutex);
    mul(x);
    div(y);
}
int main(){
    Complex complex;
    complex.both(32, 23);

    return 0;
}
```

这个例子[①]运行起来后就会发生死锁，因为在调用 both 时获取了互斥量，之后再调用 mul 又要获取相同的互斥量，但是这个互斥量已经被当前线程获取了，无法释放，这时就会发生死锁。要解决这个死锁的问题，一个简单的办法就是用递归锁：std::recursive_mutex，它允许同一线程多次获得互斥量，如代码清单 5-3 所示。

代码清单 5-3　std::recursive_mutex 的基本用法

```
struct Complex {
    std::recursive_mutex mutex;
    int i;

    Complex() : i(0) {}

    void mul(int x){
        std::lock_guard<std::recursive_mutex> lock(mutex);
        i *= x;
    }

    void div(int x){
```

[①] http://baptiste-wicht.com/posts/2012/04/c11-concurrency-tutorial-advanced-locking-and-condition-variables.html

```cpp
        std::lock_guard<std::recursive_mutex> lock(mutex);
        i /= x;
    }

    void both(int x, int y){
        std::lock_guard<std::recursive_mutex> lock(mutex);
        mul(x);
        div(y);
    }
};
int main(){
    Complex complex;
    complex.both(32, 23);// 因为同一线程可以多次获取同一互斥量,不会发生死锁

    return 0;
}
```

需要注意的是尽量不要使用递归锁好,主要原因如下:

1)需要用到递归锁定的多线程互斥处理往往本身就是可以简化的,允许递归互斥很容易放纵复杂逻辑的产生,从而导致一些多线程同步引起的晦涩问题。

2)递归锁比起非递归锁,效率会低一些。

3)递归锁虽然允许同一个线程多次获得同一个互斥量,可重复获得的最大次数并未具体说明,一旦超过一定次数,再对 lock 进行调用就会抛出 std::system 错误。

5.2.3 带超时的互斥量 std::timed_mutex 和 std::recursive_timed_mutex

std::timed_mutex 是超时的独占锁,std::recursive_timed_mutex 是超时的递归锁,主要用在获取锁时增加超时等待功能,因为有时不知道获取锁需要多久,为了不至于一直在等待获取互斥量,就设置一个等待超时时间,在超时后还可以做其他的事情。

std::timed_mutex 比 std::mutex 多了两个超时获取锁的接口:try_lock_for 和 try_lock_until,这两个接口是用来设置获取互斥量的超时时间,使用时可以用一个 while 循环去不断地获取互斥量。std::timed_mutex 的基本用法如代码清单 5-4 所示。

代码清单 5-4 std::timed_mutex 的基本用法

```cpp
std::timed_mutex mutex;

void work(){
    std::chrono::milliseconds timeout(100);

    while(true){
        if(mutex.try_lock_for(timeout)){
            std::cout << std::this_thread::get_id() << ": do work with the mutex" << std::endl;

            std::chrono::milliseconds sleepDuration(250);
```

```cpp
            std::this_thread::sleep_for(sleepDuration);

            mutex.unlock();

            std::this_thread::sleep_for(sleepDuration);
        } else {
            std::cout << std::this_thread::get_id() << ": do work without mutex"
<< std::endl;

            std::chrono::milliseconds sleepDuration(100);
            std::this_thread::sleep_for(sleepDuration);
        }
    }
}

int main(){
    std::thread t1(work);
    std::thread t2(work);

    t1.join();
    t2.join();

    return 0;
}
```

在上面的例子中，通过一个 while 循环不断地去获取超时锁，如果超时还没有获取到锁时就休眠 100 毫秒，再继续获取超时锁。

相比 std::timed_mutex，std::recursive_timed_mutex 多了递归锁的功能，允许同一线程多次获得互斥量。std::recursive_timed_mutex 和 std::recursive_mutex 的用法类似，可以看作在 std::recursive_mutex 的基础上加了超时功能。

5.3 条件变量

条件变量是 C++11 提供的另外一种用于等待的同步机制，它能阻塞一个或多个线程，直到收到另外一个线程发出的通知或者超时，才会唤醒当前阻塞的线程。条件变量需要和互斥量配合起来用。C++11 提供了两种条件变量：

- condition_variable，配合 std::unique_lock<std::mutex> 进行 wait 操作。
- condition_variable_any，和任意带有 lock、unlock 语义的 mutex 搭配使用，比较灵活，但效率比 condition_variable 差一些。

可以看到 condition_variable_any 比 condition_variable 更灵活，因为它更通用，对所有的锁都适用，而 condition_variable 性能更好。我们应该根据具体应用场景来选择条件变量。

条件变量的使用过程如下：

1）拥有条件变量的线程获取互斥量。

2）循环检查某个条件，如果条件不满足，则阻塞直到条件满足；如果条件满足，则向下执行。

3）某个线程满足条件执行完之后调用 notify_one 或 notify_all 唤醒一个或者所有的等待线程。

可以用条件变量来实现一个同步队列，同步队列作为一个线程安全的数据共享区，经常用于线程之间数据读取，比如半同步半异步线程池的同步队列。

代码清单 5-5　同步队列的实现

```cpp
#include <mutex>
#include <thread>
#include <condition_variable>
template<typename T>
class SyncQueue
{
        bool IsFull() const
        {
                return m_queue.size()==m_maxSize;
        }

        bool IsEmpty() const
        {
                return m_queue.empty();
        }
public:
        SyncQueue(int maxSize):m_maxSize(maxSize)
        {
        }

        void Put(const T& x)
        {
                std::lock_guard< std::mutex> locker(m_mutex);
                while (IsFull())
                {
                        cout<<" 缓冲区满了，需要等待..."<<endl;
                        m_notFull.wait(m_mutex);
                }

                m_queue.push_back(x);
                m_notEmpty.notify_one();
        }

        void Take(T& x)
        {
                std::lock_guard<std::mutex> locker(m_mutex);
                while (IsEmpty())
                {
                        cout<<" 缓冲区空了，需要等待..."<<endl;
```

```cpp
                m_notEmpty.wait(m_mutex);
            }
            x = m_queue.front();
            m_queue.pop_front();
            m_notFull.notify_one();
        }

        bool Empty()
        {
            std::lock_guard<std::mutex> locker(m_mutex);
            return m_queue.empty();
        }

        bool Full()
        {
            std::lock_guard<std::mutex> locker(m_mutex);
            return m_queue.size()==m_maxSize;
        }

        size_t Size()
        {
            std::lock_guard<std::mutex> locker(m_mutex);
            return m_queue.size();
        }

        int Count()
        {
            return m_queue.size();
        }
private:
        std::list<T> m_queue;                              //缓冲区
        std::mutex m_mutex;                                //互斥量和条件变量结合起来使用
        std::condition_variable_any m_notEmpty;            //不为空的条件变量
        std::condition_variable_any m_notFull;             //没有满的条件变量
        int m_maxSize;                                     //同步队列最大的size
};
```

  这个同步队列在没有满的情况下可以插入数据，如果满了，则会调用 m_notFull 阻塞等待，待消费线程取出数据之后发一个未满的通知，然后前面阻塞的线程就会被唤醒继续往下执行；如果队列为空，就不能取数据，会调用 m_notempty 条件变量阻塞，等待插入数据的线程发出不为空的通知时，才能继续往下执行。以上过程是同步队列的工作过程。

  代码清单 5-5 用到了 std::lock_guard，它利用了 RAII 机制可以保证安全释放 mutex。从代码清单 5-5 中还可以看到，std::unique_lock 和 std::lock_guard 的差别在于前者可以自由地释放 mutex，而后者则需要等到 std::lock_guard 变量生命周期结束时才能释放。条件变量的 wait 还有一个重载方法，可以接受一个条件。比如下面的代码：

```cpp
std::lock_guard<std::mutex> locker(m_mutex);
while(IsFull())
{
        m_notFull.wait(m_mutex);
}
```

可以改为这样：

```cpp
std::lock_guard<std::mutex> locker(m_mutex);
m_notFull.wait(locker, [this]{return !IsFull();});
```

两种写法效果是一样的，但是后者更简洁，条件变量会先检查判断式是否满足条件，如果满足条件，则重新获取 mutex，然后结束 wait，继续往下执行；如果不满足条件，则释放 mutex，然后将线程置为 waiting 状态，继续等待。

这里需要注意的是，wait 函数中会释放 mutex，而 lock_guard 这时还拥有 mutex，它只会在出了作用域之后才会释放 mutex，所以，这时它并不会释放，但执行 wait 时会提前释放 mutex。从语义上看这里使用 lock_guard 会产生矛盾，但是实际上并不会出问题，因为 wait 提前释放锁之后会处于等待状态，在被 notify_one 或者 notify_all 唤醒之后会先获取 mutex，这相当于 lock_guard 的 mutex 在释放之后又获取到了，因此，在出了作用域之后 lock_guard 自动释放 mutex 不会有问题。这里应该用 unique_lock，因为 unique_lock 不像 lock_guard 一样只能在析构时才释放锁，它可以随时释放锁，因此，在 wait 时让 unique_lock 释放锁从语义上看更加准确。

我们可以改写一下代码清单 5-5，把 std::lock_guard 改成 std::unique_lock，把 std::condition_variable_any 改为 std::condition_variable，并且用等待一个判断式的方法来实现一个简单的线程池，如代码清单 5-6 所示。

代码清单 5-6　使用 unique_lock 和 condition_variable 实现的同步队列

```cpp
#include <thread>
#include <condition_variable>
#include <mutex>
#include <list>
#include <iostream>
using namespace std;

template<typename T>
class SimpleSyncQueue
{
public:
        SimpleSyncQueue()
        {
        }

        void Put(const T& x)
        {
                std::lock_guard<std::mutex> locker(m_mutex);
```

```cpp
            m_queue.push_back(x);
            m_notEmpty.notify_one();
        }

        void Take(T& x)
        {
            std::unique_lock<std::mutex> locker(m_mutex);
            m_notEmpty.wait(locker, [this]{return !m_queue.empty(); });
            x = m_queue.front();
            m_queue.pop_front();
        }

        bool Empty()
        {
            std::lock_guard<std::mutex> locker(m_mutex);
            return m_queue.empty();
        }

        size_t Size()
        {
            std::lock_guard<std::mutex> locker(m_mutex);
            return m_queue.size();
        }

private:
        std::list<T> m_queue;
        std::mutex m_mutex;
        std::condition_variable m_notEmpty;
};
```

相比于代码清单 5-5，码清单 5-6 用 unique_lock 代替 lock_guard，使语义更加准确，用性能更好的 condition_variable 替代 condition_variable_any，对程序加以优化，这里仍然用 condition_variable_any 也是可以的。执行 wait 时不再通过 while 循环来判断，而是通过 lambda 表达式来判断，写法上更简洁了。

5.4 原子变量

C++11 提供了一个原子类型 std::atomic<T>，可以使用任意类型作为模板参数，C++11 内置了整型的原子变量，可以更方便地使用原子变量，使用原子变量就不需要使用互斥量来保护该变量了，用起来更简洁。例如，要做一个计数器，使用 mutex 时是这样的，如代码清单 5-7 所示。

代码清单 5-7　用 mutex 实现的计时器

```cpp
struct Counter
{
    int value;
```

```cpp
        std::mutex mutex;

        void increment()
        {
                std::lock_guard<std::mutex> lock(mutex);
                ++value;
        }

        void decrement()
        {
                std::lock_guard<std::mutex> lock(mutex);
                --value;
        }

        int get()
        {
                vreturn value
        }
};
```

如果使用原子变量，就不需要再定义互斥量了，使用更简便，如代码清单 5-8 所示。

代码清单 5-8　用原子变量实现的计时器

```cpp
#include <atomic>

struct AtomicCounter {
    std::atomic<int> value;

    void increment(){
        ++value;
    }

    void decrement(){
        --value;
    }

    int get(){
        return value.load();
    }
};
```

5.5　call_once/once_flag 的使用

为了保证在多线程环境中某个函数仅被调用一次，比如，需要初始化某个对象，而这个对象只能初始化一次时，就可以用 std::call_once 来保证函数在多线程环境中只被调用一次。使用 std::call_once 时，需要一个 once_flag 作为 call_once 的入参，它的用法比较简单。

```cpp
#include <iostream>
#include <thread>
#include <mutex>

std::once_flag flag;

void do_once()
{
    std::call_once(flag, [](){ std::cout << "Called once" << std::endl; });
}

int main()
{
    std::thread t1(do_once);
    std::thread t2(do_once);
    std::thread t3(do_once);

    t1.join();
    t2.join();
    t3.join();
}
```

输出结果如下：

```
Called once
```

5.6 异步操作类

C++11 提供了异步操作相关的类，主要有 std::future、std::promise 和 std::package_task。std::future 作为异步结果的传输通道，可以很方便地获取线程函数的返回值；std::promise 用来包装一个值，将数据和 future 绑定起来，方便线程赋值；std::package_task 用来包装一个可调用对象，将函数和 future 绑定起来，以便异步调用。

5.6.1 std::future

C++11 中增加的线程，使得我们可以非常方便地创建和使用线程，但有时会有些不便，比如希望获取线程函数的返回结果，就不能直接通过 thread.join() 得到结果，这时就必须定义一个变量，在线程函数中去给这个变量赋值，然后执行 join()，最后得到结果，这个过程是比较烦琐的。thread 库提供了 future 用来访问异步操作的结果，因为一个异步操作的结果不能马上获取，只能在未来某个时候从某个地方获取，这个异步操作的结果是一个未来的期待值，所以被称为 future，future 提供了获取异步操作结果的通道。我们可以以同步等待的方式来获取结果，可以通过查询 future 的状态（future_status）来获取异步操作的结果。future_status 有如下 3 种状态：

❑ Deferred，异步操作还没开始。

- Ready,异步操作已经完成。
- Timeout,异步操作超时。

我们可以查询 future 的状态,通过它内部的状态可以知道异步任务的执行情况,比如下面的代码将不断查询 future 的状态,直到任务完成为止。

```
// 查询 future 的状态
std::future_status status;
    do {
        status = future.wait_for(std::chrono::seconds(1));
        if (status == std::future_status::deferred) {
            std::cout << "deferred\n";
        } else if (status == std::future_status::timeout) {
            std::cout << "timeout\n";
        } else if (status == std::future_status::ready) {
            std::cout << "ready!\n";
        }
    } while (status != std::future_status::ready);
```

获取 future 结果有 3 种方式:get、wait、wait_for,其中 get 等待异步操作结束并返回结果,wait 只是等待异步操作完成,没有返回值,wait_for 是超时等待返回结果。

5.6.2　std::promise

std::promise 将数据和 future 绑定起来,为获取线程函数中的某个值提供便利,在线程函数中为外面传进来的 promise 赋值,在线程函数执行完成之后就可以通过 promis 的 future 获取该值了。值得注意的是,取值是间接地通过 promise 内部提供的 future 来获取的。std::promise 的基本用法如下:

```
std::promise<int> pr;
std::thread t([](std::promise<int>&
p){ p.set_value_at_thread_exit(9); },std::ref(pr));
std::future<int> f = pr.get_future();
auto r = f.get();
```

5.6.3　std::package_task

std::packaged_task 包装了一个可调用对象的包装类(如 function、lambda expression、bind expression 和 another function object),将函数和 future 绑定起来,以便异步调用,它和 std::promise 在某种程度上有点像,promise 保存了一个共享状态的值,而 packaged_task 保存的是一个函数。std:: promise 的基本用法如下:

```
std::packaged_task<int()> task([](){ return 7; });
std::thread t1(std::ref(task));
std::future<int> f1 = task.get_future();
auto r1 = f1.get();
```

5.6.4 std::promise、std::packaged_task 和 std::future 三者之间的关系

std::future 提供了一个访问异步操作结果的机制，它和线程是一个级别的，属于低层次的对象。在 std::future 之上的高一层是 std::packaged_task 和 std::promise，它们内部都有 future 以便访问异步操作结果，std::packaged_task 包装的是一个异步操作，而 std::promise 包装的是一个值，都是为了方便异步操作，因为有时需要获取线程中的某个值，这时就用 std::promise，而有时需要获一个异步操作的返回值，这时就用 std::packaged_task。那么 std::promise 和 std::packaged_task 之间又是什么关系呢？可以将一个异步操作的结果保存到 std::promise 中。

future 被 promise 和 package_task 用来作为异步操作或者异步结果的连接通道，用 std::future 和 std::shared_future 来获取异步调用的结果。future 是不可拷贝的，只能移动，shared_future 是可以拷贝的，当需要将 future 放到容器中则需要用 shared_future。

package_task 和 shared_future 的基本用法如代码清单 5-9 所示。

代码清单 5-9 package_task 和 shared_future 的基本用法

```
// packaged_task::get_future
#include <iostream>
#include <utility>
#include <future>
#include <thread>

// a simple task:
int func (int x) { return x+2; }

int main ()
{
  std::packaged_task<int(int)> tsk (func);
  std::future<int> fut = tsk.get_future();       // 获取 future

  std::thread(std::move(tsk),2).detach();        // task 作为线程函数

  int value = fut.get();                          // 等待 task 完成并获取结果
  std::cout <<"The result is "<< value <<".\n";

  // std::future 是不能复制的，不能放到容器中，需要用 shared_future
  vector<std::shared_future<int>> v;
  auto f = std::async(std::launch::async,
  [](int a,int b){return a + b;},2,3);
  v.push_back(f);
  std::cout << "The shared_futureresult is"<<v[0].get()<<'\n';
  return 0;
}
```

输出结果如下：

```
The result is 4
The shared_futureresult is 5;
```

5.7 线程异步操作函数 async

std::async 比 std::promise、std::packaged_task 和 std::thread 更高一层,它可以用来直接创建异步的 task,异步任务返回的结果也保存在 future 中,当需要获取异步任务的结果时,只需要调用 future.get() 方法即可,如果不关注异步任务的结果,只是简单地等待任务完成的话,则调用 future.wait() 方法。

现在看一下 std::async 的原型 async(std::launch::async | std::launch::deferred, f, args...),第一个参数是线程的创建策略,有两种策略,默认的策略是立即创建线程。

- std::launch::async:在调用 async 时就开始创建线程。
- std::launch::deferred:延迟加载方式创建线程。调用 async 时不创建线程,直到调用了 future 的 get 或者 wait 时才创建线程。

第二个参数是线程函数,第三个参数是线程函数的参数。

std::async 的基本用法如代码清单 5-10 所示。

代码清单 5-10　std::async 的基本用法

```
std::future<int> f1 = std::async(std::launch::async, [](){
    return 8;
});

cout<<f1.get()<<endl; // output: 8

std::future<int> f2 = std::async(std::launch::async, [](){
    cout<<8<<endl;
});

f2.wait(); // output: 8

std::future<int> future = std::async(std::launch::async, [](){
    std::this_thread::sleep_for(std::chrono::seconds(3));
    return 8;
});

std::cout <<"waiting...\n";
std::future_status status;
do {
    status = future.wait_for(std::chrono::seconds(1));
    if (status == std::future_status::deferred) {
        std::cout <<"deferred\n";
    } elseif (status == std::future_status::timeout) {
        std::cout <<"timeout\n";
    } elseif (status == std::future_status::ready) {
        std::cout <<"ready!\n";
    }
} while (status != std::future_status::ready);

std::cout <<"result is "<< future.get() <<'\n';
```

可能的结果如下：

```
waiting...
timeout
timeout
ready!
result is8
```

std::async 是更高层次的异步操作，使得我们不用关注线程创建内部细节，就能方便地获取异步执行状态和结果，还可以指定线程创建策略：应该用 std::async 替代线程的创建，让它成为我们做异步操作的首选。

5.8 总结

C++11 以前是没有内置多线程的，使得跨平台的多线程开发不方便，现在 C++11 增加了很多线程相关的库，使得我们能很方便地开发多线程程序了。

- 线程的创建和使用简单方便，可以通过多种方式创建，还可以根据需要获取线程的一些信息及休眠线程。
- 互斥量可以通过多种方式来保证线程安全，既可以用独占的互斥量保证线程安全，又可以通过递归的互斥量来保护共享资源以避免死锁，还可以设置获取互斥量的超时时间，避免一直阻塞等待。
- 条件变量提供了另外一种用于等待的同步机制，它能阻塞一个或多个线程，直到收到另外一个线程发出的通知或者超时，才会唤醒当前阻塞的线程。条件变量的使用需要配合互斥量。
- 原子变量可以更方便地实现线程保护。
- call_once 保证在多线程情况下函数只被调用一次，可以用在在某些只能初始化一次的场景中。
- future、promise 和 std::package_task 用于异步调用的包装和返回值。
- async 更方便地实现了异步调用，应该优先使用 async 取代线程的创建。

第 6 章

使用 C++11 中便利的工具

C++11 提供了日期时间相关的库 chrono，通过 chrono 库可以很方便地处理日期和时间。C++11 还提供了字符串的宽窄转换功能，也提供了字符串和数字的相互转换的库。有了这些库提供的便利的工具类，我们能方便地处理日期、时间、字符串相关的转换。

6.1 处理日期和时间的 chrono 库

chrono 库主要包含 3 种类型：时间间隔 duration、时钟 clocks 和时间点 time point。我们可以根据 chrono 库提供的 duration、clocks 和 time point 来实现一个 timer，方便计算时间差，将在 6.1.4 节中介绍。

6.1.1 记录时长的 duration

duration 表示一段时间间隔，用来记录时间长度，可以表示几秒、几分钟或者几个小时的时间间隔。duration 的原型如下：

```
template<
    class Rep,
    class Period = std::ratio<1,1>
> class duration;
```

第一个模板参数 Rep 是一个数值类型，表示时钟数的类型；第二个模板参数是一个默认模板参数 std::ratio，表示时钟周期，它的原型如下：

```
template<
```

```
        std::intmax_t Num,
        std::intmax_t Denom = 1
> class ratio;
```

它表示每个时钟周期的秒数，其中第一个模板参数 Num 代表分子，Denom 代表分母，分母默认为 1，因此，ratio 代表的是一个分子除以分母的分数值，比如 ratio<2> 代表一个时钟周期是两秒，ratio<60> 代表一分钟，ratio<60*60> 代表一个小时，ratio<60*60*24> 代表一天。而 ratio<1, 1000> 代表的则是 1/1000 秒，即一毫秒，ratio<1, 1 000 000> 代表一微秒，ratio<1, 1 000 000 000> 代表一纳秒。为了方便使用，标准库定义了一些常用的时间间隔，如时、分、秒、毫秒、微秒和纳秒，在 chrono 命名空间下，它们的定义如下：

```
typedef duration <Rep, ratio<3600,1>> hours;
typedef duration <Rep, ratio<60,1>> minutes;
typedef duration <Rep, ratio<1,1>> seconds;
typedef duration <Rep, ratio<1,1000>> milliseconds;
typedef duration <Rep, ratio<1,1000000>> microseconds;
typedef duration <Rep, ratio<1,1000000000>> nanoseconds;
```

通过定义这些常用的时间间隔类型，我们能方便地使用它们，比如线程的休眠：

```
std::this_thread::sleep_for(std::chrono::seconds(3));           //休眠 3 秒
std::this_thread::sleep_for(std::chrono:: milliseconds (100));//休眠 100 毫秒
```

chrono 还提供了获取时间间隔的时钟周期数的方法 count()，它的基本用法如下：

```
#include <chrono>
#include <iostream>
int main()
{
    std::chrono::milliseconds ms{3};                            // 3 毫秒
    // 6000 microseconds constructed from 3 milliseconds
    std::chrono::microseconds us = 2*ms;                        // 6000 微秒
    //30Hz clock using fractional ticks
    std::chrono::duration<double, std::ratio<1, 30>> hz30{3.5};

    std::cout <<  "3 ms duration has " << ms.count() << " ticks\n"
        <<  "6000 us duration has " << us.count() << " ticks\n";
}
```

输出如下：

```
3 ms duration has 3 ticks
6000 us duration has 6000 ticks
```

时间间隔之间可以做运算，计算两端时间间隔的差值的示例如下：

```
std::chrono::minutes t1( 10 );
std::chrono::seconds t2( 60 );
std::chrono::seconds t3 = t1 - t2;
std::cout << t3.count() << " second" << std::endl;
```

其中，t1 代表 10 分钟、t2 代表 60 秒，t3 则是 t1 减去 t2，也就是 600-60=540 秒。通过调用 t3 的 count 输出差值为 540 个时钟周期，因为 t3 的时钟周期为 1 秒，所以 t3 表示的时间间隔为 540 秒。

值得注意的是，duration 的加减运算有一定的规则，当两个 duration 时钟周期不相同的时候，会先统一成一种时钟，然后再作加减运算。统一成一种时钟的规则如下：

对于 ratio<x1, y1>count1; ratio<x2, y2>count2;，如果 x1、x2 的最大公约数为 x，y1、y2 的最小公倍数为 y，那么统一之后的 ratio 为 ratio<x, y>。

比如下面的例子：

```
#include <chrono>
#include <typeinfo>
using namespace std;

void TestChrono()
{
        std::chrono::duration<double, std::ratio<9, 7>> d1(3);
        std::chrono::duration<double, std::ratio<6, 5>> d2(1);
        auto d3 = d1 - d2;
        cout <<typeid(d3).name() << endl;

        cout << d3.count() << endl;
}
```

在 vs2013 下将输出：

```
std::chrono::duration<double, std::ratio<3, 35>>
31
```

根据前面介绍的规则，对于 9/7 和 6/5，分子取最大公约数 3，分母取最小公倍数 35，所以，统一之后的 duration 为 std::chrono::duration<double, std::ratio<3, 35>>。然后再将原来的 duration 转换为统一的 duration，最后计算的时钟周期数为：((9/7)/(3/35)*3)-(6/5)/(3/35)*1)，结果为 31。

还可以通过 duration_cast<>() 将当前的时钟周期转换为其他的时钟周期。比如可以把秒的时钟周期转换为分钟的时钟周期，然后通过 count 来获取转换后的分钟时间间隔：

```
cout << chrono::duration_cast<chrono::minutes>( t3 ).count() <<" minutes" << endl;
```

将会输出：

```
9 minutes
```

6.1.2　表示时间点的 time point

time_point 表示一个时间点，用来获取从它的 clock 的纪元开始所经过的 duration(比如，可能是 1970.1.1 以来的时间间隔) 和当前的时间，可以做一些时间的比较和算术运算，可以和 ctime 库结合起来显示时间。time_point 必须用 clock 来计时。time_point 有一个函数 time_from_eproch() 用来获得 1970 年 1 月 1 日到 time_point 时间经过的 duration。下面是计算当前时间距离 1970 年 1 月 1 日有多少天的示例。

```cpp
#include <iostream>
#include <ratio>
#include <chrono>

int main ()
{
  using namespace std::chrono;

  typedef duration<int,std::ratio<60*60*24>> days_type;

  time_point<system_clock,days_type> today =
  time_point_cast<days_type>(system_clock::now());

  std::cout << today.time_since_epoch().count() << " days since epoch" << std::endl;

  return 0;
}
```

time_point 还支持一些算术运算,比如两个 time_point 的差值时钟周期数,还可以和 duration 相加减。要注意不同 clock 的 time_point 是不能进行算术运算的。下面的例子输出前一天和后一天的日期。

```cpp
#include <iostream>
#include <iomanip>
#include <ctime>
#include <chrono>

int main()
{

  using namespace std::chrono;

  system_clock::time_point now = system_clock::now();
  std::time_t last = system_clock::to_time_t(now - hours(24));
  std::time_t next= system_clock::to_time_t(now - hours(24));

  std::cout << "One day ago, the time was "
  << std::put_time(std::localtime(&last), "%F %T") << '\n';
  std::cout << "Next day, the time is "
  << std::put_time(std::localtime(&next), "%F %T") << '\n';
}
```

输出如下:

```
One day ago, the time was 2014-3-2622:38:27
```

```
Next day, the time is 2014-3-2822:38:27
```

需要注意的是，上面的代码在 vs2013 下能编译通过，但在 GCC 下是不能编译通过的，因为 GCC 还没有支持 std::put_time。

6.1.3 获取系统时钟的 clocks

clocks 表示当前的系统时钟，内部有 time_point、duration、Rep、Period 等信息，主要用来获取当前时间，以及实现 time_t 和 time_point 的相互转换。clocks 包含如下 3 种时钟：

- system_clock：代表真实世界的挂钟时间，具体时间值依赖于系统。system_clock 保证提供的时间值是一个可读时间。
- steady_clock：不能被"调整"的时钟，并不一定代表真实世界的挂钟时间。保证先后调用 now() 得到的时间值是不会递减的。
- high_resolution_clock：高精度时钟，实际上是 system_clock 或者 steady_clock 的别名。

可以通过 now() 来获取当前时间点，代码如下：

```
#include <iostream>
#include <chrono>
int main()
{
        std::chrono::system_clock::time_point t1 = std::chrono::system_clock::now();
        std::cout << "Hello World\n";
        std::chrono::system_clock::time_point t2 = std::chrono::system_clock::now();
        std::cout << (t2-t1).count()<<"tick count"<<std::endl;
}
```

输出如下：

```
Hello World
97tick count
```

通过时钟获取两个时间点之间相差多少个时钟周期，我们可以通过 duration_cast 将其转换为其他时钟周期的 duration：

```
std::cout << std::chrono::duration_cast<std::chrono::microseconds>( t2-t1 ).count() <<"tick count"microseconds"<<std::endl;
```

输出结果如下：

```
20 microseconds
```

system_clock 的 to_time_t 方法可以将一个 time_point 转换为 ctime：

```
std::time_t now_c = std::chrono::system_clock::to_time_t(time_point);
```

而 from_time_t 方法则正好相反，它将 ctime 转换为 time_point。

steady_clock 可以获取稳定可靠的时间间隔，后一次调用 now() 的值和前一次的差值不会因为修改了系统时间而改变，从而保证了稳定的时间间隔。steady_clock 的用法和 system 用法一样。

system_clock 和 std::put_time 配合起来使用可以格式化日期的输出。下面的例子是将当前时间格式化输出。

```cpp
#include <chrono>
#include <ctime>
#include <iostream>
#include <iomanip>
#include <string>
using namespace std;
int main()
{
    auto t = chrono::system_clock::to_time_t(std::chrono::system_clock::now());

    cout<< std::put_time(std::localtime(&t), "%Y-%m-%d %X")<<endl;
    cout<< std::put_time(std::localtime(&t), "%Y-%m-%d %H.%M.%S")<<endl;

    return 0;
}
```

输出结果如下：

```
2014-3-27 22:11:49
2014-3-27 22.11.49
```

6.1.4 计时器 timer

可以利用 high_resolution_clock 来实现一个类似于 boost.timer 的计时器，这样的 timer 在测试性能时经常用到。timer 经常用于测试函数耗时，它的基本用法如下：

```cpp
void fun()
{
        cout<<"hello word"<<endl;
}
int main()
{
        Timer t;                    //开始计时
        fun()
        cout<<t.elapsed()<<endl; //打印 fun 函数耗时多少毫秒
}
```

C++11 中增加了 chrono 库，因此，现在实现一个计时器是很简单的事情，还可以移除对 boost 的依赖。timer 的实现比较简单，如代码清单 6-1 所示。

代码清单 6-1　timer 的实现

```cpp
#include<chrono>
usingnamespace std;
using namespace std::chrono;

class Timer
{
public:
        Timer() : m_begin(high_resolution_clock::now()) {}
        void reset() { m_begin = high_resolution_clock::now(); }

        //默认输出毫秒
        template<typename Duration=milliseconds>
        int64_t elapsed() const
        {
                return duration_cast<Duration>(high_resolution_clock::now() - m_begin).count();
        }

        //微秒
        int64_t elapsed_micro() const
        {
                return elapsed<microseconds>();
        }

        //纳秒
        int64_t elapsed_nano() const
        {
                return elapsed<nanoseconds>();
        }

        //秒
        int64_t elapsed_seconds() const
        {
                return elapsed<seconds>();
        }

        //分
        int64_t elapsed_minutes() const
        {
                return elapsed<minutes>();
        }

        //时
        int64_t elapsed_hours() const
        {
                return elapsed<hours>();
        }

private:
```

```cpp
        time_point<high_resolution_clock> m_begin;
};
```

测试代码如下：

```cpp
void fun()
{
        cout<<"hello word"<<endl;
}
int main()
{
        Timer t; //开始计时
        fun()
        cout<<t.elapsed()<<endl;              //打印 fun 函数耗时多少毫秒
        cout<<t.elapsed_micro ()<<endl;       //打印微秒
        cout<<t.elapsed_nano ()<<endl;        //打印纳秒
        cout<<t.elapsed_seconds()<<endl;      //打印秒
        cout<<t.elapsed_minutes()<<endl;      //打印分钟
        cout<<t.elapsed_hours()<<endl;        //打印小时
}
```

6.2 数值类型和字符串的相互转换

C++11 提供了 to_string 方法，可以方便地将各种数值类型转换为字符串类型，如代码清单 6-2 所示。

代码清单 6-2　to_string 的示例

```cpp
std::string to_string( int value );
std::string to_string( long value );
std::string to_string( long long value );
std::string to_string( unsigned value );
std::string to_string( unsigned long value );
std::string to_string( unsigned long long value );
std::string to_string( float value );
std::string to_string( double value );
std::string to_string( long double value );

std::wstring to_wstring( int value );
std::wstring to_wstring( long value );
std::wstring to_wstring( long long value );
std::wstring to_wstring( unsigned value );
std::wstring to_wstring( unsigned long value );
std::wstring to_wstring( unsigned long long value );
std::wstring to_wstring( float value );
std::wstring to_wstring( double value );
std::wstring to_wstring( long double value );
```

测试代码如下：

```cpp
#include <iostream>
#include <string>

int main()
{
    double f = 1.53;
    std::string f_str = std::to_string(f);
    std::cout << f_str << '\n';

    double f1 = 4.125;
    std::wstring f_str1= std::to_wstring(f1);
    std::wcout << f_str1;
}
```

输出结果如下：

```
1.53
4.125
```

C++11 还提供了字符串转换为整型和浮点型的方法：

- atoi：将字符串转换为 int 类型。
- atol：将字符串转换为 long 类型。
- atoll：将字符串转换为 long long 类型。
- atof：将字符串转换为浮点型。

字符串转换为整型的测试代码如下：

```cpp
#include <iostream>
#include <cstdlib>

int main()
{
    const char *str1 = "10";
    const char *str2 = "3.14159";
    const char *str3 = "31337 with words";
    const char *str4 = "words and 2";

    int num1 = std::atoi(str1);
    int num2 = std::atoi(str2);

    int num3 = std::atoi(str3);
    int num4 = std::atoi(str4);

    std::cout <<"std::atoi(\""<< str1 <<"\") is "<< num1 << '\n';
    std::cout <<"std::atoi(\""<< str2 <<"\") is "<< num2 << '\n';
    std::cout <<"std::atof(\""<< str3 <<"\") is "<< num3 << '\n';
    std::cout <<"std::atoi(\""<< str4 <<"\") is "<< num4 << '\n';

    return 0;
}
```

输出结果如下：

```
std::atoi("10") is 10
std::atoi("3.14159") is 3
std::atof("31337 with words") is 31337
std::atoi("words and 2") is 0
```

如果需要转换的字符串前面部分不是数字，会返回 0，上面的 str4 转换后返回 0；如果字符串的前面部分有空格和含数字，转换时会忽略空格并获得前面部分的数字。

6.3　宽窄字符转换

C++11 增加了 unicode 字面量的支持，可以通过 L 来定义宽字符：

```
std::wstring str = L" 中国人 ";                    // 定义 unicode 字符串
```

将宽字符串转换为窄字符串需要用到 codecvt 库中的 std::wstring_convert。std::wstring_convert 需要借助以下几个 unicode 转换器：

- std::codecvt_utf8，封装了 UTF-8 与 UCS2 及 UTF-8 与 UCS4 的编码转换。
- std::codecvt_utf16，封装了 UTF-16 与 UCS2 及 UTF-16 与 UCS4 的编码转换。
- std::codecvt_utf8_utf16，封装了 UTF-8 与 UTF-16 的编码转换。

std::wstring_convert 使 std::string 和 std::wstring 之间的相互转换变得很方便，如代码清单 6-3 所示。

代码清单 6-3　string 和 wstring 的相互转换

```cpp
#include <string>
#include <codecvt>
int main()
{
        std::wstring str = L" 中国人 ";
        std::wstring_convert<std::codecvt<wchar_t, char, std::mbstate_t>>
converter(new std::codecvt<wchar_t, char, std::mbstate_t>("CHS"));

        std::string narrowStr = converter.to_bytes(str);
        // string 转为 wstring
        std::wstring wstr = converter.from_bytes(narrowStr);
        cout << narrowStr << endl;
        wcout.imbue(std::locale("chs"));              // 初始化 cout 为中文输出
        wcout << wstr << endl;
        return 0;
}
```

输出结果如下：

中国人
中国人

上面的代码在 Visnal Studio2013 下能编译通过，在 GCC 4.8 下会提示没有 codecvt，因为 GCC 4.8 还没有支持相关特性。

通过 wstring_convert 可以很方便地实现宽窄字符的转换，这在将一些 utf 格式的中文显示出来的时候很有用，比如，在使用 boost.property_tree 解析 utf-8 格式的 xml 文件时，一旦获取的字符串是 utf8 格式的中文，就会显示乱码，这时需要将其通过 wstring_convert 来转换，然后通过 to_bytes 方法转换成窄字符串。

6.4 总结

使用 C++11 提供的处理日期和时间的这些工具类和函数，进一步提高了开发效率，而且使开发可移植性的程序变得更加简单。

- chrono 可以很方便地获取时间间隔和时间点，配合一些辅助方法还可以输出格式化的时间。
- to_string 和 atoi/atof 等方法可以很方便地实现数值和字符串的相互转换。
- wstring_convert 可以很方便地实现宽窄字符之间的转换。

第 7 章 Chapter 7

C++11 的其他特性

本章要介绍的一些 C++11 特性可能在实际开发中用得不是很多，但又比较有用，属于锦上添花的特性：通过委托构造函数和继承构造函数可以少写很多不必要的、重复定义的构造函数，还可以通过 using 来避免派生类覆盖基类函数的问题；而原始字面量能在编写有特定含义字符串的时候提供很大的便利；final 和 override 关键字不仅使代码的可读性增强，还消除了可能不小心犯的编程错误，使代码的健壮性更好；内存对齐相关的特性使我们不用关注内存对齐的细节，方便地解决内存问题；新增的算法增强和丰富了标准库算法，为使用相关算法提供了便利，也提高了算法的可读性。

7.1 委托构造函数和继承构造函数

7.1.1 委托构造函数

委托构造函数允许在同一个类中一个构造函数可以调用另外一个构造函数，从而可以在初始化时简化变量的初始化：

```
class class_c {
public:
int max;
int min;
int middle;

    class_c() {}
    class_c(int my_max) {
```

```cpp
        max = my_max > 0 ? my_max : 10;
    }
    class_c(int my_max, int my_min) {
        max = my_max > 0 ? my_max : 10;
        min = my_min > 0 && my_min < max ? my_min : 1;
    }
    class_c(int my_max, int my_min, int my_middle) {
        max = my_max > 0 ? my_max : 10;
        min = my_min > 0 && my_min < max ? my_min : 1;
        middle = my_middle < max && my_middle > min ? my_middle : 5;
    }
};
```

上面的例子[1]没有实际的含义，只是为了展示在成员变量较多、初始化比较复杂和存在多个构造函数的情况下，每个构造函数都要对成员变量赋值，这是重复且烦琐的。通过委托构造函数就可以简化这一过程，代码如下：

```cpp
class class_c {
public:
int max;
int min;
int middle;

    class_c(int my_max) {
        max = my_max > 0 ? my_max : 10;
    }
    class_c(int my_max, int my_min) : class_c(my_max) {
        min = my_min > 0 && my_min < max ? my_min : 1;
    }
    class_c(int my_max, int my_min, int my_middle) : class_c(my_max, my_min){
        middle = my_middle < max && my_middle > min ? my_middle : 5;
    }
};
int main() {

    class_c c1{ 1, 3, 2 };
}
```

在上面的示例中，在构造 class_c(int, int, int) 时会先调用 class_c(int, int)，而 class_c(int, int) 又会调用 class_c(int)，即 class_c(int, int, int) 递归委托了两个构造函数完成成员变量的初始化，代码简洁而优雅。需要注意的是，这种链式调用构造函数不能形成一个环，否则会在运行期抛异常。

使用委托构造函数时需要注意：使用了代理构造函数就不能用类成员初始化了。例如：

---

[1] http://msdn.microsoft.com/en-us/library/dn387583.aspx

```cpp
class class_a {
public:
    class_a() {}
    //member initialization here, no delegate
    class_a(string str) : m_string{ str } {}

    //调用了委托构造函数，不能用类成员初始化了
    // error C3511: a call to a delegating constructor shall be the only member-initializer
    class_a(string str, double dbl) : class_a(str) ,m_double{ dbl } {}

    //只能通过成员赋值来初始化
    class_a(string str, double dbl) : class_a(str) { m_double =dbl; }
    double m_double{ 1.0 };
    string m_string;
};
```

7.1.2 继承构造函数

C++11 的继承构造函数可以让派生类直接使用基类的构造函数，而无须自己再写构造函数，尤其是在基类有很多构造函数的情况下，可以极大地简化派生类构造函数的编写。比如，下面的一个结构体有 3 个构造函数：

```cpp
struct Base
{
    int x;
    double y;
    string s;

    Base(int i) :x(i), y(0){}
    Base(int i, double j) :x(i), y(j){}
    Base(int i, double j, const string& str) :x(i), y(j),s(str){}
};
```

如果有一个派生类，希望这个派生类也和基类采取一样的构造方式，那么直接派生于基类是不能获取基类构造函数的，因为，C++ 派生类会隐藏基类同名函数。例如：

```cpp
struct Derived : Base
{

};

int main()
{
    Derived d(1,2.5,"ok"); //编译错误，没有合适的构造函数
}
```

在上面的例子中，通过基类的构造函数去构造派生类对象是不合法的，因为派生类的默认构造函数隐藏了基类。如果希望使用基类的构造函数，一个做法是在派生类中定义这些构造函数：

```cpp
struct Derived : Base
{
    Derived(int i) :Base(i)
    {

    }
    Derived(int i, double j) :Base(i, j)
    {

    }
    Derived(int i, double j, const string& str) :Base(i, j, str)
    {

    }
};
int main()
{
    int i = 1;
    double j = 1.23;
    Derived d(i);
    Derived d1(i, j);
    Derived d2(i, j, "");
    return 0;
}
```

在派生类中重新定义和基类一致的构造函数的方法虽然可行，但是很烦琐且重复，C++11 的继承构造函数特性正是用于解决派生类隐藏基类同名函数的问题的，可以通过 using Base::SomeFunction 来表示使用基类的同名函数，通过 using Base::Base 来声明使用基类构造函数，这样就可以不用定义相同的构造函数了，直接使用基类的构造函数来构造派生类对象。需要注意的是，继承构造函数不会去初始化派生类新定义的数据成员。例如：

```cpp
struct Derived : Base
{
    using Base::Base;        //声明使用基类构造函数

};
int main()
{
    int i = 1;
    double j = 1.23;
    Derived d(i);            //直接使用基类构造函数来构造派生类对象
    Derived d1(i, j);
    Derived d2(i, j, "");
    return 0;
}
```

上面的代码在 GCC 4.8 下可以编译通过，但在 vs2013 中不能通过编译，因为 vs2013 还未完全支持继承构造函数。不过，以上代码在 vs2013 nov ctp 下能编译通过，因为 vs2013 nov ctp 是 vs2013 的一个补丁，支持了更多的 C++11 特性，读者可以在微软官网下载安装该补丁。

可以看到通过 using Base::Base 使用基类构造函数能少写很多构造函数。这个特性不仅对构造函数适用，对其他同名函数也适用，例如：

```
struct Base
{
    void Fun()
    {
            cout << "call in Base" << endl;
    }
};

struct Derived : Base
{
    void Fun(int a)
    {
            cout << "call in Derived" << endl;
    }
};
int main()
{
    Derived d;
    d.Fun(); //编译报错，找不到合适的函数

    return 0;
}
```

在上面的例子中，派生类希望使用基类函数，但是派生类中的同名函数隐藏了基类的函数，编译器会提示找不到合适的函数，如果希望使用基类同名函数，需要用 using 重新引入名字。

7.2 原始的字面量

原始字面量可以直接表示字符串的实际含义，因为有些字符串带有一些特殊字符，比如在转义字符串时，我们往往要专门处理。例如，打印一个文件路径：

```
#include <iostream>
#include <string>
using namespace std;

int main()
{
    string str = "D:\A\B\test.text";
```

```
        cout<<str<<endl;

        string str1 = "D:\\A\\B\\test.text";
        cout<<str1<<endl;

        string str2 = R"(D:\A\B\test.text)";
        cout<<str2<<endl;
        return 0;
}
```

输出结果如下：

```
D:AB     est.text
D:\A\B\test.text
D:\A\B\test.text
```

可以看到通过原始字符串字面量 R 可以直接得到其原始意义的字符串，这一点和 C# 的 @ 符的作用类似。再看一个输出 html 标签的例子：

```
string s =

"<HTML>\
<HEAD>\
<TITLE>this is my title</TITLE>\
</HEAD>\
<BODY>\
<P>This is a paragraph</P>\
</BODY>\
</HTML>";
```

在 C++11 之前，如果希望能获取多行并带缩进的格式的 HTML 代码，不得不以这种方式来写，这种方式不但比较烦琐，还破坏了要表达的原始含义。如果通过 C++11 的原始字符串字面量来表示，则很简单直观，例如：

```
#include <iostream>
#include <string>
using namespace std;

int main()
{
        string s =

R"(<HTML>
<HEAD>
<TITLE>This is a test</TITLE>
</HEAD>
<BODY>
<P>Hello, C++ HTML World!</P>
</BODY>
</HTML>
)";
```

```
        cout << s << endl;
        return 0;
}
```

需要注意的是：原始字符串字面量的定义是 R " xxx(raw string)xxx"，其中原始字符串必须用括号 () 括起来，括号的前后可以加其他字符串，所加的字符串是会被忽略的，而且加的字符串必须在括号两边同时出现。

```
#include <string>
#include <iostream>
using namespace std;

int main()
{
    //error test 没有出现在反括号后面
    string str = R"test(D:\A\B\test.text)";
    //error, 反括号后面的字符串和括号前面的字符串不匹配
    string str1 = R"test(D:\A\B\test.text)testaa";

    string str2 = R"test(D:\A\B\test.text)test"; //ok
    cout<<str2<<endl;        // 将输出 D:\A\B\test.text, 括号前后的字符串被忽略
    return 0;
}
```

7.3 final 和 override 标识符

C++11 中增加了 final 标识符来限制某个类不能被继承，或者某个虚函数不能被重写，和 Java 中的 final 及 C# 中的 sealed 关键字的功能类似。如果修饰函数，final 只能修饰虚函数，并且要放到类或者函数的后面。下面是 final 的用法：

```
struct A
{
    //A::foo is final, 限定该虚函数不能被重写
    virtual void foo() final;
    //Error: non-virtual function cannot be final, 只能修饰虚函数
    void bar() final;
};

struct B final : A       //struct B is final
{
    //Error: foo cannot be overridden as it's final in A
    void foo();
};

struct C : B //Error: B is final
{
};
```

override 标注符确保在派生类中声明的重写函数与基类的虚函数有相同的签名，同时也明确表明将会重写基类的虚函数，还可以防止因疏忽把本来想重写基类的虚函数声明成重载。这样，既可以保证重写虚函数的正确性，又可以提高代码的可读性。它的用法和 Java、C# 中的用法类似，区别是 override 标识符和 final 标识符一样，需要放到方法后面。

```
struct A
{
    virtual void func(){}
};
struct D: A{
    //显式重写
    void func() override
    {
    }
};
```

7.4 内存对齐

7.4.1 内存对齐介绍

内存对齐，或者说字节对齐，是一个数据类型所能存放的内存地址的属性。这个属性是一个无符号整数，并且这个整数必须是 2 的 N 次方（1、2、4、8、…、1024、…）。当我们说一个数据类型的内存对齐为 8 时，就是指这个数据类型所定义出来的所有变量的内存地址都是 8 的倍数。

当一个基本数据类型（Fundamental Types）的对齐属性和这个数据类型的大小相等时，这种对齐方式称为自然对齐（Naturally Aligned）。比如，一个 4 字节大小的 int 型数据，在默认情况下它的字节对齐也是 4。

为什么需要内存对齐？因为并不是每一个硬件平台都能够随便访问任意位置的内存的。不少平台的 CPU，比如 Alpha、IA-64、MIPS 还有 SuperH 架构，若读取的数据是未对齐的（比如一个 4 字节的 int 在一个奇数内存地址上），将拒绝访问或抛出硬件异常。考虑到 CPU 处理内存的方式（32 位的 x86 CPU，一个时钟周期可以读取 4 个连续的内存单元，即 4 字节），使用字节对齐将会提高系统的性能（也就是 CPU 读取内存数据的效率）。比如将一个 int 放在奇数内存位置上，想把这 4 个字节读出来，32 位 CPU 就需要两次。但按 4 字节对齐之后一次就可以读出来了）。

因为有了内存对齐，所以数据在内存中的存放就不是紧挨着的，而是会出现一些空隙（Data Structure Padding，也就是用于填充的空白内容）。这对基本数据类型来说可能还好，而对于一个内部有多个基本类型的结构体（struct）或类而言，sizeof 的结果往往和想象中的不大一样。让我们来看一个例子。

```
struct MyStruct
```

```
{
    char a;              // 1 byte
    int b;               // 4 bytes
    short c;             // 2 bytes
    long long d;         // 8 bytes
    char e;              // 1 byte
};
```

可以看到，MyStruct 中有 5 个成员，如果直接相加大小应该是 16，但在 32 位 MSVC 中它的 sizeof 结果是 32。结果之所以出现偏差，是因为为了保证这个结构体中的每个成员都应该在它对齐了的内存位置上，而在某些位置插入了 Padding。

下面尝试考虑内存对齐，来计算一下这个结构体的大小。首先，可以假设 MyStruct 的整体偏移从 0x00 开始，这样就可以暂时忽略 MyStruct 本身的对齐。这时，结构体的整体内存分布如图 7-1 所示。

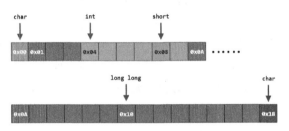

图 7-1 MSVC 中 MyStruct 内存分布图

从图 7-1 中可以看到，为了保证成员各自的对齐属性，在 char 和 int 之间及 short 和 long long 之间分别插入了一些 Padding，因此整个结构体会被填充得看起来像下面这样：

```
struct MyStruct
{
    char a;              // 1 byte
    char pad_0[3];       // Padding 3
    int b;               // 4 bytes
    short c;             // 2 bytes
    char pad_1[6];       // Padding 6
    long long d;         // 8 bytes
    char e;              // 1 byte
    char pad_2[7];       // Padding 7
};
```

注意，上述加了 Padding 的结构体，e 的后面还跟了 7 字节的填充。这是因为结构体的整体大小必须能被对齐值整除，所以 "char e" 的后面会被继续填充 7 个字节，好让结构体的整体大小是 8 的倍数 32。我们可以在 gcc+32 位 Linux 中尝试计算 sizeof(MyStruct)，得到的结果是 24。这是因为 gcc 中的对齐规则和 MSVC 不一样，不同的平台下会使用不同的默认对齐值。在 gcc+32 位 Linux 中，大小超过 4 字节的基本类型仍然按 4 字节对齐，这时，

MyStruct 的内存布局看起来应该如图 7-2 所示。

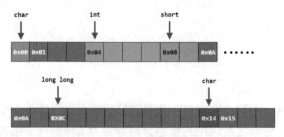

图 7-2　GCC 中 MyStruct 内存分布图

下面来确定这个结构体类型本身的内存对齐是多少。为了保证结构体内的每个成员都能够放在它自然对齐的位置上，对结构体本身来说最理想的内存对齐数值应该是结构体中内存对齐数值最大的成员的内存对齐数。也就是说，对于上面的 MyStruct，结构体类型本身的内存对齐数应该是 8。并且，当我们强制对齐数小于 8 时，比如设置 MyStruct 对齐数为 2，其内部成员的对齐数也将被强制不能超过 2。为什么？因为对于一个数据类型来说，其内部成员的位置应该是相对固定的。如果上面这个结构体整体按 1 或 2 字节对齐，而成员却按照各自的方式自然对齐，就有可能出现成员的相对偏移量随内存位置而改变的问题。假设可以画一下整个结构体按 1 字节对齐，并且结构体内的每个成员按自然位置对齐的内存布局，那么内存分布如图 7-3 所示。

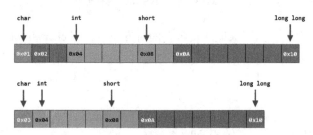

图 7-3　按 1 字节对齐的 MyStruct 内存分布图

如图 7-3 所示，假设 MyStruct 的起始地址是 0x01（因为结构体本身的偏移按 1 字节对齐），那么 char 和 int 之间将会被填充 2 个字节的 Padding，以保证 int 的对齐还是 4 字节。

如果第二次分配 MyStruct 的内存时起始地址变为 0x03，由于 int 还是 4 字节对齐，那么 char 和 int 之间将不会填充 Padding（填充了反而不对齐了）。

以此类推，若 MyStruct 按 1 字节对齐时不强制所有成员的对齐均不超过 1，那么这个结构体中的相对偏移方式一共有 4 种。

因此，对于结构体来说，默认的对齐将等于其中最大的成员的对齐值。并且，在限定结构体的内存对齐时，同时也限定了结构体内所有成员的内存对齐不能超过结构体本身的内存对齐。

7.4.2 堆内存的内存对齐

在讨论内存对齐的时候很容易忽略堆内存,经常会使用 malloc 分配内存,却不理会这块内存的对齐方式。实际上,malloc 一般使用当前平台默认的最大内存对齐数对齐内存,比如,MSVC 在 32 位下一般是 8 字节对齐;64 位下则是 16 字节。这样对常规的数据来说都是没有问题的。但是如果我们自定义的内存对齐超出了这个范围,则不能直接使用 malloc 来获取内存的。

当我们需要分配一块具有特定内存对齐的内存块时,在 MSVC 下应当使用 _aligned_malloc,而在 gcc 下一般使用 memalign 等函数。

其实自己实现一个简易的 aligned_malloc 是很容易的,如代码清单 7-1 所示。

代码清单 7-1　aligned_malloc 的实现

```cpp
#include <assert.h>

inline void* aligned_malloc(size_t size, size_t alignment)
{
    // 检查 alignment 是否是 2^N
    assert(!(alignment & (alignment - 1)));
    // 计算出一个最大的 offset,sizeof(void*) 是为了存储原始指针地址
    size_t offset = sizeof(void*) + (--alignment);

    // 分配一块带 offset 的内存
    char* p = static_cast<char*>(malloc(offset + size));
    if (!p) return nullptr;

    // 通过 "& (~alignment)" 把多计算的 offset 减掉
    void* r =
reinterpret_cast<void*>(reinterpret_cast<size_t>(p + offset) &
(~alignment));
    // 将 r 当作一个指向 void* 的指针,在 r 当前地址前面放入原始地址
    static_cast<void**>(r)[-1] = p;
    // 返回经过对齐的内存地址
    return r;
}

inline void aligned_free(void* p)
{
    // 还原回原始地址,并 free
    free(static_cast<void**>(p)[-1]);
}
```

7.4.3 利用 alignas 指定内存对齐大小

有时我们希望不按照默认的内存对齐方式来对齐,这时,可以用 alignas 来指定内存对

齐的大小。下面是 alignas 的基本用法：

```
alignas(32) long long a = 0;

#define XX 1
struct alignas(XX) MyStruct_1 {};          // OK

template <size_t YY = 1>
struct alignas(YY) MyStruct_2 {};          // OK

static const unsigned ZZ = 1;
struct alignas(ZZ) MyStruct_3 {};          // OK
```

注意，对 MyStruct_3 的编译是没问题的。在 C++11 中，只要是一个编译期数值（包括 static const）都支持 alignas [1]。

另外，需要注意的是 alignas 只能改大不能改小 [2]。如果需要改小，比如设置对齐数为 1，仍然需要使用 #pragma pack。或者，可以使用 C++11 中与 #pragma 等价的物 _Pragma（微软暂不支持）：

```
_Pragma("pack(1)")
struct MyStruct
{
    char a;                   // 1 byte
    int b;                    // 4 bytes
    short c;                  // 2 bytes
    long long d;              // 8 bytes
    char e;                   // 1 byte
};
_Pragma("pack()")
```

alignas 还可以这样用：

```
alignas(int) char c;
```

这个 char 就按 int 的方式对齐了。

7.4.4　利用 alignof 和 std::alignment_of 获取内存对齐大小

alignof 用来获取内存对齐大小，它的用法比较简单。下面是 alignof 的基本用法：

```
MyStruct xx;
std::cout << alignof(xx) << std::endl;
std::cout << alignof(MyStruct) << std::endl;
```

std::alignment_of 的功能是编译期计算类型的内存对齐。Std 中提供 std::alignment_of 是

---

[1] ISO/IEC-14882:2011，7.6.2 Alignment specifier，第 2 款。
[2] ISO/IEC-14882:2011，7.6.2 Alignment specifier，第 5 款。

为了补充 alignof 的功能。alignof 只能返回一个 size_t，而 alignment_of 则继承自 std::integral_constant，因此，拥有 value_type、type 和 value 等成员。

我们可以通过 std::alignment_of<T>::value 和 alignof 来获取结构体内存对齐的大小，例如：

```cpp
struct MyStruct
{
    char a;
    int b;
    double c;
};

int main()
{
    int alignsize = std::alignment_of<MyStruct>::value;     // 8
    int sz = alignof(MyStruct);                             // 8

    return 0;
}
```

std::alignment_of 可以由 align 来实现：

```cpp
template< class T >
struct alignment_of : std::integral_constant<
                         std::size_t,
                         alignof(T)
> {};
```

与 sizeof 有点类似，alignof 可以应用于变长类型，例如，alignof(Args) 用来获取变参的内存对齐大小。

7.4.5　内存对齐的类型 std::aligned_storage

std::aligned_storage 可以看成一个内存对齐的缓冲区，它的原型如下：

```cpp
template< std::size_t Len, std::size_t Align =
/*default-alignment*/ >
struct aligned_storage;
```

其中，Len 表示所存储类型的 size，Align 表示该类型内存对齐的大小。通过 sizeof(T) 可以获取 T 的 size，通过 alignof(T) 可以获取 T 内存对齐大小，所以 std::aligned_storage 的声明是这样的：std::aligned_storage<sizeof(T), alignof(T)>。alignof 是 vs2013 ctp 才支持的，如果没有该版本，则可以用 std::alignment_of 来代替，可以通过 std::alignment_of<T>::value 来获取内存对齐大小。故 std::aligned_storage 可以这样声明：std::aligned_storage<sizeof(T), std::alignment_of<T>::value>。std::aligned_storage 一般和 placement new 结合起来使用，它的基本用法如下：

```cpp
#include <iostream>
```

```cpp
#include <type_traits>

struct A
{
  int avg;
  A (int a, int b) : avg((a+b)/2) {}
};

typedef std::aligned_storage<sizeof(A),alignof(A)>::type Aligned_A;

int main()
{
  Aligned_A a,b;
  new (&a) A (10,20);
  b=a;
  std::cout << reinterpret_cast<A&>(b).avg << std::endl;

  return 0;
}
```

为什么要使用 std::aligned_storage？我们知道，很多时候需要分配一块单纯的内存块，比如 new char[32]，之后再使用 placement new 在这块内存上构建对象：

```
1   char xx[32];
2   ::new (xx) MyStruct;
```

但是 char[32] 是 1 字节对齐的，xx 很有可能并不在 MyStruct 指定的对齐位置上。这时调用 placement new 构造内存块可能会引起效率问题或出错，所以此时应该使用 std::aligned_storage 来构造内存块：

```
1   std::aligned_storage<sizeof(MyStruct), alignof(MyStruct)>::type xx;
2   ::new (&xx) MyStruct;
```

需要注意的是，当使用堆内存时可能还需要 aligned_malloc，因为在现在的编译器中，new 并不能在超出默认最大对齐后还保证内存的对齐是正确的。比如在 MSVC 2013 中，下面的代码将会得到一个不一定能按照 32 位对齐的编译警告。

```
1   struct alignas(32) MyStruct
2   {
3     char a;            // 1 byte
4     int b;             // 4 bytes
5     short c;           // 2 bytes
6     long long d;       // 8 bytes
7     char e;            // 1 byte
8   };
9
10  void* p = new MyStruct;
11  // warning C4316: 'MyStruct' : object allocated on the heap may not be aligned 32
```

7.4.6 std::max_align_t 和 std::align 操作符

std::max_align_t 用来返回当前平台的最大默认内存对齐类型。对于 malloc 返回的内存，其对齐和 max_align_t 类型的对齐大小应当是一致的。我们可以通过下面这个方式获得当前平台的最大默认内存对齐数：

```
1   std::cout << alignof(std::max_align_t) << std::endl;
```

std::align 用来在一大块内存当中获取一个符合指定内存要求的地址。看下面这个例子：

```
1   char buffer[] = "-----------------------";
2   void * pt = buffer;
3   std::size_t space = sizeof(buffer)-1;
4   std::align(alignof(int), sizeof(char), pt, space);
```

这个示例的意思是，在 buffer 这个大内存块中，指定内存对齐为 alignof(int)，找一块 sizeof(char) 大小的内存，并且在找到这块内存后将地址放入 pt，将 buffer 从 pt 开始的长度放入 space。

C++11 为我们提供了不少有用的工具，可以让我们方便地操作内存对齐，但是在堆内存方面，我们很可能还是需要自己想办法。不过在平时的应用中，因为很少会手动指定内存对齐数到大于系统默认的对齐数，所以也不必每次 new/delete 的时候都提心吊胆。

7.5　C++11 新增的便利算法

C++11 新增加了一些便利的算法，这些算法使代码编写起来更简洁、方便。这里仅列举一些常用的新增算法，更多的新增算法读者可以参考 http://en.cppreference.com/w/cpp/algorithm。

1. all_of、any_of 和 none_of 算法

算法库新增了 3 个用于判断的算法 all_of、any_of 和 none_of：

```
template< class InputIt, class UnaryPredicate >
bool all_of( InputIt first, InputIt last, UnaryPredicate p );

template< class InputIt, class UnaryPredicate >
bool any_of( InputIt first, InputIt last, UnaryPredicate p );

template< class InputIt, class UnaryPredicate >
bool none_of( InputIt first, InputIt last, UnaryPredicate p );
```

其中：

- all_of 检查区间 [first, last) 中是否所有的元素都满足一元判断式 p，所有的元素都满足条件返回 true，否则返回 false。

- any_of 检查区间 [first, last) 中是否至少有一个元素都满足一元判断式 p，只要有一个元素满足条件就返回 true，否则返回 false。
- none_of 检查区间 [first, last) 中是否所有的元素都不满足一元判断式 p，所有的元素都不满足条件返回 true，否则返回 false。

下面是 all_of、any_of 和 none_of 的示例。

```
#include <iostream>
#include <algorithm>
#include <vector>
using namespace std;
int main()
{
    vector<int> v = { 1, 3, 5, 7, 9 };
    auto isEven = [](int i){return i % 2 != 0;}
    bool isallOdd = std::all_of(v.begin(), v.end(), isEven);
    if (isallOdd)
            cout << "all is odd" << endl;
    bool isNoneEven = std::none_of(v.begin(), v.end(), isEven);
    if (isNoneEven)
            cout << "none is even" << endl;

    vector<int> v1 = { 1, 3, 5, 7, 8, 9 };
    bool anyof = std::any_of(v1.begin(), v1.end(), isEven);
    if (anyof)
            cout << "at least one is even" << endl;
}
```

输出结果如下：

```
all is odd
none is odd
at least one is even
```

2. find_if_not 算法

算法库的查找算法新增了一个 find_if_not，它的含义和 find_if 是相反的，即查找不符合某个条件的元素，find_if 也可以实现 find_if_not 的功能，只需要将判断式改为否定的判断式即可，现在新增了 find_if_not 之后，就不需要再写否定的判断式了，可读性也变得更好。下面是它的基本用法。

```
#include <iostream>
#include <algorithm>
#include <vector>
using namespace std;
int main()
```

```cpp
{
    vector<int> v = { 1, 3, 5, 7, 9,4 };
    auto isEven = [](int i){return i % 2 == 0;};
    auto firstEven = std::find_if(v.begin(), v.end(), isEven);
    if (firstEven!=v.end())
            cout << "the first even is " <<* firstEven << endl;

    //用find_if来查找奇数则需要重新写一个否定含义的判断式
    auto isNotEven = [](int i){return i % 2 != 0;};
    auto firstOdd = std::find_if(v.begin(), v.end(),isNotEven);
    if (firstOdd!=v.end())
            cout << "the first odd is " <<* firstOdd << endl;

    //用find_if_not来查找奇数则无须新定义判断式
    auto odd = std::find_if_not(v.begin(), v.end(), isEven);
    if (odd!=v.end())
            cout << "the first odd is " <<* odd << endl;
}
```

输出结果如下：

```
the first even is 4
the first odd is 1
the first odd is 1
```

可以看到，使用find_if_not不需要再定义新的否定含义的判断式了，更简便了。

3. copy_if 算法

算法库还增加了一个copy_if算法，它相比原来的copy算法多了一个判断式，用起来更方便了。下面是copy_if的基本用法。

```cpp
#include <iostream>
#include <algorithm>
#include <vector>
using namespace std;
int main()
{
    vector<int> v = { 1, 3, 5, 7, 9, 4 };
    std::vector<int> v1(v.size());
    //根据条件复制
    auto it = std::copy_if(v.begin(), v.end(), v1.begin(), [](int i){return i%2!=0;});
    //缩减vector到合适大小
    v1.resize(std::distance(v1.begin(),it));

    for(int i : v1)
    {
            cout<<i<<" ";
    }
    cout<<endl;
}
```

4. iota 算法

算法库新增了 iota 算法，用来方便地生成有序序列。比如，需要一个定长数组，这个数组中的元素都是在某一个数值的基础之上递增的，用 iota 就可以很方便地生成这个数组了。下面是 iota 的基本用法。

```cpp
#include <numeric>
#include <array>
#include <vector>
#include <iostream>
using namespace std;

int main()
{
    vector<int> v(4) ;
// 循环遍历赋值来初始化数组
// for(int i=1; i<=4; i++)
// {
//     v.push_back(i);
// }

    // 直接通过 iota 初始化数组，更简洁
    std::iota(v.begin(), v.end(), 1);
    for(auto n: v) {
       cout << n << ' ';
    }
    cout << endl;

    std::array<int, 4> array;
    std::iota(array.begin(), array.end(), 1);
    for(auto n: array) {
       cout << n << ' ';
    }
    std::cout << endl;
}
```

输出结果如下：

```
1 2 3 4
1 2 3 4
```

可以看到使用 iota 比遍历赋值来初始化数组更简洁。需要注意的是，iota 初始化的序列需要指定大小，如果上述代码中的"vector<int> v(4) ;"没有指定初始化大小为 4，则输出为空。

5. minmax_elemen 算法

算法库还新增了一个同时获取最大值和最小值的算法 minmax_element，这样在想获取最大值和最小值的时候就不用分别调用 max_element 和 max_element 算法了，用起来会更方便，

minmax_element 会将最小值和最大值的迭代器放到一个 pair 中返回。下面是 minmax_elemen 的基本用法。

```cpp
#include <iostream>
#include <algorithm>
#include <vector>
using namespace std;

int main() {
    // your code goes here
    vector<int> v = { 1, 2, 5, 7, 9, 4 };
    auto result = minmax_element(v.begin(), v.end());

    cout<<*result.first<<" "<<*result.second<<endl;

    return 0;
}
```

输出结果如下：

1 9

6. is_ sorted 和 is_ sorted_until 算法

算法库新增了 is_ sorted 和 is_ sorted_until 算法，其中 is_sort 用来判断某个序列是否是排好序的，is_sort_until 则用来返回序列中前面已经排好序的部分序列。下面是 is_ sorted 和 is_ sorted_until 算法的基本用法。

```cpp
#include <iostream>
#include <algorithm>
#include <vector>
using namespace std;

int main() {
    vector<int> v = { 1, 2, 5, 7, 9, 4 };
    auto pos = is_sorted_until(v.begin(), v.end());

    for(auto it=v.begin(); it!=pos; ++it)
    {
        cout<<*it<< " ";
    }
    cout<<endl;

    bool is_sort = is_sorted(v.begin(), v.end());
    cout<< is_sort<<endl;
    return 0;
}
```

输出结果如下:

```
1 2 5 7 9
0
```

7.6 总结

- 委托构造函数和继承构造函数能简化派生类的书写。
- 字符串原始字面量可以方便地表示字符串的原始含义。
- final 和 override 关键字则可以避免一些无意中引入的问题,使程序更健壮。
- 内存对齐的帮助类和方法可以使我们不用关注内存对齐的细节,就可以很方便地处理内存对齐的问题。
- C++11 新增的算法使用起来更加简便,也增强了代码的可读性。

第二篇 *Part 2*

C++11 工程级应用

- 第 8 章　使用 C++11 改进我们的模式
- 第 9 章　使用 C++11 开发一个半同步半异步线程池
- 第 10 章　使用 C++11 开发一个轻量级的 AOP 库
- 第 11 章　使用 C++11 开发一个轻量级的 IoC 容器
- 第 12 章　使用 C++11 开发一个对象的消息总线库
- 第 13 章　使用 C++11 封装 sqlite 库
- 第 14 章　使用 C++11 开发一个 linq to objects 库
- 第 15 章　使用 C++11 开发一个轻量级的并行 task 库
- 第 16 章　使用 C++11 开发一个简单的通信程序

第 8 章

使用 C++11 改进我们的模式

模式虽然精妙,却难完美,比如观察者模式中的强耦合和不能灵活支持 update 接口参数变化的问题,在访问者模式中接口层不能应对被访问继承体系经常变动的问题,在命令模式类膨胀的问题,等等。还有很多其他模式同样也存在这样或那样的一些不足之处,如使用场景受限、实现复杂、不够简洁、不够通用等。这些不足之处大多是可以采取一些手法弥补和去改进,比如用 C++11 的新特性来改进。

本章将向读者讲解如何通过 C++11 的一些特性去改进一些常用模式的实现,通过 C++11 的改进,这些模式的实现将变得更通用、更简洁、更强大。本章不会详细介绍各个模式的含义,更偏重于如何去改进之前模式实现的一些不足之处,因此,在阅读本章时,要求读者具备一定的设计模式的基础。关于模式的含义和基本用法读者可以参考 GOF 的《设计模式》一书。

8.1 改进单例模式

单例模式保证一个类仅有一个实例,并提供一个访问它的全局访问点,其类图如图 8-1 所示。

在 C++11 之前,实现一个通用的泛型单例模式时,会遇到一个问题:这个泛型单例要能够创建所有的类型对象,但是这些类型的构造函数形参可能不尽相同,参数个数和参数类型可能都不同,这导致我们不容易做一个所有类型都通用的单例。一种方法是通过定义一些创建单例的模板函数来实现。在一般情况下,类型的构造

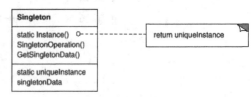

图 8-1 单例模式类图

函数形参不超过 6 个，所以可以通过定义 0 ~ 6 个形参的创建单例的模板函数来实现一个通用的单例模式，具体的实现如代码清单 8-1 所示。

代码清单 8-1　支持 0 ~ 6 个参数的单例

```
template <typename T>
class Singleton
{
public:
  // 支持 0 个参数的构造函数
    static T* Instance()
    {
            if(m_pInstance==nullptr)
                m_pInstance = new T();

            return m_pInstance;
    }
  // 支持 1 个参数的构造函数
    template<typename T0>
    static T* Instance(T0 arg0)
    {
            if(m_pInstance==nullptr)
                m_pInstance = new T(arg0);

            return m_pInstance;
    }
  // 支持 2 个参数的构造函数
    template<typename T0, typename T1>
    static T* Instance(T0 arg0, T1 arg1)
    {
            if(m_pInstance==nullptr)
                m_pInstance = new T(arg0, arg1);

            return m_pInstance;
    }

    template<typename T0, typename T1, typename T2>
    static T* Instance(T0 arg0, T1 arg1, T2 arg2)
    {
            if(m_pInstance==nullptr)
                m_pInstance = new T(arg0, arg1, arg2);

            return m_pInstance;
    }

    template<typename T0, typename T1, typename T2, typename T3>
    static T* Instance(T0 arg0, T1 arg1, T2 arg2, T3 arg3)
    {
            if(m_pInstance==nullptr)
```

```cpp
                    m_pInstance = new T(arg0, arg1, arg2, arg3);

            return m_pInstance;
        }

        template<typename T0, typename T1, typename T2, typename T3, typename T4>
        static T* Instance(T0 arg0, T1 arg1, T2 arg2, T3 arg3, T4 arg4)
        {
            if(m_pInstance==nullptr)
                    m_pInstance = new T(arg0, arg1, arg2, arg3, arg4);

            return m_pInstance;
        }

        template<typename T0, typename T1, typename T2, typename T3, typename T4,
            typename T5>
        static T* Instance(T0 arg0, T1 arg1, T2 arg2, T3 arg3, T4 arg4, T5 arg5)
        {
            if(m_pInstance==nullptr)
                    m_pInstance = new T(arg0, arg1, arg2, arg3, arg4, arg5);

            return m_pInstance;
        }
        //获取单例
        static T* GetInstance()
        {
             if (m_pInstance == nullptr)
                            throw std::logic_error("the instance is not init,
                                please initialize the instance first");
            return m_pInstance;
        }


        //释放单例
        static void DestroyInstance()
        {
            delete m_pInstance;
            m_pInstance = nullptr;
        }

private:
    //不允许复制和赋值
    Singleton(void);
    virtual ~Singleton(void);
    Singleton(const Singleton&);
    Singleton& operator = (const Singleton&);
private:
    static T* m_pInstance;
};

template <class T> T*  Singleton<T>::m_pInstance = nullptr;
```

测试代码如下：

```cpp
struct A
{
  A(){}
};

struct B
{
  B(int x){}
};

struct C
{
  C(int x, double y){}
};

int main()
{
  //创建A类型的单例
  Singleton<A>::Instance();
  //创建B类型的单例
  Singleton<B>::Instance(1);
  //创建C类型的单例
  Singleton<C>::Instance(1, 3.14);

  Singleton<A>::DestroyInstance();
  Singleton<B>::DestroyInstance();
  Singleton<C>::DestroyInstance();
}
```

从测试代码中可以看到，这个 Singleton<T> 可以创建大部分类型，支持不超过 6 个参数的类型。不过，从实现代码中可以看到，有很多重复的模板定义，这种定义烦琐而又重复，当参数个数超过 6 个时，我们不得不再增加模板定义。这种预先定义足够多的模板函数的方法显得重复又不够灵活，有更简洁的实现方式吗？

C++11 的可变参数模板正好可以消除这种重复，同时支持完美转发，既避免不必要的内存复制提高性能，又增加了灵活性。C++11 实现的一个简洁通用的单例模式如代码清单 8-2 所示。

代码清单 8-2　C++11 借助可变参数模版实现的单例

```cpp
template <typename T>
class Singleton
{
public:
    template<typename... Args>
    static T* Instance(Args&&... args)
    {
        if(m_pInstance==nullptr)
```

```
            m_pInstance = new T(std::forward<Args>(args)...);  // 完美转发

        return m_pInstance;
    }

  // 获取单例
            static T* GetInstance()
            {
    if (m_pInstance == nullptr)
       throw std::logic_error("the instance is not init, please initialize
            the instance first");
      return m_pInstance;
  }

    static void DestroyInstance()
    {
      delete m_pInstance;
      m_pInstance = nullptr;
    }

private:
      Singleton(void);
      virtual ~Singleton(void);
      Singleton(const Singleton&);
      Singleton& operator = (const Singleton&);
private:
    static T* m_pInstance;
};

template <class T> T*  Singleton<T>::m_pInstance = nullptr;
```

测试代码如代码清单 8-3 所示。

代码清单 8-3　单例的测试代码

```
#include <iostream>
#include <string>
using namespace std;
struct A
{
  A(const string&){cout<<"lvaue"<<endl;}
  A(string&& x){cout<<"rvaue"<<endl;}
};

struct B
{
  B(const string&){cout<<"lvaue"<<endl;}
  B(string&& x){cout<<"rvaue"<<endl;}
};

struct C
{
  C(int x, double y){}
```

```cpp
    void Fun(){cout<<"test"<<endl;}
};

int main()
{
  string str = "bb";
  //创建A类型的单例
  Singleton<A>::Instance(str);
  //创建B类型的单例,临时变量str被move之后变成右值,然后可以根据移动语义来避免复制
  Singleton<B>::Instance(std::move(str));
  //创建C类型的单例,含两个参数
  Singleton<C>::Instance(1, 3.14);
  //获取单例并调用单例对象的方法
  Singleton<C>::GetInstance()->Fun();

  //释放单例
  Singleton<A>::DestroyInstance();
  Singleton<B>::DestroyInstance();
  Singleton<C>::DestroyInstance();
}
```

输出结果如下:

lvalue
rvalue

可以看到,C++11版本的通用单例模式的实现,没有了重复的模板定义,支持任意个数参数的类型创建,不用再担心模板函数定义得不够,还支持完美转发,无论是左值还是右值都能转发到正确的构造函数中,通过右值引用的移动语义还能进一步提高性能,简洁而优雅。关于可变参数模板的介绍可以参考3.2节,关于右值引用和完美转发可以参考第4章,这里不再赘述。

8.2 改进观察者模式

观察者模式定义对象间的一种一对多的依赖关系,当一个对象的状态发生改变时,所有依赖于它的对象都得到通知并被自动更新。观察者模式的类图如图8-2所示。

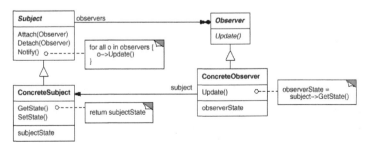

图8-2 观察者模式类图

先看一个简单的观察者模式是如何实现的，如代码清单8-4所示。

代码清单8-4　一个简单的观察者模式

```cpp
class Subject;

// 观察者接口类
class Observer {
public:
    virtual ~Observer();
    virtual void Update(Subject* theChangedSubject) = 0;
protected:
    Observer();
};
// 主题类
class Subject {
public:
    virtual ~Subject();
    virtual void Attach(Observer*);
    virtual void Detach(Observer*);
    virtual void Notify();
protected:
    Subject();
private:
    List<Observer*> *_observers;// 观察者列表
};
// 附加观察者 void Subject::Attach (Observer* o) {
    _observers->Append(o);
}
// 移除观察者
void Subject::Detach (Observer* o) {
    _observers->Remove(o);
}
// 通知所有的观察者
void Subject::Notify () {
    ListIterator<Observer*> i(_observers);

    for (i.First(); !i.IsDone(); i.Next()) {
        i.CurrentItem()->Update(this);
    }
}
```

上面的例子摘自GOF《设计模式》一书，这个例子很简单，是一种经典的观察者模式的实现，但这种实现不够通用，只能对特定的观察者才有效，即必须是Observer抽象类的派生类才行，并且这个观察者类还不能带参数，虽然能在抽象类中定义带几个指定参数的观察者方法，但这仍然不够用，因为在实际情况下参数个数是不定的。这种实现方式限定太多，最主要的两个限定是：第一，需要继承，继承是强对象关系，不够灵活；第二，观察者被通知的接口参数不支持变化，导致观察者不能应付接口的变化。

我们可以通过 C++11 做一些改进，主要改进的地方有两个：通过被通知接口参数化和 std::function 来代替继承；通过可变参数模板和完美转发来消除接口变化产生的影响。改进之后的观察者模式和 C# 中的 event 类似，通过定义委托类型来限定观察者，不要求观察者必须从某个类派生，当需要和原来不同的观察者时，只需要定义一个新的 event 类型即可，通过 evnet 还可以方便地增加或者移除观察者。

我们还希望这个 event 类不可复制，要使类成为不可复制的，典型的实现方法是将类的复制构造函数和赋值运算符设置为 private 或 protected。如果二者都未定义，那么编译器会提供一种作为公共成员函数的隐式版本。C++11 提供了 Default 和 Delete 函数，使我们可以更方便地实现一个 NonCopyable 了，如果希望类不被复制，则直接从这个 NonCopyable 派生即可。NonCopyable 的实现如代码清单 8-5 所示。

代码清单 8-5　NonCopyable 类和 Events 类实现

```cpp
class NonCopyable
{
protected:
  NonCopyable() = default;
  ~NonCopyable() = default;
  NonCopyable(const NonCopyable&) = delete; //禁用复制构造
  //禁用赋值构造
  NonCopyable& operator = (const NonCopyable&) = delete;
};

#include <iostream>
#include <string>
#include <functional>
#include <map>
using namespace std;

template<typename Func>
class Events : NonCopyable
{
public:
    Events()
    {}
  ~ Events(){}
    //注册观察者，支持右值引用
    int Connect(Func&& f)
    {
        return Assgin(f);
    }
    //注册观察者
    int Connect(const Func& f)
    {
        return Assgin(f);
    }
    //移除观察者
```

```cpp
    void Disconnect(int key)
    {
        m_connections.erase(key);
    }

    // 通知所有的观察者
    template<typename... Args>
    void Notify(Args&&... args)
    {
        for (auto& it: m_connections)
        {
            it.second(std::forward<Args>(args)...);
        }
    }

private:
    // 保存观察者并分配观察者的编号
    template<typename F>
    int Assgin(F&& f)
    {
        int k=m_observerId++;
        m_connections.emplace(k, std::forward<F>(f));
        return k;
    }

    int m_observerId=0;                                    // 观察者对应的编号
    std::map<int, Func> m_connections;                     // 观察者列表
};
```

测试代码如下:

```cpp
struct stA
{
  int a, b;
  void print(int a, int b) { cout << a << ", " << b << endl; }
};
void print(int a, int b) { cout << a << ", " << b << endl; }

int main() {
    Events<std::function<void(int,int)>> myevent;

    auto key=myevent.Connect(print);                       // 以函数方式注册观察者
    stA t;
    auto lambdakey=myevent.Connect([&t](int a, int b){ t.a=a; t.b=b; });// lamda 注册
    // std::function 注册
    std::function<void(int,int)> f = std::bind(&stA::print, &t, std::placeholder
        s::_1,std::placeholders::_2);
    myevent.Connect(f);
    int a=1,b=2;
    myevent.Notify(a,b);                                   // 广播所有观察者
```

```
        myevent.Disconnect(key);                    // 移除观察者

        return 0;
}
```

C++11 实现的观察者模式，内部维护了一个泛型函数列表，观察者只需要将观察者函数注册进来即可，消除了继承导致的强耦合。通知接口使用了可变参数模板，支持任意参数，这就消除了接口变化的影响。

8.3 改进访问者模式

访问者（Visitor）模式表示一个作用于某对象结构中的各元素的操作，可用于在不改变各元素的类的前提下定义作用于这些元素的新操作。访问者模式的类图如图 8-3 所示。

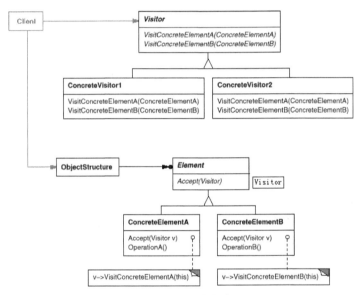

图 8-3　访问者模式类图

先看一下访问者模式的简单实现，如代码清单 8-6 所示。

代码清单 8-6　访问者模式的实现

```cpp
#include <iostream>
#include <memory>
using namespace std;

struct ConcreteElement1;
struct ConcreteElement2;
// 访问者基类
struct Visitor
```

```cpp
{
  virtual ~Visitor(){}

  virtual void Visit(ConcreteElement1* element) = 0;
  virtual void Visit(ConcreteElement2* element) = 0;
};

// 被访问者基类
struct Element
{
  virtual ~Element(){}

  virtual void Accept(Visitor& visitor) = 0;
};

// 具体的访问者
struct ConcreteVisitor : public Visitor
{
  void Visit(ConcreteElement1* element)
  {
          cout << "Visit ConcreteElement1" << endl;
  }

  void Visit(ConcreteElement2* element)
  {
          cout << "Visit ConcreteElement2" << endl;
  }
};

// 具体的被访问者
struct ConcreteElement1 : public Element
{
  void Accept(Visitor& visitor)
  {
          visitor.Visit(this); // 二次分派
  }
};

// 具体的被访问者
struct ConcreteElement2 : public Element
{
  void Accept(Visitor& visitor)
  {
          visitor.Visit(this);// 二次分派
  }
};

void TestVisitor()
{
  ConcreteVisitor v;
```

```cpp
    std::unique_ptr<Element> emt1(new ConcreteElement1());
    std::unique_ptr<Element> emt2(new ConcreteElement2());

    emt1->Accept(v);
    emt2->Accept(v);
}

int main()
{
    TestVisitor();
}
```

输出结果如下：

```
Visit ConcreteElement1
Visit ConcreteElement2
```

GOF《设计模式》一书中也明确指出了 Visitor 模式需要注意的问题：定义对象结构的类很少改变，但经常需要在此结构上定义新的操作。改变对象结构类需要重定义对所有访问者的接口，这可能需要付出很大的代价。如果对象结构类经常改变，那么还是在这些类中定义这些操作较好。

也就是说，在访问者模式中被访问者应该是一个稳定的继承体系，如果这个继承体系经常变化，就会导致经常修改 Visitor 基类，因为在 Visitor 基类中定义了需要访问的对象类型，每增加一种被访问类型就要增加一个对应的纯虚函数，在上例中，如果需要增加一个新的被访问者 ConcreteElement3，则需要在 Visitor 基类中增加一个纯虚函数：

```cpp
virtual void Visit(ConcreteElement3* element) = 0;
```

根据面向接口编程的原则，我们应该依赖于接口而不应依赖于实现，因为接口是稳定的，不会变化的。而访问者模式的接口不太稳定，这会导致整个系统的不稳定，存在很大的隐患。要解决这个问题，最根本的方法是定义一个稳定的 Visitor 接口层，即不会因为增加新的被访问者而修改接口层，能否定义一个稳定的 Visitor 接口层呢？答案是肯定的，通过 C++11 进行改进，我们就可以实现这个目标。

通过可变参数模板就可以实现一个稳定的接口层，利用可变参数模板可以支持任意个数的参数的特点，可以让访问者接口层访问任意个数的被访问者，这样就不需要每增加一个新的被访问者就修改接口层，从而使接口层保持稳定。C++11 改进后的 visitor 模式如代码清单 8-7 所示。

代码清单 8-7　C++11 改进后的 visitor 模式

```cpp
template<typename... Types>
struct Visitor;

template<typename T, typename... Types>
```

```cpp
struct Visitor<T, Types...> : Visitor<Types...>
{
    //通过using避免隐藏基类的Visit同名方法
    using Visitor<Types...>::Visit;
    virtual void Visit(const T&) = 0;
};

template<typename T>
struct Visitor<T>
{
    virtual void Visit(const T&) = 0;
};
```

上述代码为每个类型都定义了一个纯虚函数Visit。通过"using Visitor<Types...>::Visit;"可以避免隐藏基类的同名方法。

被访问的继承体系使用Visitor访问该继承体系的对象，如代码清单8-8所示。

代码清单8-8　Visitor模式的测试代码

```cpp
#include <iostream>
struct stA;
struct stB;

struct Base
{
    //定义通用的访问者类型，它可以访问stA和stB
    typedef Visitor<stA, stB> MytVisitor;
    virtual void Accept(MytVisitor&) = 0;
};

struct stA: Base
{
    double val;
    void Accept(Base::MytVisitor& v)
    {
        v.Visit(*this);
    }
};

struct stB: Base
{
    int val;
    void Accept(Base::MytVisitor& v)
    {
        v.Visit(*this);
    }
};

struct PrintVisitor: Base::MytVisitor
```

```cpp
{
    void Visit(const stA& a)
    {
        std::cout << "from stA: " << a.val << std::endl;
    }
    void Visit(const stB& b)
    {
        std::cout << "from stB: " << b.val << std::endl;
    }
};
```

测试代码如下:

```cpp
void TestVisitor()
{
    PrintVisitor vis;
    stA a;
    a.val = 8.97;
    stB b;
    b.val = 8;
    Base* base = &a;
    base->Accept(vis);
    base = &b;
    base->Accept(vis);
}
```

测试结果如下:

```
from stA: 8.97
from stB: 8
```

在上例中,"typedef Visitor<stA, stB> MytVisitor;"会自动生成 stA 和 stB 的 visit 虚函数:

```cpp
struct Visitor<stA, stB >
{
  virtual void Visit(const stA &) = 0;
  virtual void Visit(const stB&) = 0;
};
```

当被访问者需要增加 stC、stD 和 stE 时,只需要定义一个新的类型就够了:

```cpp
typedef Visitor<stA, stB, stC, stD, stE> MytVisitor
```

而该类型会自动生成访问接口:

```cpp
struct Visitor<stA, stB , stC, stD, stE>
{
  virtual void Visit(const stA &) = 0;
  virtual void Visit(const stB&) = 0;
  virtual void Visit(const stC&) = 0;
```

```
    virtual void Visit(const stD&) = 0;
    virtual void Visit(const stE&) = 0;
};
```

该 Visitor 会自动生成新增被访问者的虚函数，而 Visitor 接口层无须修改，保持稳定。相对于原来的访问者模式，C++11 改进后的访问者模式不会因被访问者的继承层次经常变化而需要经常修改，接口层稳定。和以前的访问者模式的实现相比，改进之后的访问者模式把 Visitor 接口层的变化转移到被访问者基类对象中了，虽然 Visitor 接口层会保持稳定，但如果需要增加新的访问者，基类中 Visitor 类型也要对应扩展，但是这种变化相比原来 Visitor 接口层的变化来说是很小的（只需要在类型定义中扩展一个类型即可），也是容易维护的。

8.4 改进命令模式

命令模式的作用是将请求封装为一个对象，将请求的发起者和执行者解耦，支持对请求排队、撤销和重做。由于将请求都封装成一个个命令对象了，使得我们可以集中处理或延迟处理这些命令请求，而且不同的客户对象可以共享这些命令，还可以控制请求的优先级、排队、支持请求命令撤销和重做等。命令模式的类图如图 8-4 所示。

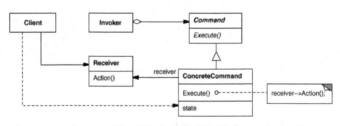

图 8-4 命令模式类图

命令模式的这些好处是显而易见的，但是，在实际使用过程中，它的问题也暴露出来了。随着请求的增多，请求的封装类——命令类也会越来越多，尤其是在 GUI 应用中，请求是非常多的。越来越多的命令类会导致类爆炸，难以管理。关于类膨胀问题，GOF 很早就意识到了，他们提出了一个解决方法：对于简单的不能取消和不需要参数的命令，可以用一个命令类模板来参数化该命令的接收者，用接收者类型来参数化命令类并维护一个接收者对象和一个动作之间的绑定，这一动作是用指向同一个成员函数的指针存储的。具体代码如代码清单 8-9 所示。

代码清单 8-9 通过简单的命令类来解决类膨胀的问题

```
template <class Receiver>
class SimpleCommand : public Command {
public:
    typedef void (Receiver::* Action)();

    SimpleCommand(Receiver* r, Action a) :
```

```cpp
    _receiver(r), _action(a) { }
    virtual void Execute();
private:
    Action _action;
    Receiver* _receiver;
};
template <class Receiver>
void SimpleCommand<Receiver>::Execute () {
    (_receiver->*_action)();
}
```

测试代码如下：

```cpp
class MyClass {
public:
    void Action();
};
void dummy ()
{
    MyClass* receiver = new MyClass;
    Command* aCommand =
      new SimpleCommand<MyClass>(receiver, &MyClass::Action);
    aCommand->Execute();
}
```

通过一个泛型的简单命令类来避免不断创建新的命令类，是一个不错的办法，但是，这个办法不完美，即它只能是简单的命令类，不能对复杂的甚至所有的命令类泛化，这是它的缺陷，所以，它只是解决了部分问题。可以改进这个缺陷，完美地解决类爆炸的问题。在C++11之前笔者还没看到有人解决了这个问题，现在可以用C++11解决这个问题了。

要解决命令模式类爆炸问题，关键是如何定义通用的泛化的命令类，这个命令类可以泛化所有的命令，而不是 GOF 提到的简单命令。再回过头来看看 GOF 中那个简单的命令类的定义，它只是泛化了没有参数和返回值的命令类，命令类内部引用了一个接收者和接收者的函数指针，如果接收者的行为函数指针有参数就不能通用了，所以要解决的关键问题是如何让命令类能接受所有的成员函数指针或者函数对象。

我们需要一个函数包装器，它可以接受所有的可调用对象（函数对象、fucntion 和 lamda 表达式等）。下面看一个函数包装器的实现，为了简单起见这里没有提供 const volatile（后面会简称为 cv）版本。

接受 function、函数对象、lamda 和普通函数的包装器：

```cpp
template< class F, class... Args, class = typename std::enable_if<!std::is_
    member_function_pointer<F>::value>::type>
void Wrap(F && f, Args && ... args)
{
return f(std::forward<Args>(args)...);
}
```

接受成员函数的包装器：

```cpp
template<class R, class C, class... DArgs, class P, class... Args>
void Wrap(R(C::*f)(DArgs...), P && p, Args && ... args)
{
return (*p.*f)(std::forward<Args>(args)...);
}
```

通过重载的 Wrap 让函数包装器能接受成员函数（为简单起见，没有定义 const 和 volatile 版本）。现在再来看，函数包装器是如何应用到命令模式中，从而解决类膨胀的问题。

利用 C++ 的 type_traits 和 function 来实现一个通用的泛化的命令类，如代码清单 8-10 所示。

代码清单 8-10　通用的泛化的命令类

```cpp
#include <functional>
#include <type_traits>
template<typename R=void>
struct CommCommand
{
private:
std::function < R()> m_f;

public:
//接受可调用对象的函数包装器
template< class F, class... Args, class = typename std::enable_if<!std::is_
    member_function_pointer<F>::value>::type>
void Wrap(F && f, Args && ... args)
{
  m_f = [&]{return f(args...); };
}

//接受常量成员函数的函数包装器
template<class R, class C, class... DArgs, class P, class... Args>
void Wrap(R(C::*f)(DArgs...) const, P && p, Args && ... args)
{
  m_f = [&, f]{return (*p.*f)( args...); };
}

//接受非常量成员函数的函数包装器
template<class R, class C, class... DArgs, class P, class... Args>
void Wrap(R(C::*f)(DArgs...), P && p, Args && ... args)
{
  m_f = [&, f]{return (*p.*f)( args...); };
}

R Excecute()
{
  return m_f();
}
};
```

测试代码如代码清单 8-11 所示。

代码清单 8-11　通用命令类的测试代码

```
struct STA
{
  int m_a;
  int operator()(){ return m_a; }
  int operator()(int n){ return m_a + n; }
  int triple0(){ return m_a * 3; }
  int triple(int a){ return m_a * 3 + a; }
  int triple1() const { return m_a * 3; }
  const int triple2(int a) const { return m_a * 3+a; }

  void triple3(){ cout << "" <<endl; }
};

int add_one(int n)
{
  return n + 1;
}

void TestWrap()
{
  CommCommand<int> cmd;
  //接受普通函数
  cmd.Wrap(add_one, 0);

  //接受lambda表达式
  cmd.Wrap([](int n){return n + 1; }, 1);

  //接受函数对象
  cmd.Wrap(bloop);
  cmd.Wrap(bloop, 4);

  STA t = { 10 };
  int x = 3;
  //接受成员函数
  cmd.Wrap(&STA::triple0, &t);
  cmd.Wrap(&STA::triple, &t, x);
  cmd.Wrap(&STA::triple, &t, 3);

  cmd.Wrap(&STA::triple2, &t, 3);
  auto r = cmd.Excecute();

  CommCommand<> cmd1;
  cmd1.Wrap(&Bloop::triple3, &t);
  cmd1.Excecute();
}
```

我们在通用的命令类内部定义了一个通用的函数包装器，这使得我们可以封装所有的命令，增加新的请求时就不需要重新定义命令了，完美地解决了命令类膨胀的问题。

8.5 改进对象池模式

对象池对于创建开销比较大的对象来说很有意义，为了避免重复创建开销比较大的对象，可以通过对象池来优化。对象池的思路比较简单，事先创建好一批对象，放到一个集合中，每当程序需要新的对象时，就从对象池中获取，程序用完该对象后都会把该对象归还给对象池。这样会避免重复创建对象，提高程序性能。对象池的实现如代码清单 8-12 所示。

代码清单 8-12　对象池的实现

```cpp
#include<string>
#include<functional>
#include<memory>
#include<map>

using namespace std;

const int MaxObjectNum = 10;

template<typename T>
class ObjectPool
{
    template<typename... Args>
    using Constructor = std::function<std::shared_ptr<T>(Args...)>;
public:
    ObjectPool() : needClear(false){}

    ~ObjectPool()
    {
        needClear = true;
    }

    //默认创建多少个对象
    template<typename... Args>
    void Init(size_t num, Args&&... args)
    {
        if (num <= 0 || num> MaxObjectNum1)
            throw std::logic_error("object num out of range.");

        auto constructName = typeid(Constructor<Args...>).name(); //不区分引用
        for (size_t i = 0; i <num; i++)
        {
            m_object_map.emplace(constructName, shared_ptr<T>(new T(std::forward
                <Args>(args)...), [this, constructName](T* p)
                //删除器中不直接删除对象，而是回收到对象池中，以供下次使用
            {
                return createPtr<T>(string(constructName), args...);
            }));
        }
    }

    template<typename T, typename... Args>
```

```cpp
    std::shared_ptr<T> createPtr(std::string& constructName, Args... args)
    {
        return std::shared_ptr<T>(new T(args...), [constructName, this](T* t)
        {
            if (needClear)
                delete[] t;
            else
                m_object_map.emplace(constructName, std::shared_ptr<T>(t));
        });
    }

    // 从对象池中获取一个对象
    template<typename... Args>
    std::shared_ptr<T> Get()
    {
        string constructName = typeid(Constructor<Args...>).name();

        auto range = m_object_map.equal_range(constructName);
        for (auto it = range.first; it != range.second; ++it)
        {
            auto ptr = it->second;
            m_object_map.erase(it);
            return ptr;
        }

        return nullptr;
    }
private:
    std::multimap<std::string, std::shared_ptr<T>> m_object_map;
    bool needClear;
};
```

这个对象池的实现很典型：初始创建一定数量的对象，用的时候直接从池中取，用完之后再回收到池子。一般对象池的实现思路和这个类似，这种实现方式虽然能达到目的，但是存在以下不足：

1）对象用完之后需要手动回收，用起来不够方便，更大的问题是存在忘记回收的风险。

2）不支持参数不同的构造函数。

通过C++11可以解决这两个问题：

1）对于第一个问题，通过自动回收用完的对象来解决。这里用智能指针就可以解决，在创建智能指针时可以指定删除器，在删除器中不删除对象，而是将其回收到对象池中。这个过程对外界来说是看不见的，由智能指针自己完成。

2）对于第二个问题，通过可变参数模板来解决。可变参数模板可以支持不同参数的构造函数来创建对象。

对象池的实现如代码清单 8-13 所示。

代码清单 8-13　对象池的实现

```cpp
#include<string>
#include<functional>
#include<memory>
#include<map>
#include "NonCopyable.hpp"
usingnamespace std;

const int MaxObjectNum = 10;

template<typenameT>
classObjectPool : NonCopyable
{
    template<typename... Args>
    using Constructor = std::function<std::shared_ptr<T>(Args...)>;
public:
    //默认创建多少个对象
    template<typename... Args>
    void Init(size_tnum, Args&&... args)
    {
            if (num<= 0 || num> MaxObjectNum)
                throw std::logic_error("object num out of range.");

            auto constructName = typeid(Constructor<Args...>).name(); //不区分引用
            for (size_t i = 0; i <num; i++)
            {
                    m_object_map.emplace(constructName, shared_ptr<T>(newT(std::
                        forward<Args>(args)...), [this, constructName](T* p)
                                    //删除器中不直接删除对象,而是回收到对象池中,以供下次使用
                            {
                            m_object_map.emplace(std::move(constructName), std::shared_ptr<T>(p));
                            }));
            }
    }

    //从对象池中获取一个对象
    template<typename... Args>
    std::shared_ptr<T> Get()
    {
            string constructName = typeid(Constructor<Args...>).name();

            auto range = m_object_map.equal_range(constructName);
            for (auto it = range.first; it != range.second; ++it)
            {
                    auto ptr = it->second;
                    m_object_map.erase(it);
```

```
                    return ptr;
            }

            return nullptr;
    }
private:
    multimap<string, std::shared_ptr<T>> m_object_map;
};
```

测试代码如代码清单 8-14 所示。

代码清单 8-14　对象池的测试代码

```
#include <iostream>
struct BigObject
{
  BigObject(){}

  BigObject(int a){}

  BigObject(const int& a, const int& b){}

  void Print(const string& str)
  {
            cout <<str<< endl;
  }
};

void Print(shared_ptr<BigObject>p, const string& str)
{
  if (p != nullptr)
  {
            p->Print(str);
  }
}

void TestObjPool()
{
  ObjectPool<BigObject> pool;
  pool.Init(2); //初始化对象池,初始创建两个对象

  {
            auto p = pool.Get();
            Print(p, "p");
            auto p2 = pool.Get();
            Print(p2, "p2");
  }// 出了作用域之后,对象池返回出来的对象又会自动回收
  auto p = pool.Get();
  auto p2 = pool.Get();
```

```cpp
        Print(p, "p");
        Print(p2, "p2");

        // 对象池支持重载构造函数
        pool.Init(2, 1);
        auto p4 = pool.Get<int>();
        Print(p4, "p4");
        pool.Init(2, 1, 2);
        auto p5 = pool.Get<int, int>();
        Print(p5, "p5");
    }
    int main()
    {
        TestObjPool();
        return 0;
    }
```

输出结果如下：

p
p2
p
p2
p4
p5

在上述测试代码中，设置了对象池的最大容量为 2，所以在获取 p3 时，将获得一个空指针。在离开作用域之后对象就被对象池回收，后面就能再获取池中的对象了。这里需要注意的是，对象被回收之后它的状态并没有被清除，用户从池中获取对象之后最好先初始化或重置一下状态。p4 和 p5 是不同构造函数创建的对象。需要注意的是，在对象池中创建不同的对象时，构造函数入参的引用将被忽略，即入参 int 和 int& 的构造函数会被认为是同一种类型的构造函数，因为在构造对象时无法获取变参 Args... 的引用类型，丢失了引用相关的信息。

相比传统的实现方式，改进之后的对象池的实现不仅能自动回收对象，还能支持参数不同的构造函数，更加灵活和强大。

8.6　总结

使用 C++11 对以前的一些设计模式的实现做了改进，使得这些模式更加简洁、通用、强大和完美，这正体现了 C++11 的威力。C++11 还可以对更多模式加以改进，值得我们继续去探索。

第 9 章 使用 C++11 开发一个半同步半异步线程池

9.1 半同步半异步线程池介绍

在处理大量并发任务的时候，如果按照传统的方式，一个请求一个线程来处理请求任务，大量的线程创建和销毁将消耗过多的系统资源，还增加了线程上下文切换的开销，而通过线程池技术就可以很好地解决这些问题。线程池技术通过在系统中预先创建一定数量的线程，当任务请求到来时从线程池中分配一个预先创建的线程去处理任务，线程在处理完任务之后还可以重用，不会销毁，而是等待下次任务的到来。这样，通过线程池能避免大量的线程创建和销毁动作，从而节省系统资源，这样做的一个好处是，对于多核处理器，由于线程会被分配到多个 CPU，会提高并行处理的效率。另一个好处是每个线程独立阻塞，可以防止主线程被阻塞而使主流程被阻塞，导致其他的请求得不到响应的问题。

线程池分为半同步半异步线程池和领导者追随者线程池，本章将主要介绍半同步半异步线程池，这种线程池在实现上更简单，使用得比较多，也比较方便。半同步半异步线程池分成三层，如图 9-1 所示。

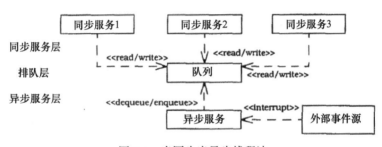

图 9-1 半同步半异步线程池

第一层是同步服务层，它处理来自上层的任务请求，上层的请求可能是并发的，这些请求不是马上就会被处理，而是将这些任务放到一个同步排队层中，等待处理。第二层是同步排队层，来自上层的任务请求都会加到排队层中等待处理。第三层是异步服务层，这一层中会有多个线程同时处理排队层中的任务，异步服务层从同步排队层中取出任务并行的处理。

这种三层的结构可以最大程度处理上层的并发请求。对于上层来说只要将任务丢到同步队列中就行了，至于谁去处理，什么时候处理都不用关心，主线程也不会阻塞，还能继续发起新的请求。至于任务具体怎么处理，这些细节都是靠异步服务层的多线程异步并行来完成的，这些线程是一开始就创建的，不会因为大量的任务到来而创建新的线程，避免了频繁创建和销毁线程导致的系统开销，而且通过多核处理能大幅提高处理效率。

9.2 线程池实现的关键技术分析

上一节介绍了线程池的基本概念和基本结构，它是由三层组成：同步服务层、排队层和异步服务层，其中排队层居于核心地位，因为上层会将任务加到排队层中，异步服务层同时也会取出任务，这里有一个同步的过程。在实现时，排队层就是一个同步队列，允许多个线程同时去添加或取出任务，并且要保证操作过程是安全的。线程池有两个活动过程，一个是往同步队列中添加任务的过程，另一个是从同步队列中取任务的过程，活动图如图 9-2 所示。

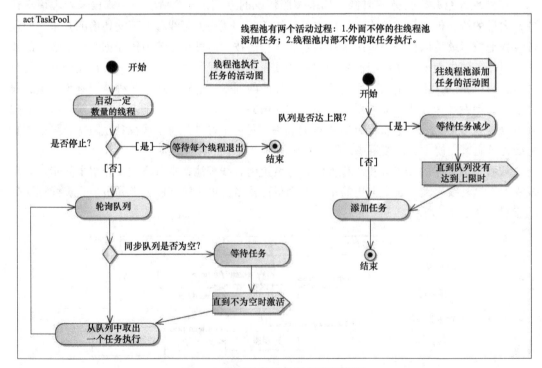

图 9-2　半同步半异步线程池活动图

从活动图中可以看到线程池的活动过程，一开始线程池会启动一定数量的线程，这些线程属于异步层，主要用来并行处理排队层中的任务，如果排队层中的任务数为空，则这些线程等待任务的到来，如果发现排队层中有任务了，线程池则会从等待的这些线程中唤醒一个来处理新任务。同步服务层则会不断地将新的任务添加到同步排队层中，这里有个问题值得注意，有可能上层的任务非常多，而任务又是非常耗时的，这时，异步层中的线程处理不过来，则同步排队层中的任务会不断增加，如果同步排队层不加上限控制，则可能会导致排队层中的任务过多，内存暴涨的问题。因此，排队层需要加上限的控制，当排队层中的任务数达到上限时，就不让上层的任务添加进来，起到限制和保护的作用。

9.3 同步队列

同步队列即为线程中三层结构中的中间那一层，它的主要作用是保证队列中共享数据线程安全，还为上一层同步服务层提供添加新任务的接口，以及为下一层异步服务层提供取任务的接口。同时，还要限制任务数的上限，避免任务过多导致内存暴涨的问题。同步队列的实现比较简单，我们会用到 C++11 的锁、条件变量、右值引用、std::move 以及 std::forward。move 是为了实现移动语义，forward 是为了实现完美转发，关于右值引用、移动语义和完美转发，读者可以参考第 2 章的介绍，这里不再赘述。同步队列的锁是用来线程同步的，条件变量是用来实现线程通信的，即线程池空了就要等待，不为空就通知一个线程去处理；线程池满了就等待，直到没有满的时候才通知上层添加新任务。同步队列的具体实现如代码清单 9-1 所示。

代码清单 9-1　同步队列的实现代码

```
#include<list>
#include<mutex>
#include<thread>
#include<condition_variable>
#include <iostream>
using namespace std;
template<typename T>
class SyncQueue
{
public:
        SyncQueue(int maxSize) :m_maxSize(maxSize), m_needStop(false)
        {
        }

        void Put(const T&x)
        {
```

```cpp
            Add(x);
    }

    void Put(T&&x)
    {
            Add(std::forward<T>(x));
    }

    void Take(std::list<T>& list)
    {
            std::unique_lock<std::mutex> locker(m_mutex);
            m_notEmpty.wait(locker, [this]{return m_needStop || NotEmpty(); });

            if (m_needStop)
                    return;
            list = std::move(m_queue);
            m_notFull.notify_one();
    }

    void Take(T& t)
    {
            std::unique_lock<std::mutex> locker(m_mutex);
            m_notEmpty.wait(locker, [this]{return m_needStop || NotEmpty(); });

            if (m_needStop)
                    return;
            t = m_queue.front();
            m_queue.pop_front();
            m_notFull.notify_one();
    }

    void Stop()
    {
            {
                    std::lock_guard<std::mutex> locker(m_mutex);
                    m_needStop = true;
            }
            m_notFull.notify_all();
            m_notEmpty.notify_all();
    }

    bool Empty()
    {
            std::lock_guard<std::mutex> locker(m_mutex);
            return m_queue.empty();
    }

    bool Full()
    {
            std::lock_guard<std::mutex> locker(m_mutex);
```

```cpp
                return m_queue.size() == m_maxSize;
        }

        size_t Size()
        {
                std::lock_guard<std::mutex> locker(m_mutex);
                return m_queue.size();
        }

        int Count()
        {
                return m_queue.size();
        }
private:
        bool NotFull() const
        {
                bool full = m_queue.size() >= m_maxSize;
                if (full)
                        cout << "缓冲区满了,需要等待..." << endl;
                return !full;
        }

        bool NotEmpty() const
        {
                bool empty = m_queue.empty();
                if (empty)
                        cout << "缓冲区空了,需要等待...,异步层的线程 ID: " << this_
                                thread::get_id() << endl;
                return !empty;
        }

        template<typename F>
        void Add(F&&x)
        {
                std::unique_lock< std::mutex> locker(m_mutex);
                m_notFull.wait(locker, [this]{return m_needStop || NotFull(); });
                if (m_needStop)
                        return;

                m_queue.push_back(std::forward<F>(x));
                m_notEmpty.notify_one();
        }

private:
        std::list<T> m_queue;                           // 缓冲区
        std::mutex m_mutex;                             // 互斥量和条件变量结合起来使用
        std::condition_variable m_notEmpty;             // 不为空的条件变量
        std::condition_variable m_notFull;              // 没有满的条件变量
```

```cpp
        int m_maxSize;                          //同步队列最大的size
        bool m_needStop;                        //停止的标志
};
```

代码清单9-1相比5.3节中的实现不仅增加了Stop接口，以便让用户能终止任务，还做了进一步的改进，以提高性能。之前的实现，只有一个void Take（T& x）接口，每次获取到互斥锁之后，只能获取一个数据，其实这时队列中可能有多条数据，如果每条数据都加锁获取，效率是很低的，这里我们可以进行改进，做到一次加锁就能将队列中所有数据都取出来，从而大大减少加锁的次数。在获取互斥锁之后，我们不再只获取一条数据，而是通过std::move来将队列中所有数据move到外面去，这样既大大减少了获取数据加锁的次数，又直接通过移动避免了数据的复制，提高了性能。

下面具体介绍同步队列的3个函数Take、Add和Stop的实现。

1. Take 函数

先创建一个unique_lock获取mutex，然后再通过条件变量m_notEmpty来等待判断式，判断式由两个条件组成，一个是停止的标志，另一个是不为空的条件，当不满足任何一个条件时，条件变量会释放mutex并将线程置于waiting状态，等待其他线程调用notify_one/notify_all将其唤醒；当满足任何一个条件时，则继续往下执行后面的逻辑，即将队列中的任务取出，并唤醒一个正处于等待状态的添加任务的线程去添加任务。当处于waiting状态的线程被notify_one或notify_all唤醒时，条件变量会先重新获取mutex，然后再检查条件是否满足，如果满足，则往下执行，如果不满足，则释放mutex继续等待。

```cpp
void Take(std::list<T>& list)
{
        std::unique_lock<std::mutex> locker(m_mutex);
        m_notEmpty.wait(locker, [this]{return m_needStop || NotEmpty(); });

        if (m_needStop)
                return;
        list = std::move(m_queue);
        m_notFull.notify_one();
}
```

2. Add 函数

Add的过程和Take的过程是类似的，也是先获取mutex，然后检查条件是否满足，不满足条件时，释放mutex继续等待，如果满足条件，则将新的任务插入到队列中，并唤醒取任务的线程去取数据。

```cpp
template<typename F>
void Add(F&&x)
```

```
{
    std::unique_lock< std::mutex> locker(m_mutex);
    m_notFull.wait(locker, [this]{return m_needStop || NotFull(); });
    if (m_needStop)
            return;

    m_queue.push_back(std::forward<F>(x));
    m_notEmpty.notify_one();
}
```

3. Stop 函数

Stop 函数先获取 mutex，然后将停止标志置为 true。注意，为了保证线程安全，这里需要先获取 mutex，在将其标志置为 true 之后，再唤醒所有等待的线程，因为等待的条件是 m_needStop，并且满足条件，所以线程会继续往下执行。由于线程在 m_needStop 为 true 时会退出，所以所有的等待线程会相继退出。另外一个值得注意的地方是，我们把 m_notFull. notify_all() 放到 lock_guard 保护范围之外了，这里也可以将 m_notFull.notify_all() 放到 lock_guard 保护范围之内，放到外面是为了做一点优化。因为 notify_one 或 notify_all 会唤醒一个在等待的线程，线程被唤醒后会先获取 mutex 再检查条件是否满足，如果这时被 lock_guard 保护，被唤醒的线程则需要 lock_guard 析构释放 mutex 才能获取。如果在 lock_guard 之外 notify_one 或 notify_all，被唤醒的线程获取锁的时候不需要等待 lock_guard 释放锁，性能会好一点，所以在执行 notify_one 或 notify_all 时不需要加锁保护。

```
void Stop()
{
    {
            std::lock_guard<std::mutex> locker(m_mutex);
            m_needStop = true;
    }
    m_notFull.notify_all();
    m_notEmpty.notify_all();
}
```

9.4 线程池

一个完整的线程池包括三层：同步服务层、排队层和异步服务层，其实这也是一种生产者—消费者模式，同步层是生产者，不断将新任务丢到排队层中，因此，线程池需要提供一个添加新任务的接口供生产者使用；消费者是异步层，具体是由线程池中预先创建的线程去处理排队层中的任务。排队层是一个同步队列，它内部保证了上下两层对共享数据的安全访问，同时还要保证队列不会被无限制地添加任务导致内存暴涨，这个同步队列将使用上一节中实现的线程池。另外，线程池还要提供一个停止的接口，让用户能够在需要的时候停止线程池的运行。代码清单 9-2 所示是线程池的实现。

代码清单9-2　线程池的实现

```cpp
#include<list>
#include<thread>
#include<functional>
#include<memory>
#include <atomic>
#include"SyncQueue.hpp"

const int MaxTaskCount = 100;
class ThreadPool
{
public:
    using Task = std::function<void()>;
    ThreadPool(int numThreads = std::thread::hardware_concurrency()) : m_queue
        (MaxTaskCount)
    {
        Start(numThreads);
    }

    ~ThreadPool(void)
    {
        //如果没有停止时则主动停止线程池
        Stop();
    }

    void Stop()
    {
        // 保证多线程情况下只调用一次StopThreadGroup
        std::call_once(m_flag, [this]{StopThreadGroup(); });
    }

    void AddTask(Task&&task)
    {
        m_queue.Put(std::forward<Task>(task));
    }

    void AddTask(const Task& task)
    {
        m_queue.Put(task);
    }

private:
    void Start(int numThreads)
    {
        m_running = true;
        //创建线程组
        for (int i = 0; i <numThreads; ++i)
        {
            m_threadgroup.push_back(std::make_shared<std::thread>(&ThreadPool::
```

```cpp
            RunInThread, this));
        }
    }
    void RunInThread()
    {
        while (m_running)
        {
            //取任务分别执行
            std::list<Task> list;
            m_queue.Take(list);

            for (auto& task : list)
            {
                if (!m_running)
                    return;

                task();
            }
        }
    }

    void StopThreadGroup()
    {
        m_queue.Stop();                         //让同步队列中的线程停止
        m_running = false;                      //置为false,让内部线程跳出循环并退出

        for (auto thread : m_threadgroup)       //等待线程结束
        {
            if (thread)
                thread->join();
        }
        m_threadgroup.clear();
    }

    std::list<std::shared_ptr<std::thread>> m_threadgroup;   //处理任务的线程组
    SyncQueue<Task> m_queue;                                 //同步队列
    atomic_bool m_running;                                   //是否停止的标志
    std::once_flag m_flag;
};
```

在上面的例子中,ThreadPool 有 3 个成员变量,一个是线程组,这个线程组中的线程是预先创建的,应该创建多少个线程由外面传入,一般建议创建 CPU 核数的线程以达到最优的效率,线程组循环从同步队列中取出任务并执行,如果线程池为空,线程组将处于等待状态,等待任务的到来。另一个成员变量是同步队列,它不仅用来做线程同步,还用来限制同步队列的上限,这个上限也是由使用者设置的。第三个成员变量是用来停止线程池的,为了保证线程安全,我们用到了原子变量 atomic_bool。下一节中将展示使用这个半同步半异步的线程池的实例。

9.5 应用实例

我们将通过一个简单的例子来展示如何使用半同步半异步的线程池。在这个例子中,线程池将初始创建两个线程,然后外部线程将不停地向线程中添加新任务,线程池内部的线程将会并行处理同步队列中的任务。下面来看看这个例子,如代码清单 9-3 所示。

代码清单 9-3　线程池测试例子

```cpp
void TestThdPool()
{
    ThreadPool pool;

    std::thread thd1([&pool]{
        for (int i = 0; i < 10; i++)
        {
            auto thdId = this_thread::get_id();
            pool.AddTask([thdId]{
                cout << "同步层线程 1 的线程 ID: " << thdId << endl;
            });
        }
    });

    std::thread thd2([&pool]{
        for (int i = 0; i < 10; i++)
        {
            auto thdId = this_thread::get_id();
            pool.AddTask([thdId]{
                cout << "同步层线程 2 的线程 ID: " << thdId << endl;
            });
        }
    });

    this_thread::sleep_for(std::chrono::seconds(2));
    getchar();
    pool.Stop();
    thd1.join();
    thd2.join();
}
```

测试结果如图 9-3 所示。

由测试结果可以看到,线程池初始创建了两个内部的线程,线程 ID 分别为 4492 和 7088,由于初始时,线程池中的同步队列是空的,所以这两个线程将进入等待状态,直到队列中有数据时才开始处理数据。线程池的上层有两个线程,线程 ID 分别为 6356 和 3576,这两个线程不断往线程池中添加数据，这些数据会被添加到排队层中，供异步服务层的线程处理。最终的结果是，异步层的线程交替处理来自上层的任务，交替打印出上层的线程 ID，缓冲区空了就会等待，满了之后也会等待，不会允许无限制地添加任务。

图 9-3　线程池测试结果

9.6　总结

用 C++11 的线程相关的特性让我们编写并发程序变得简单，比如可以利用线程、条件变量、互斥量来实现一个轻巧的线程池，从而避免频繁地创建线程。使用线程池也需要注意一些问题，比如要保证线程池中的任务不能挂死，否则会耗尽线程池中的线程，造成假死现象；还要避免长时间去执行一个任务，会导致后面的任务大量堆积而得不到及时处理，对于耗时较长的任务可以考虑用单独的线程去处理。

Chapter 10 第 10 章

使用 C++11 开发一个轻量级的 AOP 库

10.1 AOP 介绍

AOP（Aspect-Oriented Programming，面向方面编程），可以解决面向对象编程中的一些问题，是 OOP 的一种有益补充。面向对象编程中的继承是一种从上而下的关系，不适合定义从左到右的横向关系，如果继承体系中的很多无关联的对象都有一些公共行为，这些公共行为可能分散在不同的组件、不同的对象之中，通过继承方式提取这些公共行为就不太合适了。使用 AOP 还有一种情况是为了提高程序的可维护性，AOP 将程序的非核心逻辑都"横切"出来，将非核心逻辑和核心逻辑分离，使我们能集中精力在核心逻辑上，如图 10-1 所示的这种情况。

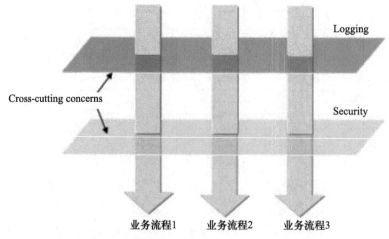

图 10-1 AOP 通过"横切"分离关注点

在图10-1中，每个业务流程都有日志和权限验证的功能，还有可能增加新的功能，实际上我们只关心核心逻辑，其他的一些附加逻辑，如日志和权限不需要关注，这时，就可以将日志和权限等非核心逻辑"横切"出来，使核心逻辑尽可能保持简洁和清晰，方便维护。这样"横切"的另一个好处是，这些公共的非核心逻辑被提取到多个切面中了，使它们可以被其他组件或对象复用，消除了重复代码。

AOP把软件系统分为两个部分：核心关注点和横切关注点。业务处理的主要流程是核心关注点，与之关系不大的部分是横切关注点。横切关注点的一个特点是，它们经常发生在核心关注点的多处，而各处都基本相似，比如权限认证、日志、事务处理。AOP的作用在于分离系统中的各种关注点，将核心关注点和横切关注点分离开来。

10.2 AOP 的简单实现

实现AOP的技术分为：静态织入和动态织入。静态织入一般采用专门的语法创建"方面"，从而使编译器可以在编译期间织入有关"方面"的代码，AspectC++就是采用的这种方式。这种方式还需要专门的编译工具和语法，使用起来比较复杂。10.3节将要介绍的AOP框架正是基于动态织入的轻量级AOP框架。动态织入一般采用动态代理的方式，在运行期对方法进行拦截，将切面动态织入到方法中，可以通过代理模式来实现。下面看一个简单的例子，使用代理模式实现方法的拦截，如代码清单10-1所示。

代码清单 10-1　代理模式拦截方法的实现

```
#include<memory>
#include<string>
#include<iostream>
using namespace std;
class IHello
{
public:

        IHello()
        {
        }

        virtual ~IHello()
        {
        }

        virtualvoid Output(const string& str)
        {

        }
};

class Hello : public IHello
```

```cpp
{
public:
        void Output(const string& str) override
        {
                cout <<str<< endl;
        }
};

class HelloProxy : public IHello
{
public:
        HelloProxy(IHello* p) : m_ptr(p)
        {

        }

        ~ HelloProxy()
        {
                delete m_ptr;
                m_ptr = nullptr;
        }

        void Output(const string& str) final
        {
                cout <<"Before real Output"<< endl;
                m_ptr->Output(str);
                cout <<"After real Output"<< endl;
        }

private:
        IHello* m_ptr;
};


void TestProxy()
{
        std::shared_ptr<IHello> hello = std::make_shared<HelloProxy>(newHello());
        hello->Output("It is a test");
}
```

输出结果如下:

```
Before real Output
It is a test
Before real Output
```

通过 HelloProxy 代理对象实现了对 Output 方法的拦截，这里 Hello::Output 就是核心逻辑，HelloProxy 实际上就是一个切面，我们可以把一些非核心逻辑放到里面，比如在核心逻辑之前的一些校验,在核心逻辑执行之后的一些日志等。

虽然通过代理模式可以实现 AOP,但是这种实现还存在一些不足之处:

- 不够灵活,不能自由组合多个切面。代理对象是一个切面,这个切面依赖真实的对象,如果有多个切面,要灵活地组合多个切面就变得很困难。这一点可以通过装饰模式来改进,虽然可以解决问题但还是显得"笨重"。
- 耦合性较强,每个切面必须从基类继承,并实现基类的接口。

我们希望能有一个耦合性低,又能灵活组合各种切面的动态织入的 AOP 框架。

10.3 轻量级的 AOP 框架的实现

要实现灵活组合各种切面,一个比较好的方法是将切面作为模板的参数,这个参数是可变的,支持 1 到 N(N>0)切面,先执行核心逻辑之前的切面逻辑,执行完之后再执行核心逻辑,然后执行核心逻辑之后的切面逻辑。这里,可以通过可变参数模板来支持切面的组合。AOP 实现的关键是动态织入,实现技术就是拦截目标方法,只要拦截了目标方法,我们就可以在目标方法执行前后做一些非核心逻辑,通过继承方式来实现拦截,需要派生基类并实现基类接口,这使程序的耦合性增加了。为了降低耦合性,这里通过模板来做约束,即每个切面对象必须有 Before(Args...)或 After(Args...)方法,用来处理核心逻辑执行前后的非核心逻辑。下面介绍如何实现能灵活组合各种切面的动态织入的 AOP 框架,如代码清单 10-2 所示。

代码清单 10-2　AOP 的实现

```
#define HAS_MEMBER(member)\
template<typename T, typename... Args>struct has_member_##member\
{\
private:\
        template<typename U> static auto Check(int) -> decltype(std::declval<U>().
            member(std::declval<Args>()...), std::true_type()); \
        template<typename U> static std::false_type Check(...);\
public:\
    enum{value = std::is_same<decltype(Check<T>(0)), std::true_type>::value};\
};\

HAS_MEMBER(Foo)
HAS_MEMBER(Before)
HAS_MEMBER(After)

#include <NonCopyable.hpp>
template<typename Func, typename... Args>
struct Aspect : NonCopyable
{
    Aspect(Func&& f) : m_func(std::forward<Func>(f))
    {
    }
```

```cpp
    template<typename T>
    typename std::enable_if<has_member_Before<T, Args...>::value&&has_member_
        After<T, Args...>::value>::type Invoke(Args&&... args, T&& aspect)
    {
        aspect.Before(std::forward<Args>(args)...);        // 核心逻辑之前的切面逻辑
        m_func(std::forward<Args>(args)...);               // 核心逻辑
        aspect.After(std::forward<Args>(args)...);         // 核心逻辑之后的切面逻辑
    }

    template<typename T>
    typename std::enable_if<has_member_Before<T, Args...>::value&&!has_member_
        After<T, Args...>::value>::type Invoke(Args&&... args, T&& aspect)
    {
        aspect.Before(std::forward<Args>(args)...);        // 核心逻辑之前的切面逻辑
        m_func(std::forward<Args>(args)...);               // 核心逻辑
    }

    template<typename T>
    typename std::enable_if<!has_member_Before<T, Args...>::value&&has_member_
        After<T, Args...>::value>::type Invoke(Args&&... args, T&& aspect)
    {
        m_func(std::forward<Args>(args)...);               // 核心逻辑
        aspect.After(std::forward<Args>(args)...);         // 核心逻辑之后的切面逻辑
    }

    template<typename Head, typename... Tail>
    void Invoke(Args&&... args, Head&&headAspect, Tail&&... tailAspect)
    {
        headAspect.Before(std::forward<Args>(args)...);
        Invoke(std::forward<Args>(args)..., std::forward<Tail>(tailAspect)...);
        headAspect.After(std::forward<Args>(args)...);
    }

private:
    Func m_func;                                           // 被织入的函数
};
template<typenameT> using identity_t = T;

// AOP 的辅助函数，简化调用
template<typename... AP, typename... Args, typename Func>
void Invoke(Func&&f, Args&&... args)
{
    Aspect<Func, Args...> asp(std::forward<Func>(f));
    asp.Invoke(std::forward<Args>(args)..., identity_t<AP>()...);
}
```

在上面的代码中，"template<typename T> using identity_t = T；"是为了让 vs2013 能正确识别出模板参数，因为各个编译器对变参的实现是有差异的。在 GCC 下，"msp.Invoke（std::forward<Args> (args)..., AP()...）；"是可以编译通过的，但是在 vs2013 下就不

能编译通过，通过 identity_t 就能让 vs2013 正确识别出模板参数类型。这里将 Aspect 从 NonCopyable 派生，使 Aspect 不可复制。关于 NonCopyable 的实现请读者参考 8.2 节的内容。上面的代码用到完美转发和可变参数模板，关于它们的用法，读者可以参考第 2 章和第 3 章内容。

实现思路很简单，将需要动态织入的函数保存起来，然后根据参数化的切面来执行 Before（Args...）处理核心逻辑之前的一些非核心逻辑，在核心逻辑执行完之后，再执行 After（Args...）来处理核心逻辑之后的一些非核心逻辑。上面代码中的 has_member_Before 和 has_member_After 这两个 traits 是为了让使用者用起来更灵活。使用者可以自由选择 Before 和 After，可以仅仅有 Before 或 After，也可以二者都有。

需要注意的是切面中的约束，因为通过模板参数化切面，要求切面必须有 Before 或 After 函数，这两个函数的入参必须和核心逻辑的函数入参保持一致，如果切面函数和核心逻辑函数入参不一致，则会报编译错误。从另外一个角度来说，也可以通过这个约束在编译期就检查到某个切面是否正确。

测试代码如代码清单 10-3 所示。

代码清单 10-3　AOP 测试代码

```
struct AA
{
        void Before(int i)
        {
                cout <<"Before from AA"<<i<< endl;
        }

        void After(int i)
        {
                cout <<"After from AA"<<i<< endl;
        }
};

struct BB
{
        void Before(int i)
        {
                cout <<"Before from BB"<<i<< endl;
        }

        void After(int i)
        {
                cout <<"After from BB"<<i<< endl;
        }
};

struct CC
```

```cpp
        {
                void Before()
                {
                        cout <<"Before from CC"<< endl;
                }

                void After()
                {
                        cout <<"After from CC"<< endl;
                }
        };

        struct DD
        {
                void Before()
                {
                        cout <<"Before from DD"<< endl;
                }

                void After()
                {
                        cout <<"After from DD"<< endl;
                }
        };

        void GT()
        {
                cout <<"real GT function"<< endl;
        }

        void HT(int a)
        {
                cout <<"real HT function: "<<a<< endl;
        }

        void TestAop()
        {
                //织入普通函数
                std::function<void(int)> f = std::bind(&HT, std::placeholders::_1);
                Invoke<AA, BB>(std::function<void(int)>(std::bind(&HT, std::placeholders::_1)), 1);
                //组合了两个切面 AA BB
                Invoke<AA, BB>(f, 1);

                //织入普通函数
                Invoke<CC, DD>(&GT);
                Invoke<AA, BB>(&HT, 1);
                //织入lambda表达式
                Invoke<AA, BB>([](inti){}, 1);
                Invoke<CC, DD>([]{});
        }
```

测试结果如图 10-2 所示。

图 10-2　AOP 的测试结果

再看一个简单的例子,这个例子中我们将记录目标函数的执行时间并输出日志,其中计时和日志都放到切面中。在执行函数之前输出日志,在执行完成之后也输出日志,并对执行的函数进行计时,如代码清单 10-4 所示。

代码清单 10-4　带日志和计时切面的 AOP

```
struct TimeElapsedAspect
{
        void Before(int i)
        {
                m_lastTime = m_t.elapsed();
        }

        void After(int i)
        {
                cout <<"time elapsed: "<< m_t.elapsed() - m_lastTime << endl;
        }

private:
        double m_lastTime;
        Timer m_t;
};

struct LoggingAspect
{
        void Before(int i)
```

```cpp
            {
                    std::cout <<"entering"<< std::endl;
            }

            void After(int i)
            {
                    std::cout <<"leaving"<< std::endl;
            }
    };

    void foo(int a)
    {
            cout <<"real foo function: "<<a<< endl;
    }

    int main()
    {
            Invoke<LoggingAspect, TimeElapsedAspect>(&foo, 1); // 织入方法
cout <<"-----------------------"<< endl;
            Invoke<TimeElapsedAspect, LoggingAspect>(&foo, 1);

            return 0;
    }
```

测试结果如图 10-3 所示。

图 10-3 AOP 切面组合的测试结果

从测试结果中看到，我们可以任意组合切面，非常灵活，也不要求切面必须从某个基类派生，只要求切面具有 Before 或 After 函数即可（这两个函数的入参要和拦截的目标函数的入参相同）。

10.4 总结

轻量级的 AOP 可以方便地实现对核心函数的织入，还支持切面的组合，但也存在不足之处，比如不能像 Java 的 AOP 框架一样支持通过配置文件去配置切面，仍然需要手动对核心函数配置切面，如果需要通过配置文件去配置切面，可以考虑使用 AspectC++。

第 11 章　使用 C++11 开发一个轻量级的 IoC 容器

11.1　IoC 容器是什么

先看一个由直接依赖产生耦合性的例子，如代码清单 11-1 所示。

代码清单 11-1　直接依赖产生耦合性的例子

```
#include <iostream>
using namespace std;

struct Base
{
    virtual void Func(){}
    virtual ~Base(){}
};
struct DerivedB : Base
{
    void Func() override
    {
            cout<<"call func in DerivedB"<<endl;
    }
};

struct DerivedC : Base
{
    void Func() override
    {
            cout<<"call func in DerivedC"<<endl;
    }
};
```

```cpp
struct DerivedD : Base
{
    void Func() override
    {
            cout<<"call func in DerivedD"<<endl;
    }
};


class A
{
public:
    A(Base* interfaceB) : m_interfaceB(interfaceB)
    {
    }

    void Func()
    {
            m_interfaceB->Func();
    }

    ~A()
    {
            if(m_interfaceB!=nullptr)
            {
                    delete m_interfaceB;
                    m_m_interfaceB = nullptr;
            }
    }

private:
    Base* m_interfaceB;
};

int main()
{
    A *a = new A(new DerivedB());
    a->Func();

    delete a;

    return 0;
}
```

输出结果如下：

```
call func in DerivedB
```

在上述这种情况下，A 对象直接依赖于 Base 接口对象，这样一般没问题，但是如果要根据某些条件去创建 A 对象的时候，耦合性就产生了，比如下面的例子：

```
int main()
{
    A *a = nullptr;

    if(conditionB)
            a = new A(new DerivedB());
    else if(conditionC)
            a = new A(new DerivedC());
    else
            a = new A(new DerivedD());

    delete a;
    return 0;
}
```

在上面的例子中，A 对象和 Base 对象之间的耦合性就产生了，当 Base 对象再新扩展一个派生类时，创建 A 对象时又不得不增加一个分支，这使得创建某种 A 对象变得困难，也违背了"开放－封闭"原则。耦合性产生的原因在于 A 对象的创建直接依赖于 new 外部对象，这属于硬编码，使二者的关系紧耦合了，失去了灵活性。一种解决办法是通过工厂模式来创建对象。下面看一下如何通过一个简单的工厂模式来解决对象创建的问题。

```
struct Factory
{
    static Base*Create(const string& condition)
    {
            if (condition == "B")
                    return new DerivedB ();
            elseif (condition == "C")
                    return new DerivedC ();
            elseif (condition == "D")
                    return new DerivedD ();
            else
                    return nullptr;
    }
};
```

通过上面这个简单工厂，我们能根据条件动态创建需要的对象：

```
int main()
{
    string condition = "B";
    A *a = new A(Factory::Create(condition));
    a->Func();
    delete a;
    return 0;
}
```

工厂模式解决了创建依赖对象时硬编码带来的紧耦合性问题，避免了直接依赖，降低了一些耦合性，但是 A 对象仍然要依赖于一个工厂，通过这个工厂间接依赖于 Base 对象，并没有彻底将这两个对象之间的关系解耦。

要彻底将这两个对象解耦就要引入一种机制，让 A 对象不再直接依赖于外部对象的创建，而是依赖于某种机制，这种机制可以让对象之间的关系在外面组装，外界可以根据需求灵活地配置这种机制的对象创建策略，从而获得想要的目标对象，这种机制被称为控制反转（Inversion of Control，IoC）。

控制反转就是应用本身不负责依赖对象的创建和维护，而交给一个外部容器来负责。这样控制权就由应用转移到了外部 IoC 容器，即实现了所谓的控制反转。IoC 用来降低对象之间直接依赖产生的耦合性。也许读者会觉得好奇，直接依赖也会产生耦合性吗？虽然依赖关系相对于关联和继承关系来说是属于对象关系中最弱的一种关系，但是有时候这种最弱的直接依赖也会产生耦合性。先来看看直接依赖是如何产生的耦合性的。

一般通过一个 IoC 容器来实现这种机制，通过 IoC 容器来消除对象直接依赖产生的耦合性。具体做法是将对象的依赖关系从代码中移出去，放到一个统一的 XML 配置文件中或者在 IoC 容器中配置这种依赖关系，由 IoC 容器来管理对象的依赖关系。比如可以这样来初始化前面的 A 对象：

```cpp
void IocSample()
{
    //通过 IoC 容器来配置 A 和 Base 对象的关系
    IocContainer ioc;
    ioc.RegisterType<A, DerivedB >("B");
    ioc.RegisterType<A, DerivedC>("C");
    ioc.RegisterType<A, DerivedD>("D");

    //由 IoC 容器去初始化 A 对象
    A*a = ioc.Resolve<A>("B");
    a->Func();
    delete a;
}
```

在上面的例子中，我们在外面通过 IoC 容器配置了 A 和 Base 对象的关系，然后由 IoC 容器去创建 A 对象，这里 A 对象的创建不再依赖于工厂或者 Base 对象，彻底解耦了二者之间的关系。

IoC 使得我们在对象创建上获得了最大的灵活性，大大降低了依赖对象创建时的耦合性，即使需求变化了，也只需要修改配置文件就可以创建想要的对象，而不需要修改代码了。我们一般是通过依赖注入（Dependency Injection，DI）来将对象创建的依赖关系注入到目标类型的构造函数中，比如将上例中的 A 依赖于 DerivedB 的依赖关系注入到 A 类型的构造函数中。本章将实现这样一种 IoC 容器。

IoC 容器实际上具备两种能力，一种是对象工厂的能力，不仅可以创建所有的对象，还能根据配置去创建对象；另一种能力是可以去创建依赖对象，应用不需要直接创建依赖对象，由 IoC 容器去创建，实现控制反转。

实现 IoC 容器需要解决 3 个问题，第一个问题是创建所有类型的对象，第二个问题是类型擦除（关于类型擦除的概念将在 11.3 节中介绍），第三个问题是如何创建依赖对象。

11.2 IoC 创建对象

因为 IoC 容器本质上是为了创建对象及依赖的对象，所以实现 IoC 容器第一个要解决的问题是如何创建对象。IoC 容器要创建所有类型对象的能力，并且还能根据配置来创建依赖对象。我们先看看如何实现一个可配置的对象工厂。

一个可配置的对象工厂实现思路如下：先注册可能需要创建的对象类型的构造函数，将其放到一个内部关联容器中，设置键为类型的名称或者某个唯一的标识，值为类型的构造函数，然后在创建的时候根据类型名称或某个唯一标识来查找对应的构造函数并最终创建出目标对象。对于外界来说，不需要关心对象具体是如何创建的，只需要告诉工厂要创建的类型名称即可，工厂获取了类型名称或唯一标识之后就可以创建需要的对象了。由于工厂是根据唯一标识来创建对象，所以这个唯一标识是可以写到配置文件中的，这样就可以根据配置动态生成所需要的对象了，我们一般是将类型的名称作为这个唯一标识。

下面来看看一个简单的可配置的对象工厂是如何实现的，如代码清单 11-2 所示。

代码清单 11-2　可配置的对象工厂

```cpp
#include <string>
#include <map>
#include <memory>
#include <functional>
using namespace std;

template <class T>
class IocContainer
{
public:
    IocContainer(void){}
    ~ IocContainer(void){}

    //注册需要创建对象的构造函数，需要传入一个唯一的标识，以便在后面创建对象时方便查找
    template <class Drived>
    void RegisterType(string strKey)
    {
        std::function<T*()> function = []{return new Drived();};
        RegisterType(strKey, function);
    }

    //根据唯一的标识去查找对应的构造器，并创建指针对象
    T* Resolve(string strKey)
    {
        if (m_creatorMap.find(strKey) == m_creatorMap.end())
```

```cpp
            return nullptr;
        std::function<T* ()> function = m_creatorMap[strKey];
        return function();
    }
    // 创建智能指针对象
    std::shared_ptr<T> ResolveShared(string strKey)
    {
        T* ptr = Resolve(strKey);
        return std::shared_ptr<T>(ptr);
    }

private:
    void RegisterType(string strKey, std::function<T*()> creator)
    {
        if (m_creatorMap.find(strKey) != m_creatorMap.end())
            throw std::invalid_argument("this key has already exist!");

        m_creatorMap.emplace(strKey, creator);
    }

private:
    map<string, std::function<T*()>> m_creatorMap;
};
```

测试代码如下:

```cpp
struct ICar
{
    virtual ~ICar(){}
    virtual void test() const = 0;
};
struct Bus : ICar
{
    Bus() {};
    void test() const { std::cout << "Bus::test()"; }
};
struct Car : ICar
{
    Car() {};
    void test() const { std::cout << " Car::test()"; }
};

int main()
{
    IocContainer<ICar> carioc;
    carioc.RegisterType<Bus>("bus");
    carioc.RegisterType<Car>("car");

    std::shared_ptr<ICar> bus = carioc.ResolveShared("bus");
```

```
        bus->test();
        std::shared_ptr<ICar>car = carioc.ResolveShared("car");
        car->test();
        return 0;
}
```

输出结果如下：

```
Bus::test() Car::test()
```

上例虽然可以创建所有的无参数的派生对象，但存在几个不足之处：第一个不足之处是只能创建无参对象，不能创建有参数的对象；第二个不足之处是只能创建一种接口类型的对象，不能创建所有类型的对象。如果希望这个工厂能创建所有的对象，则需要通过类型擦除技术来实现。

11.3 类型擦除的常用方法

类型擦除就是将原有类型消除或者隐藏。为什么要擦除类型？因为很多时候我们不关心具体类型是什么或者根本就不需要这个类型。类型擦除可以获取很多好处，比如使得程序有更好的扩展性，还能消除耦合以及消除一些重复行为，使程序更加简洁高效。下面是一些常用的类型擦除方式：

1）通过多态来擦除类型。
2）通过模板来擦除类型。
3）通过某种类型容器来擦除类型。
4）通过某种通用类型来擦除类型。
5）通过闭包来擦除类型。

第一种类型擦除方式是最简单的，也是经常用的，通过将派生类型隐式转换成基类型，再通过基类去调用虚函数。在这种情况下，我们不用关心派生类的具体类型，只需要以一种统一的方式去做不同的事情，所以就把派生类型转成基类型隐藏起来，这样不仅可以多态调用，还使程序具有良好的可扩展性。然而这种方式的类型擦除仅是将部分类型擦除，因为基类型仍然存在，而且这种类型擦除的方式还必须继承这种强耦合的方式。正是因为这些缺点，通过多态来擦除类型的方式有较多局限性，并且效果也不好。这时通过第二种方式来擦除类型，可以以解决第一种方式的一些问题。

通过模板来擦除类型，本质上是把不同类型的共同行为进行了抽象，这时不同类型彼此之间不需要通过继承这种强耦合的方式去获得共同的行为，仅仅是通过模板就能获取共同行为，降低了不同类型之间的耦合，是一种很好的类型擦除方式。然而，第二种方式虽然降低了对象间的耦合，但是还有一个问题没解决，就是基本类型始终需要指定，并没有消除基本类型，例如，不可能把一个 T 本身作为容器元素，必须在容器初始化时指定 T 为某个具体类型。

有时，希望有一种通用的类型，可以让容器容纳所有的类型，就像 C# 和 Java 中的 object 类型一样，它是所有类型的基类，可以当作一种通用的类型。C++ 中没有这种 object 类型，但是有和 object 有点类似的类型———Variant（关于它的实现读者可以参考前面 3.3 节）；它可以把各种不同的类型包起来，从而让我们获得一种统一的类型，而且不同类型的对象间没有耦合关系，它仅仅是一个类型的容器。比如，可以通过 Variant 这样来擦除类型：

```
// 定义通用的类型，这个类型可能容纳多种类型
typedef Variant<double, int, uint32_t, char*>Value;
vector<Value> vt; // 通用类型的容器，这个容器现在就可以容纳上面的那些类型的对象了
vt.push_back(1);
vt.push_back("test");
vt.push_back(1.22);
```

上面的代码擦除了不同类型，使得不同的类型都可以放到一个容器中了，如果要取出来就很简单，通过 Get<T>() 就可以获取对应类型的值。这种方式是通过类型容器把类型包起来了，从而达到类型擦除的目的。这种方式的缺点是通用的类型必须事先定义好，它只能容纳声明的那些类型，是有限的，超出定义的范围就不行了。

通过某种通用类型来擦除原有类型的方式可以消除这个缺点，类似 C# 和 Java 中的 object 类型。这种通用类型就是 Any 类型，关于它的实现，读者可以参考 3.3.5 节，它不需要预先定义类型，不同类型都可以转成 Any。下面介绍怎么用 Any 来擦除类型。

```
vector<Any> v;
v.push_back(1);
v.push_back("test");
v.push_back(2.35);
auto r1 = v[0].AnyCast<int>();
auto r2 = v[1].AnyCast<constchar*>();
auto r3 = v[2].AnyCast<double>();
```

在上面的代码中，不需要预先定义类型的范围，允许任何类型的对象都赋值给 Any 对象，消除了 Variant 类型只支持有限类型的问题，但是 Any 的缺点是：在取值的时候仍然需要具体的类型。这样仍然不太方便，但是可以改进，可以借助闭包，将一些类型信息保存在闭包中，闭包将类型隐藏起来了，从而实现了类型擦除的目的。由于闭包本身的类型是确定的，所以能放到普通的容器中，在需要的时候从闭包中取出具体的类型。下面看看如何通过闭包来擦除类型，代码如下：

```
template<typename T>
void Func(T t)
{
    cout <<t<< endl;
}

void TestErase()
```

```
{
    int x = 1;
    char y = 's';

    vector<std::function<void()>> v;
    // 类型擦除，闭包中隐藏了具体的类型，将闭包保存起来
    v.push_back([x]{Func(x);});
    v.push_back([y]{Func(y);});

    // 遍历闭包，从闭包中取出实际的参数，并打印出来
    for (auto item: v)
    {
            item();
    }
}
```

上述代码将不同类型的参数保存到闭包中了，擦除了具体的类型，然后再将闭包保存到 vector 中，最后再遍历 vector，将闭包实际的参数打印出来。

IoC 容器也会用到这些类型擦除的方法，主要是通过 Any 和闭包来擦除类型。

11.4 通过 Any 和闭包来擦除类型

11.2 节的对象工厂只能创建指定接口类型的对象，主要原因是它依赖了一个类型固定的对象构造器 std::function<T*()>，这个 function 作为对象的构造器只能创建指定类型的对象，不能创建所有类型的对象，这导致使用起来还不够方便。如果我们的容器能存放所有对象的构造器，就具备创建所有对象的能力了。然而，不同的 function 类型是不同的，比如 std::function<int()> 和 std::function<double() 就是不同的类型，map 不能同时存放这两种类型的 function。有没有办法使 map 能存放所有类型对象呢？当然有，我们可以通过 Any 类型来擦除具体的类型，Any 类型代表了任意类型，任意类型都可以赋值给它，比如：

```
Any a = 1;                  // 整形赋值给 Any
Any b = 1.25;               // double 赋值给 Any
Any c = "string";           // 字符串赋值给 Any
std::vector<Any> v = {a, b, c};
```

由于将具体类型擦除了，都统一成 Any 类型了，因此，可以将这些统一后的对象放到容器中，用的时候再将其转换回来。

```
Any a = 1;
if(a.Is<int>())
    int I = a.AnyCast<int>();

Any b = 1.25;
if(a.Is<double>())
    double I = a.AnyCast<double>();
```

关于 Any 的详细内容可以参考 3.3.5 节的内容。

可以通过 Any 擦除类型来解决前面的对象工厂不能创建所有类型对象的问题，来看看改进之后的代码，如代码清单 11-3 所示。

代码清单 11-3　通过 Any 擦除类型来改进对象工厂

```cpp
#include<string>
#include<unordered_map>
#include<memory>
#include<functional>
using namespace std;
#include<Any.hpp>

class IocContainer
{
public:
    IocContainer1(void){}
    ~IocContainer1(void){}

    template<class T, typename Depend>
    void RegisterType(const string& strKey)
    {
            // 通过闭包擦除了参数类型
            std::function<T* ()> function = []{ return new T(new Depend()); };
            RegisterType(strKey, function);
    }

    template<class T>
    T* Resolve(const string& strKey)
    {
            if (m_creatorMap.find(strKey) == m_creatorMap.end())
                    return nullptr;

            Any resolver = m_creatorMap[strKey];
            std::function<T* ()> function = resolver.AnyCast<std::function<T* ()>>();
                // 将查找到的 any 转换为 function

            return function();
    }

    template<class T>
    std::shared_ptr<T> ResolveShared(const string& strKey)
    {
            T* t = Resolve<T>(strKey);

            return std::shared_ptr<T>(t);
    }

private:
    void RegisterType(const string& strKey, Any constructor)
```

```cpp
        {
            if (m_creatorMap.find(strKey) != m_creatorMap.end())
                throw std::invalid_argument("this key has already exist!");

            //通过 Any 擦除了不同类型的构造器
            m_creatorMap.emplace(strKey, constructor);
        }
private:
    unordered_map<string, Any> m_creatorMap;
};
```

测试代码如代码清单 11-4 所示。

代码清单 11-4　对象工厂的测试代码

```cpp
struct Bus
{
    void Test() const { std::cout <<"Bus::test()"; }
};

struct Car
{
    void Test() const { std::cout <<" Car::test()"; }
};

struct Base
{
    virtualvoid Func(){}
    virtual ~Base(){}
};
struct DerivedB : Base
{
    void Func() override
    {
        cout <<"call func in DerivedB"<< endl;
    }
};

struct DerivedC : Base
{
    void Func() override
    {
        cout <<"call func in DerivedC"<< endl;
    }
};

struct DerivedD : Base
{
    void Func() override
```

```cpp
        {
                cout <<"call func in DerivedD"<< endl;
        }
};

struct A
{
    A(Base* ptr) : m_ptr(ptr)
    {
    }

    void Func()
    {
            m_ptr->Func();
    }

    ~ A()
    {
            if (m_ptr != nullptr)
            {
                    delete m_ptr;
                    m_ptr = nullptr;
            }

    }

private:
    Base * m_ptr;
};

void TestIOC()
{
    IocContainer ioc;
    ioc.RegisterType <A, DerivedB>("B");            // 配置依赖关系
    ioc.RegisterType<A, DerivedC>("C");
    ioc.RegisterType<A, DerivedD>("D");

    auto pa = ioc.ResolveShared<A>("B");
    pa->Func();
    auto pa1 = ioc.ResolveShared<A>("C");
    pa1->Func();

    ioc.RegisterType<Bus>("bus");
    ioc.RegisterType<Car>("car");
    auto bus = ioc.ResolveShared<Bus>("bus");
    bus->Test();
    auto car = ioc.ResolveShared<Car>("car");
    car->Test();
}
```

输出结果如下：

```
call func in DerivedB
call func in DerivedC
Bus::test() Car::test()
```

这次改进之后，对象工厂即可以创建所有的无参接口类型的对象，不需要限定接口或继承关系，可以随意注册任何类型，比之前有了进步，但是仍然没有解决另外一个问题：不能创建有参数的对象。要解决创建所有带参数对象的问题，需要通过可变参数模板来解决。关于如何使用可变参数模板来统一所有对象的创建可以参考 8.1 节中的内容。

注意 RegisterType() 中的一行代码：

```
// 通过闭包擦除了参数类型
std::function<T* ()> function = []{ return newT(new Depend()); };
```

这行代码实际上通过闭包（lambda 表达式）擦除了参数类型 Depend，闭包中保存了参数的类型信息。

RegisterType() 中的另外一行代码：

```
m_creatorMap.emplace(strKey, constructor);
```

这行代码将闭包赋值给 Any，又将闭包的类型擦除，因为闭包实际上是不同接口类型的构造器，不同的接口类型对应的闭包类型不同，而我们又要将这些闭包保存起来，所以这里通过 Any 擦除了闭包的类型以便保存。

11.5 创建依赖的对象

IoC 容器创建依赖的对象有两种方式：一种方式是通过 IoC 容器配置依赖关系，并通过 IoC 容器创建依赖对象；另一种方式是参数化配置依赖关系，并通过 IoC 容器创建依赖对象创建。

通过 IoC 容器配置依赖关系比较简单，直接指定依赖对象的类型即可。下面看一个简单的例子，如代码清单 11-5 所示。

代码清单 11-5　通过 IoC 容器配置依赖关系

```
struct Base
{
    virtual ~Base(){}
};

struct Derived : public Base
{
};

struct Derived2 : public Base
```

```cpp
{
};

struct Derived3 : public Base
{
};

struct A
{
    A(Base* ptr) :m_ptr(ptr)
    {
    }

    ~A()
    {
            if(m_ptr!=nullptr)
            {
                    delete m_ptr;
                    m_ptr = nullptr;
            }
    }
private:
Base * m_ptr;
};
    //测试代码
    IocContainerioc;
    ioc.RegisterType<A, Derived>();             //配置依赖关系
    auto pa = ioc.ResolveShared<A>();           //通过 IoC 容器创建目标对象及其依赖的对象
```

在上面的例子中配置了对象 A 的依赖关系，它依赖了 Base 的派生类 Derived，IoC 容器会根据这个配置自动创建依赖对象并最终创建 A 对象。

通过 IoC 容器配置依赖关系虽然简单，但是还不够灵活，一旦依赖关系配置好了，就不能再动态修改了，这时，使用参数化配置就会显得更加灵活。下面来看看参数化配置依赖关系的例子，代码如下：

```cpp
IocContainerioc;
ioc.RegisterType<Base, Derived>("drived");
ioc.RegisterType<Base, Derived>("drived2");
ioc.RegisterType<Base, Derived>("drived3");

auto d1 = ioc.ResolveShared<Base>("drived2"); //将根据参数配置创建 Derived2 对象
auto d2 = ioc.ResolveShared<Base>("drived3"); //将根据参数配置创建 Derived3 对象
```

在上面的例子中，先将所有的依赖类型注册到 IoC 容器中，在需要的时候根据注册的 key 去创建目标对象，由于创建依赖对象是根据参数 key 来创建的，因此，可以通过配置的方式去创建依赖对象，这样更灵活。下一节将介绍这两种创建方式的具体的实现。

11.6 完整的 IoC 容器

很多对象的构造函数是带有形参的，在 C++11 之前，如果要创建所有类型的对象，不得不定义一系列的模板函数，可以通过可变模板参数来统一对象的创建，关于这个问题读者可以参考 8.1 节，这里不再赘述。

既然通过可变参数模板可以统一对象的创建，那么在上面的对象工厂中再引入可变参数模板，就能解决不能创建带参数的对象的问题了。下面通过可变参数模板再次改进 IoC 容器，让它支持带参数对象的创建，如代码清单 11-6 所示。

代码清单 11-6　通过可变参数模版改进对象工厂

```cpp
#include<string>
#include<unordered_map>
#include<memory>
#include<functional>
using namespace std;
#include<Any.hpp>
#include <NonCopyable.hpp>

class IocContainer : NonCopyable
{
public:
    IocContainer(void){}
    ~ IocContainer(void){}

    template<class T, typename Depend, typename... Args>
    void RegisterType(const string& strKey)
    {
            std::function<T* (Args...)> function = [](Args... args){ return new 
                T(new Depend(args...)); };// 通过闭包擦除了参数类型
            RegisterType(strKey, function);
    }

    template<class T, typename... Args>
    T* Resolve(const string& strKey, Args... args)
    {
            if (m_creatorMap.find(strKey) == m_creatorMap.end())
                    return nullptr;

            Any resolver = m_creatorMap[strKey];
            std::function<T* (Args...)> function = resolver.AnyCast<std::function<T*
                (Args...)>>();

            return function(args...);
    }

    template<class T, typename... Args>
    std::shared_ptr<T> ResolveShared(const string& strKey, Args... args)
```

```cpp
            {
                T* t = Resolve<T>(strKey, args...);

                return std::shared_ptr<T>(t);
            }

    private:
        void RegisterType(const string& strKey, Any constructor)
        {
                if (m_creatorMap.find(strKey) != m_creatorMap.end())
                        throw std::invalid_argument("this key has already exist!");

                // 通过Any擦除了不同类型的构造器
                m_creatorMap.emplace(strKey, constructor);
        }

    private:
        unordered_map<string, Any> m_creatorMap;
};
```

测试代码如代码清单11-7所示。

代码清单11-7 对象工厂测试代码

```cpp
struct Base
{
    virtual void Func(){}
    virtual ~Base(){}
};

struct DerivedB : public Base
{
    DerivedB(int a, double b):m_a(a),m_b(b)
    {
    }
    void Func()override
    {
            cout<<m_a+m_b<<endl;
    }
private:
    int m_a;
    double m_b;
};

struct DerivedC : public Base
{
};

struct A
```

```cpp
{
    A(Base * ptr) :m_ptr(ptr)
    {
    }

    ~A()
    {
        if(m_ptr!=nullptr)
        {
            delete m_ptr;
            m_ptr = nullptr;
        }
    }
private:
    Base * m_ptr;
};

void TestIoc()
{
    IocContainer ioc;
    ioc.RegisterType<A, DerivedC>("C");                   // 配置依赖关系
    auto c = ioc.ResolveShared<A>("C");

    // 注册时要注意 DerivedB 的参数 int 和 double
    ioc.RegisterType<A, DerivedB, int, double>("C");
    auto b = ioc.ResolveShared<A>("C", 1, 2.0);           // 还要传入参数
    b->Func();
}
```

输出结果如下：

3

这里将 IocContainer 从 NonCopyable 派生，使 IocContainer 不可复制。关于 NonCopyable 的实现请读者参考 8.2 节中的内容。上面的代码能创建所有的含参的接口对象，我们还希望进一步增强 IoC 的能力，让它支持通过配置接口和实现的关系。比如，可以像代码清单 11-8 这样配置。

代码清单 11-8　支持配置的对象工厂测试代码

```cpp
struct Interface
{
    virtual void Func() = 0;
    virtual ~Interface(){}
};

struct DerivedB : public Interface
```

```cpp
{
    void Func() override
    {
            cout <<"call func in DerivedB"<< endl;
    }
};
struct DerivedC : public Interface
{
    void Func() override
    {
            cout <<"call func in DerivedC"<< endl;
    }
};
void TestIoc()
{
    IocContainer ioc;
    //配置接口和派生类的关系，关联一个唯一key，在后面根据这个key选择要创建的类型
    ioc.RegisterType<Interface, DerivedB>("B");
    ioc.RegisterType<Interface, DerivedC>("C");

    //根据参数创建派生类对象 DerivedB
    std::shared_ptr<Interface > pb = ioc.ResolveShared("B");
    pb->Func();
    //根据参数创建派生类对象 DerivedC
    std::shared_ptr<Interface > pb = ioc.ResolveShared("C");
    pc->Func();
}
```

这种方式可以将接口和派生类的关系进行配置，这样后面就可以根据参数选择要创建的派生类类型了，从而获得更好的灵活性。由于之前的 RegisterType 只支持创建依赖的对象，要支持配置接口和派生类的关系，需要对 RegisterType 进行修改。在修改 RegisterType 时先判断第一个参数是否为第二个参数的基类，如果不是，则还按照之前的逻辑去创建依赖对象；如果是，则直接创建派生对象。这里通过 std::enable_if 去选择合适的分支（关于 enbale_if 的用法可参考前面 3.1.4 节的内容）。下面来看一看修改后的 RegisterType，如代码清单 11-9 所示。

代码清单 11-9　修改后的 RegisterType

```cpp
// 为依赖对象时，创建依赖对象和对象本身
template<class T, typename Depend, typename... Args>
    typename std::enable_if<!std::is_base_of<T, Depend>::value>::type RegisterType(const
        string& strKey)
    {
                std::function<T* (Args...)> function = [](Args... args){ return new T(new
                    Depend(args...)); };//通过闭包擦除了参数类型
                RegisterType(strKey, function);
    }

// 为继承关系时，直接创建派生类对象
```

```cpp
template<class T, typename Depend, typename... Args>
typename std::enable_if<std::is_base_of<T, Depend>::value>::type RegisterType(const
    string& strKey)
{
        std::function<T* (Args...)> function = [](Args... args){ return new
            Depend(args...); };// 通过闭包擦除了参数类型
        RegisterType(strKey, function);
}
```

通过修改 RegisterType，既能配置依赖的接口类型的关系又能配置继承关系，更加灵活了。

有时还希望能创建普通的对象，类似于对象工厂，通过该 IoC 也可以做到，这时仅需要增加一个简单的函数即可，代码如下：

```cpp
template<class T, typename... Args>
void RegisterSimple(const string& strKey)
{
        std::function<T* (Args...)> function = [](Args... args){ return new
            T(args...); };
        RegisterType(strKey, function);
}
```

这个函数用来参数化创建普通的对象：

```cpp
struct Bus
{
    void Func() const { std::cout <<"Bus::Func()"; }
};

struct Car
{
    void Func() const { std::cout <<" Car::Func()"; }
};

void TestIoc()
{
    IocContainer ioc;
    ioc.RegisterSimple<Bus>("bus");
    ioc.RegisterSimple<Car>("car");
    auto bus = ioc.ResolveShared<Bus>("bus");
    bus->Func();
    auto car = ioc.ResolveShared<Car>("car");
    car->Func();
}
```

输出结果如下：

```
Bus::Func ()
Car::Func ()
```

IoC 最终的实现如代码清单 11-10 所示。

代码清单 11-10　完整的 IoC 实现

```cpp
#include<string>
#include<unordered_map>
#include<memory>
#include<functional>
using namespace std;
#include<Any.hpp>
#include <NonCopyable.hpp>

class IocContainer : NonCopyable
{
public:
    IocContainer(void){}
    ~ IocContainer(void){}

    template<class T, typename Depend, typename... Args>
    typename std::enable_if<!std::is_base_of<T, Depend>::value>::type RegisterType(const
        string& strKey)
    {
            std::function<T* (Args...)> function = [](Args... args){ return new
                T(new Depend(args...)); };          //通过闭包擦除了参数类型
            RegisterType(strKey, function);
    }

    template<class T, typename Depend, typename... Args>
    typename std::enable_if<std::is_base_of<T, Depend>::value>::type RegisterType(const
        string& strKey)
    {
            std::function<T* (Args...)> function = [](Args... args){ return new
                Depend(args...); };                 //通过闭包擦除了参数类型
            RegisterType(strKey, function);
    }

    template<class T, typename... Args>
        void RegisterSimple(const string& strKey)
        {
            std::function<T* (Args...)> function = [](Args... args){ return new
                T(args...); };
            RegisterType(strKey, function);
        }

    template<class T, typename... Args>
        T* Resolve(const string& strKey, Args... args)
        {
            auto it = m_creatorMap.find(strKey);
            if (it == m_creatorMap.end())
                    returnnullptr;

            Any resolver = it->second;
            std::function<T* (Args...)> function = resolver.AnyCast<std::function<T*
```

```
                   (Args...)>>();

                return function(args...);
        }

        template<class T, typename... Args>
        std::shared_ptr<T> ResolveShared(const string& strKey, Args... args)
        {
                T* t = Resolve<T>(strKey, args...);

                return std::shared_ptr<T>(t);
        }

private:
    void RegisterType(const string& strKey, Any constructor)
    {
                if (m_creatorMap.find(strKey) != m_creatorMap.end())
                        throw std::invalid_argument("this key has already exist!");

                // 通过 Any 擦除了不同类型的构造器
                m_creatorMap.emplace(strKey, constructor);
    }

private:
    unordered_map<string, Any> m_creatorMap;
};
```

至此，一个完整的 IoC 容器实现了。IoC 容器不仅具备对象工厂的能力（能创建所有类型的接口对象和普通的对象），还支持通过配置去创建对象，并且能创建依赖的对象，这样应用就不需要负责依赖对象的创建和维护，而交给 IoC 容器来负责，控制权就由应用转移到了 IoC 容器，从而实现了控制权的反转，解耦了对象间的依赖关系，获得了更大的灵活性。

通过依赖注入的方式实现控制反转。所谓依赖注入，即组件之间的依赖关系由容器在运行期决定，形象地说，即由容器动态地将某种依赖关系注入到组件之中。依赖注入的方式有好几种，在 C# 和 Java 中支持构造函数，属性和方法调用注入。由于 C++ 不支持反射和标签，不能实现属性和方法调用的注入，目前只能做到构造函数的依赖注入。构造函数的依赖注入如代码清单 11-11 所示。

代码清单 11-11　构造函数的依赖注入

```
struct IX
{
    virtual ~IX(){}
};
class X : public IX
{
public:
```

```cpp
        void g()
        {
                std::cout << "it is a test in x" << std::endl;
        }
};

class Y : public IX
{
public:
    Y(int a) :m_a(a){}
        void g()
        {
                std::cout << "it is a test in y : "<<m_a << std::endl;
        }

    int m_a;
};

struct MyStructA
{
    MyStructA(IX* x) :m_x(x)
    {
    }
 ~ MyStructA ()
    {
    if(m_x!=nullptr)
    {
            delete m_x;
            m_x = nullptr;
    }
    }

    void Fun(){ m_x->g(); }
private:
    IX* m_x;
};
int main()
{
    MyStructA* pa = new MyStructA(new X()); //直接创建依赖对象
    delete pa;
}
```

上面的 MyStructA 依赖于一个接口 IX，如果直接去创建依赖对象，依赖关系硬编码，不够灵活，而通过 IoC 容器去创建依赖对象，可以获得更多的灵活性。比如可以这样创建 MyStructA：

```cpp
int main()
{
    IocContainer ioc;
```

```cpp
    ioc.RegisterType<MyStructA, X>("A");           // 配置依赖关系
    // 通过IoC容器去创建目标对象及其依赖的对象
    auto* pa = ioc.ResolveShared<MyStructA>("A");
    pa->Func();

    ioc.RegisterType<MyStructA, Y>("A1");          // 配置依赖关系
    auto pa1 = ioc.ResolveShared<MyStructA>("A1");
    pa->Func();
}
```

输出结果如下：

```
it is a test in x
it is a test in y
```

在上面的例子中，在构造函数中注入了IoC容器的依赖，将对象的创建转移到IoC容器中，通过IoC容器配置对象的依赖关系，然后就可以直接通过IoC容器去创建目标对象及其依赖的对象。

由于所依赖的对象已经注册到IoC容器中了，并和一个关键字关联起来了，所以可以通过配置文件来选择要创建的依赖对象，从而可以实现通过配置文件去配置依赖关系的目的。

11.7 总结

需要注意的是，IoC容器还不能实现完美转发，参数都是直接复制的，因为在注册的时候丢失了参数为左值或是右值的信息，这里可能会有一点性能损耗。另外，IoC容器的Resolve接口返回的是容器内部分配的指针，需要由用户管理其生命周期，建议使用ResolveShared接口，它返回的是智能指针，这样，用户就不用管理其生命周期。

Chapter 12 第 12 章

使用 C++11 开发一个对象的消息总线库

12.1 消息总线介绍

对象之间的关系一般有：依赖、关联、聚合、组合和继承，耦合关系也是依次加强的。对象间比较常见的关联关系是依赖、引用和继承。在大规模的软件开发过程中，对象很多，关联关系也非常复杂，如果没有一种统一、简洁的方法去管理这些对象的关系，很可能会导致对象的关系像蜘蛛网一样，导致后面维护的困难。对象间直接依赖或引用会导致依赖、引用关系复杂化；接口依赖是一种强耦合关系，不满足低耦合要求。因此，需要一种技术解决对象间关系过于复杂、耦合性较强的问题。

基于消息总线技术可以有效地解决这些问题，对象间只通过消息联系，而不是通过直接依赖或者关联。消息总线将复杂的对象关系简化了，降低了复杂度，也使我们从处理复杂的对象关系网之中解放出来，提高了程序的可维护性。

在消息总线中，对象都是通过消息来联系的，消息即对象的关系，我们只需要在消息总线中管理这些消息，而不用关心具体哪些对象之间有关联，这样便于统一管理。由于对象之间只是依赖于某种消息，没有直接的依赖关系，也不需要继承，对象间的耦合也消除了，两个对象之间可以没有任何关系，大大降低了对象之间的耦合性。

12.2 消息总线关键技术

消息总线的实现需要解决三个问题。

（1）通用的消息定义

消息总线技术的本质是让所有的对象都通过消息来联系，因此，需要定义一种通用的消息格式，让所有的对象都能接受。

（2）消息的注册

让所有对象都可以注册感兴趣的消息。

（3）消息分发

通过消息总线分发消息，让所有的接收者都能收到并处理消息。

下面来看看如何解决这三个问题的。

12.2.1 通用的消息定义

消息总线中的消息应该是所有对象都能解析的消息，对象的联系到最后都是通过函数的调用实现的。函数的调用可以在抽象的层次上看做一种消息的发送命令，这个消息其实就是函数签名，凡是能被调用的函数都是消息的接收者。

也就是说一种函数类型本质上就是一种消息类型：std::function<R（int）>，该定义描述了一种函数类型，该类型是一个返回值类型为 R，入参为整型的泛型函数，它同时也是无返回值入参为整型的消息类型，所有的具有该签名的函数都可以接收该消息。因此，一个泛型函数的类型可以用来定义通用消息格式。

泛型函数还不足以定义一个完整而准确的消息，泛型函数仅仅是定义了广义上的消息的接收者。在实际应用中，可能更复杂，往往需要定义一个分组的主题，用来将消息的接收者进行分组。在某些情况下并不需要所有的消息接收者都收到消息，仅仅给某个特定组的接收者才能收到消息，这在实际中很常见。因此，一个完整而准确的消息应该是由一个消息主题和一个泛型函数类型来确定的。

通用的消息类型完整的定义可能是这样：主题+泛型函数的签名，其中主题可以是字符串或者是整型等其他类型，只有对该主题感兴趣的接收者才会收到消息；泛型函数用来确定哪些接受者具备接收该消息的能力。这里将泛型函数定为 std::function<R（Args...）>，用它来表示通用的消息格式。将 std::function 作为消息类型，是为了便于保存和转换。泛型函数中的 Args... 是一个可变参数模板，它代表了任意个数、任意类型的参数，用来表示所有的入参。这个 std::function<R（Args...）> 就能表示所有的可调用对象，因此，它也是一个通用的消息格式。

12.2.2 消息的注册

消息的注册是告诉总线该对象对某种消息感兴趣，希望收到某种主题和类型的消息。总线内部维护了一个消息列表，当需要发送消息时，会遍历消息列表，从中查找是否有合适的消息和消息接收者，找到合适的接收者之后再广播消息。

由于消息类型是由一个消息主题和一个泛型函数组成的：topic+ std::function<R(Args...)>，这个泛型函数可能是所有的可调用对象，如普通函数、成员函数、函数对象、std::function 和

lamda 表达式，因此，消息总线的注册接口要能够接收所有函数语义的对象。因为消息的统一格式为 std::function<R（Args...）>，所以第一步是将各种可调用对象转换为 std::function，在转换为统一的消息格式之后，消息总线再将这些消息保存起来，以便在合适的时候分发。只有注册了特定主题和消息的接收着对象才能收到分发的消息。

下面来看看如何将各种可调用对象转换为 std::function。

1. lambda 表达式转换为 std::function

lambda 表达式是一个匿名类，内部有 operator() 调用符。要将 lambda 转换为 std::function，就要先获取 operator 的函数类型。这里通过 3.3.6 节的 function_traits 来获取 lambda 的函数类型。

可通过 function_traits 获取 lambda 表达式的 operator() 类型，之后再将其转换为 std::function。

完整的实现如代码清单 12-1 所示。

代码清单 12-1　lambda 表达式转换为 function 的实现

```cpp
#include <functional>
#include <tuple>
// 转换为 std::function 和函数指针
template<typename T>
struct function_traits;

// 普通函数
template<typename Ret, typename... Args>
struct function_traits<Ret(Args...)>
{
public:
        enum { arity = sizeof...(Args) };
        typedef Ret function_type(Args...);
        typedef Ret return_type;
        using stl_function_type = std::function<function_type>;
        typedef Ret(*pointer)(Args...);

        template<size_t I>
        struct args
        {
                static_assert(I < arity, "index is out of range, index must less than sizeof Args");
                using type = typename std::tuple_element<I, std::tuple<Args...>>::type;
        };
};

// 函数指针
template<typename Ret, typename... Args>
```

```
struct function_traits<Ret(*)(Args...)> : function_traits<Ret(Args...)>{};

//std::function
template <typename Ret, typename... Args>
struct function_traits<std::function<Ret(Args...)>> : function_traits<Ret(Args...)>{};

//member function
#define FUNCTION_TRAITS(...) \
    template <typename ReturnType, typename ClassType, typename... Args>\
    struct function_traits<ReturnType(ClassType::*)(Args...) __VA_ARGS__> : \
        function_traits<ReturnType(Args...)>{}; \

FUNCTION_TRAITS()
FUNCTION_TRAITS(const)
FUNCTION_TRAITS(volatile)
FUNCTION_TRAITS(const volatile)

//函数对象
template<typename Callable>
struct function_traits : function_traits<decltype(&Callable::operator())>{};

template <typename Function>
typename function_traits<Function>::stl_function_type to_function(const
    Function& lambda)
{
    return static_cast<function_traits<Function>::stl_function_type>(lambda);
}

template <typename Function>
typename function_traits<Function>::stl_function_type to_function(Function&& lambda)
{
    return static_cast<function_traits<Function>::stl_function_type>(std::forw
        ard<Function>(lambda));
}

template <typename Function>
typename function_traits<Function>::pointer to_function_pointer(const Function& lambda)
{
    return static_cast<typename function_traits<Function>::pointer>(lambda);
}
```

测试代码如下：

```
auto f = to_function([](int i){return i; });
std::function<int(int)> f1 = [](int i){return i; };
if (std::is_same<decltype(f), decltype(f1)>::value)
    cout <<"same"<< endl;
```

将输出"same"，可以看到，to_function 会将 lambda 表达式转换为 std::function。

2. 保存注册消息

消息的接收者对象，先要注册感兴趣的主题和消息。一般情况下有消息就够了，为什么还需要主题呢？因为很多对象都具备接收某个消息的能力，但是我们希望更灵活一点，并不是把消息分发到所有的对象上，而是只有符合某个主题的对象才会收到消息。这个主题默认是没有的，在没有注册这个主题时，所有的对象都会收到消息。消息总线内部会保存这些主题和消息，这些消息实际上是可调用对象转换的 std::function<R (Args...) > 类型。这些消息可能是各种各样的，如何将这些不同类型的消息保存起来呢？C++ 目前还没有一种容器能存放不同的类型，如果要将不同类型的对象保存到一个容器中，需要将这些不同类型的对象的类型擦除，这里通过 Any 类型来擦除对象的类型。关于 Any 的介绍可以参考 3.3.5 节。

消息总线内部用来保存消息的容器为 std::unordered_multimap<string, Any> m_map，键为主题 + 消息类型的字符串，值为消息对象。下面来看看消息的注册的是如何实现的，如代码清单 12-2 所示。

代码清单 12-2　实现注册消息

```cpp
// 注册可调用对象
template<typename F>
void Attach(const string& strTopic, const F& f)
{
        auto func = to_function(f);
        Add(strTopic, std::move(func));
}

// 注册成员函数
template<class C, class... Args, class P>
void Attach(const string& strTopic, void(C::*f)(Args...) const, const P& p)
{
        std::function<void(Args...)> func = [&p, f](Args... args){return
            (*p.*f)(std::forward<Args>(args)...); };
        Add(strTopic, std::move(func));
}

template<typename F>
void Add(const string& strTopic, F&&f)
{
        string strKey = strTopic + typeid(F).name();
        m_map.emplace(std::move(strKey), f);
}
```

对于非成员函数的可调用对象，我们先通过 to_function 将其转换为 std::function 类型（关于转换的具体实现见 11.2.2 节），之后再将 std::function 转换为 Any，擦除类型，最后将消息 key 和消息对象保存起来。

12.2.3 消息分发

主题对象希望接收者对象收到消息时，就会通过消息总线发送消息，因为消息本质上是 std::function，在发送消息之前就要先创建这个消息，在创建消息之后再发送，消息总线会查找内部的容器，看哪些对象对这个消息感兴趣，只有注册了该消息的对象才能收到消息。下面看看消息总线是如何发送消息的：

```cpp
template<typename R, typename... Args>
void SendReq(Args&&... args, const string& strTopic = "")
{
        using function_type = std::function<R(Args...)>;
        string strMsgType = strTopic + typeid(function_type).name();
        auto range = m_map.equal_range(strMsgType);
        for (Iterater it = range.first; it != range.second; ++it)
        {
                auto f = it->second.AnyCast < function_type >();
                f(std::forward<Args>(args)...);
        }
}
```

在发送消息的时候需要提供两个参数，第一个参数是形参列表，用来生成具体的消息，消息总线会根据这个消息来查找哪些对象注册了该消息，如果找到了就分发出去，这样接收者就会收到消息并处理。第二个参数就是消息的主题，它用来限定只有注册了该主题的对象才能收到消息，默认是没有主题的，在没有主题时，所有注册了该消息的对象都能收到消息。

SendReq() 函数的第 1 行根据调用形参生成具体消息类型 std::function<R（CArgs）>；第 2 行获取主题+消息类型名称的字符串，用来查找注册了该消息的对象；第 3 行查找哪些对象注册了该消息；第 5 行将容器中被擦除类型的对象恢复出来，通过 AnyCast < function_type >() 来获取实际的对象；第 6 行是通知消息接收者处理消息。

需要注意的是，调用 SendReq() 时，需要提供准确的函数入参类型，比如希望 void（int）的接收者处理该消息，则要这样写：SendReq<int>；如果希望 void（const int&）的接收者处理该消息，则要这样写：SendReq<const int&>，消息总线内部会将 void（int）和 void（const int&）两个消息区分开。

12.2.4 消息总线的设计思想

消息总线融合了观察者模式和中介者模式，还通过类型擦除技术擦除了消息的类型，使得我们能管理所有类型的消息。观察者模式用来维护主题和在适当的时候向观察者广播消息；而中介者模式主要用来降低观察者模式相互依赖产生的耦合性，它使各对象不需要显式地相互引用，而且可以独立地改变它们之间的交互关系。

消息总线最大的目的是集中管理所有的对象之间的交互关系，让这些对象的关系解耦并容易管理。由于消息总线是一个中介者，因此，主题和观察者不必相互依赖，二者都通过消息总线联系起来，它们之间并没有直接联系，甚至都不知道对方的存在。另外，消息总线维护的消息体是所有类型的可调用对象，没有对象之间的直接调用，更没有接口继承，主题和观察者对象之间仅仅是通过某种类型的消息联系起来，这个消息简单来说就是一个返回值类型加形参类型：R（Args...），这种方式使得它们的耦合关系降到最低。

消息总线的时序图如图 12-1 所示，通过这个时序图，读者可以更好地理解消息总线的设计思想。

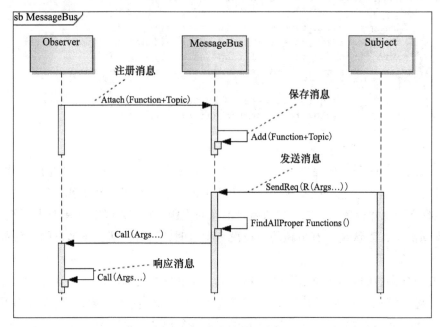

图 12-1　消息总线时序图

从图 12-1 中可以看到，Subject 和 Object 对象并没有联系，它们都是通过消息总线发生联系的。下面介绍消息总线将消息发送到对应的观察者对象的步骤。

1）观察者向消息总线注册消息体，消息体为可调用对象加字符串类型的主题，注册的目的是为了能在合适的时候收到这种类型的消息。

2）消息总线保存观察者注册的消息体。

3）主题对象向消息总线发送消息，消息类型为可调用对象的返回类型加某个字符串主题。

4）消息总线根据主题对象发过来的消息类型来查找所有对该消息感兴趣的观察者。

5）消息总线向观察者广播消息。

6）观察者处理消息。

消息总线的类图如图 12-2 所示。

第 12 章　使用 C++11 开发一个对象的消息总线库　◆　291

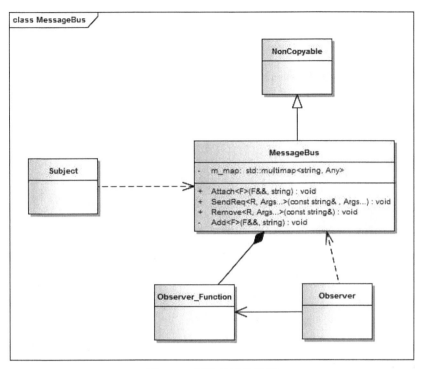

图 12-2　消息总线的类图

从类图中可以看到，消息总线的实现比较简单。下面看一下类图中的几个对象。
- NonCopyable：防止类被复制，需要从它派生。关于它的介绍，读者可以参考前面 8.2 节。
- MessageBus：消息总线，负责维护系统中所有的消息，具备添加消息、分发消息和移除消息的功能。其中 void Attach<F> (F&& f, const string& strTopic="") 方法是供观察者对象来注册消息的，默认的字符串类型的主题为空；void Remove<R, Args...> (const string& strTopic = "") 方法是用来移除消息的；void SendReq<R, Args...> (Args&&... args, const string& strTopic = "") 是供主题对象来发送消息的，默认的字符串类型的主题为空。
- Observer：观察者对象，接收并处理消息总线发过来的消息。
- Observer_Fcuntion：消息体，可调用对象，实际上是观察者对象内部的某个函数。
- Subject：主题对象，向消息总线发送消息的对象。

消息总线和 C# 中的事件以及 QT 中的信号槽是不同的，事件或者信号槽本质上是观察者模式，一种事件或信号只能接收特定的函数注册，比如下面这个 C# 中事件的例子：

```
void Show(int i)
{
        Console.WriteLine("Show {0}", i);
}
```

```
void ShowCode(int code)
{
        Console.WriteLine("ShowCode {0}", code);
}
public delegate void ShowHandler(int param);          // 声明委托
public event ShowHandler ShowEvent;                   // 声明事件
ShowEvent+=Show;                                      // 注册方法
ShowEvent +=ShowCode;                                 // 注册方法
ShowEvent(2);                                         // 广播
```

输出结果如下：

```
Show 2
ShowCode 2
```

在上面的例子中，事件 ShowEvent 只能接收特定类型方法：void xx（int），如果我们希望 void ShowMsg（string msg）；方法也能收到广播消息，通过 ShowEvent 是不行的，这时，不得不重新定义新的委托和事件类型：

```
public delegate void ShowMsgHandler(int param);       // 声明委托
public event ShowMsgHandler ShowMsgEvent;             // 声明事件
```

如果有一个 string ShowMsg（string msg）方法，ShowMsgHandler 同样不能将该方法注册，因为带了返回类型 string。消息总线则不需要针对每个类型的观察者函数定义新的事件类型，它能接收所有的观察者函数的注册，不论这些函数的返回值和形参是否一致。

消息总线通过类型擦除技术，使得消息总线可以接收所有类型的函数注册。消息总线相对于事件的另一个好处是集中管理，可以简单地认为消息总线容纳了所有的事件，不用分散在各个类文件中定义和注册事件，因为消息总线只有一个，它集中管理所有的事件，维护性更好。

12.3 完整的消息总线

完整的消息总线需要用到 function_traits、NonCopyable 和 Any，还会用到可变参数模板、右值引用和完美转发等特性。

function_traits 是 3.3.6 节中的 function_traits，不过，还需要在之前的 function_traits 中添加一个将可调用对象转换为 std::function 的转换函数。一个完整的 function_traits 如代码清单 12-3 所示。

代码清单 12-3　完整的 function_traits

```
#include <functional>
#include <tuple>

// 转换为 std::function 和函数指针
```

```cpp
template<typename T>
struct function_traits;

//普通函数
template<typename Ret, typename... Args>
struct function_traits<Ret(Args...)>
{
public:
    enum { arity = sizeof...(Args) };
    typedef Ret function_type(Args...);
    typedef Ret return_type;
    using stl_function_type = std::function<function_type>;
    typedef Ret(*pointer)(Args...);

    template<size_t I>
    struct args
    {
        static_assert(I < arity, "index is out of range, index must less than sizeof Args");
        using type = typename std::tuple_element<I, std::tuple<Args...>>::type;
    };
};

//函数指针
template<typename Ret, typename... Args>
struct function_traits<Ret(*)(Args...)> : function_traits<Ret(Args...)>{};

//std::function
template <typename Ret, typename... Args>
struct function_traits<std::function<Ret(Args...)>> : function_traits<Ret
    (Args...)>{};

//member function
#define FUNCTION_TRAITS(...) \
    template <typename ReturnType, typename ClassType, typename... Args>\
    struct function_traits<ReturnType(ClassType::*)(Args...) __VA_ARGS__> : \
        function_traits<ReturnType(Args...)>{}; \

FUNCTION_TRAITS()
FUNCTION_TRAITS(const)
FUNCTION_TRAITS(volatile)
FUNCTION_TRAITS(const volatile)

//函数对象
template<typename Callable>
struct function_traits : function_traits<decltype(&Callable::operator())>{};

template <typename Function>
typename function_traits<Function>::stl_function_type to_function(const Function
    & lambda)
```

```cpp
{
    return static_cast<function_traits<Function>::stl_function_type>(lambda);
}

template <typename Function>
typename function_traits<Function>::stl_function_type to_function(Function&&
    lambda)
{
    return static_cast<function_traits<Function>::stl_function_type>(std::forwa
        rd<Function>(lambda));
}

template <typename Function>
typename function_traits<Function>::pointer to_function_pointer(const Function&
    lambda)
{
    return static_cast<typename function_traits<Function>::pointer>(lambda);
}
```

这里用 function_traits 的 stl_function_type 来表示 std::function 类型，后 to_function 函数可以方便地将可调用对象转换为 std::function。

用到的 Any 就是前面 3.3.5 节的 Any。最终完整的 MessageBus 的实现如代码清单 12-4 所示。

代码清单 12-4　完整的 MessageBus 的实现

```cpp
#include <string>
#include <functional>
#include <map>
#include "Any.hpp"
#include "function_traits.hpp"
#include "NonCopyable.hpp"

using namespace std;

class MessageBus: NonCopyable
{
public:
        //注册消息
        template<typename F>
        void Attach(F&& f, const string& strTopic="")
        {
                auto func = to_function(std::forward<F>(f));
                Add(strTopic, std::move(func));
        }

        //发送消息
        template<typename R>
        void SendReq(const string& strTopic = "")
```

```cpp
        {
                using function_type = std::function<R()>;
                string strMsgType =strTopic+ typeid(function_type).name();
                auto range = m_map.equal_range(strMsgType);
                for (Iterater it = range.first; it != range.second; ++it)
                {
                        auto f = it->second.AnyCast < function_type >();
                        f();
                }
        }
        template<typename R, typename... Args>
        void SendReq(Args&&... args, const string& strTopic = "")
        {
                using function_type = std::function<R(Args...)>;
                string strMsgType =strTopic+ typeid(function_type).name();
                auto range = m_map.equal_range(strMsgType);
                for (Iterater it = range.first; it != range.second; ++it)
                {
                        auto f = it->second.AnyCast < function_type >();
                        f(std::forward<Args>(args)...);
                }
        }

        // 移除某个主题,需要主题和消息类型
        template<typename R, typename... Args>
        void Remove(const string& strTopic = "")
        {
                using function_type = std::function<R(Args...)>; //typename function_
                    traits<void(CArgs)>::stl_function_type;

                string strMsgType =strTopic +typeid(function_type).name();
                int count = m_map.count(strMsgType);
                auto range = m_map.equal_range(strMsgType);
                m_map.erase(range.first, range.second);
        }

private:
        template<typename F>
        void Add(const string& strTopic, F&& f)
        {
                string strMsgType = strTopic + typeid(F).name();
                m_map.emplace(std::move(strMsgType), std::forward<F>(f));
        }

private:
        std::multimap<string, Any> m_map;
        typedef std::multimap<string, Any>::iterator Iterater;
};
```

测试代码如下：

```cpp
void TestMsgBus()
{
    MessageBus bus;
    // 注册消息
    bus.Attach([](int a){cout << "no reference" << a << endl; });
    bus.Attach([](int& a){cout << "lvalue reference" << a << endl; });
    bus.Attach([](int&& a){cout << "rvalue reference" << a << endl; });
    bus.Attach([](const int& a){cout << "const lvalue reference" << a << endl; });
    bus.Attach([](int a){cout << "no reference has return value and key" << a << endl;
        return a;}, "a");

    int i = 2;
    // 发送消息
    bus.SendReq<void, int>(2);
    bus.SendReq<int, int>(2, "a");
    bus.SendReq<void, int&>( i);
    bus.SendReq<void, const int&>(2);
    bus.SendReq<void, int&&>(2);

    // 移除消息
    bus.Remove<void, int>();
    bus.Remove<int, int>("a");
    bus.Remove<void, int&>();
    bus.Remove<void, const int&>();
    bus.Remove<void, int&&>();

    // 发送消息
    bus.SendReq<void, int>(2);
    bus.SendReq<int, int>(2, "a");
    bus.SendReq<void, int&>( i);
    bus.SendReq<void, const int&>(2);
    bus.SendReq<void, int&&>(2);
}
```

输出结果如下：

```
no reference2
no reference 2 has return value and key
lvalue reference 2
rvalue reference 2
const lvalue reference 2
```

在上面的测试代码中，移除所有消息之后，发送的消息没有接收者，所以不会有输出。

12.4 应用实例

假设有 3 个对象 Car、Bus、Truck 都向消息总线注册了消息，消息类型为 std::function<void（int）>，但是 Car 和 Bus 在注册时还指定了主题，即只对某个主题的消息感兴趣。这 3 个对象注册主题和消息之后就希望能在合适的时候收到并处理消息，它们并不知道也不用关心是谁、在什么时候会给它们发送消息，只要能收到并处理消息就行了。另外，有一个 Subject 会在需要的时候发送消息，它也不知道，也不用关心谁会收到消息，只需要将它感兴趣的消息发送出去，自然有对象收到并处理。

这 3 个接收消息的对象可能在不同的组件之中，和 subject 对象没有耦合关系，彼此都不知道，它们之间的唯一联系就是消息，通过消息来通信，这样这些对象之间的耦合性就大大降低了，没有依赖，也没有关联，更没有继承，各个对象只需关心消息的处理或者发送即可，同时也大大简化了对象之间复杂关系的管理和维护。下面来看一个具体的实例，如代码清单 12-5 所示。

代码清单 12-5　MessageBus 的一个应用示例

```cpp
#include "MessageBus.hpp"

MessageBus g_bus;
const string Topic = "Drive";
struct Subject
{
        void SendReq(const string& topic)
        {
                g_bus.SendReq<void, int>(50, topic);
        }
};

struct Car
{
        Car()
        {
                g_bus.Attach([this](int speed){Drive(speed);},Topic);
        }

        void Drive(int speed)
        {
                cout << "Car drive " << speed << endl;
        }
};

struct Bus
{
        Bus()
```

```cpp
            {
                    g_bus.Attach([this](int speed){Drive(speed);},Topic);
            }

            void Drive(int speed)
            {
                    cout << "Bus drive " << speed << endl;
            }
    };

    struct Truck
    {
            Truck()
            {
                    g_bus.Attach([this](int speed){Drive(speed);});
            }

            void Drive(int speed)
            {
                    cout << "Truck drive " << speed << endl;
            }
    };

    void TestBus()
    {
            Test();
            Subject subject;
            Car car;
            Bus bus;
            Truck truck;
            subject.SendReq(Topic);
            subject.SendReq("");

            g_bus.Remove<void, int>();
            subject.SendReq("");
    }
```

在测试代码中，car 和 bus 对象向消息总线注册了主题为"Drive"、消息类型为 void（int）的消息，Truck 对象注册了默认主题、消息类型为 void（int）的消息。当 subject 对象发送"Drive"主题的消息时，只有注册了该主题的 car 和 bus 对象才会收到该消息，而 truck 对象因为没有注册该主题，虽然消息类型和 car、bus 对象的消息类型一样，但是收不到"Drive"主题的消息。只有在发送默认主题的消息时，truck 对象才能收到消息，另外，两个对象则收不到消息。

还可以移除消息，当通过消息总线移除某个主题的某个消息时，该主题的消息接收者就收不到消息了。

上述代码最终的输出结果如下：

```
Car drive
Bus drive
Truck drive
```

在这个实例中，对象之间的关系还不算复杂，需求变复杂一点，在 3 个对象收到并处理了消息之后，需要再告诉消息的发送者消息处理完了，这样这几个对象之间就形成一个网状关系。实现这个需求对于消息总线来说很轻松，对象的关系复杂度增加，但对象之间的耦合性却没有增加。下面看一下这个需求是如何实现的，如代码清单 12-6 所示。

代码清单 12-6　通过 MessageBus 将复杂对象关系解耦的例子

```cpp
#include "MessageBus.hpp"

MessageBus g_bus;
const string Topic = "Drive";
const string CallBackTopic = "DriveOk";

struct Subject
{
    Subject()
    {
        g_bus.Attach([this]{DriveOk();},CallBackTopic);
    }
    void SendReq(const string& topic)
    {
        g_bus.SendReq<void, int>(50, topic);
    }

    void DriveOk()
    {
        cout<<"drive ok"<<endl;
    }
};

struct Car
{
    Car()
    {
        g_bus.Attach([this](int speed){Drive(speed);}, Topic);
    }

    void Drive(int speed)
    {
        cout << "Car drive " << speed << endl;
        g_bus.SendReq<void>(CallBackTopic);
    }
};
```

```cpp
struct Bus
{
    Bus()
    {
        g_bus.Attach([this](int speed){Drive(speed);});
    }

    void Drive(int speed)
    {
        cout << "Bus drive " << speed << endl;
        g_bus.SendReq<void>(CallBackTopic);
    }
};

struct Truck
{
    Truck()
    {
        g_bus.Attach([this]{Drive ();});
    }

    void Drive(int speed)
    {
        cout << "Truck drive " << speed << endl;
        g_bus.SendReq<void>(CallBackTopic);
    }
};
void TestBus()
{
    Test();
    Subject subject;
    Car car;
    Bus bus;
    Truck truck;
    subject.SendReq(Topic);
    subject.SendReq("");
}
```

最终会打印结果如下：

```
Car drive
drive ok
Bus drive
drive ok
Truck drive
drive ok
```

可以看到，这些对象之间的复杂联系都简化为主题和消息，用户只需要维护主题和消息即可，对象之间都是松耦合，更复杂的对象关系都可以简化，可以很方便地集中管理，并且还不会因为对象关系的复杂性增加耦合性。

12.5 总结

消息总线将复杂的对象关系简化了，降低了对象关系的复杂度和耦合度，但也要注意消息总线的使用场景，比如，如果对象很少并且之间的关系很简单的时候，用消息总线反而会使简单问题变复杂，在对象很多且关系很复杂的时候，消息总线才能更好地发挥作用。

第 13 章

使用 C++11 封装 sqlite 库

sqlite 是一个开源、跨平台、轻量级的数据库，作为一个单机数据库，应用很广泛，其源码可以从官网（http://www.sqlite.org/）下载。sqlite 有几个版本，我们使用的是最新版本 sqlite3。为方便起见，下文将 sqlite3 简称为 sqlite。sqlite 的 API 较多，使用的时候需要注意很多细节，比如要执行一个插入数据的命令，需要先调用 prepare 接口解析 SQL 脚本，然后再调用 sqlite3_bind_xxx 接口将参数一个个绑定，接着执行 sqlite3_step 接口，最后释放相关的句柄。下面看一个简单的示例，如代码清单 13-1 所示。

代码清单 13-1　sqlite 基本用法

```
#include <sqlite3.h>
#include <string>
#include <stdio.h>

using namespace std;

void doTest()
{
    // 创建数据库
    sqlite3* conn = NULL;
    int result = sqlite3_open("test.db",&conn);

    // 创建表
    const char* createTableSQL = "CREATE TABLE if not exists PersonTable(ID INTEGER
        NOT NULL, Name Text, Address BLOB);";
    sqlite3_exec(m_dbHandle, createTableSQL, nullptr, nullptr, nullptr);
    // 插入数据
```

```cpp
        const char* sqlinsert = "INSERT INTO PersonTable(ID, Name, Address) VALUES(?, ?, ?);";
        int id = 2;
        const char* name = "Peter";
        const char* city = "zhuhai";

        sqlite3_stmt* stmt2 = NULL;

        //翻译 SQL 脚本
        sqlite3_prepare_v2(conn, sqlinsert, strlen(sqlinsert),&stmt2,NULL);
        //绑定参数
        sqlite3_bind_int(stmt2,1,id);
        sqlite3_bind_text(stmt2,2,name,strlen(name),SQLITE_TRANSIENT);
        sqlite3_bind_text(stmt2,3,city,strlen(city),SQLITE_TRANSIENT);
        //执行 SQL 操作
        sqlite3_step(stmt2);
        //释放句柄和关闭数据库
        sqlite3_finalize(stmt2);
        sqlite3_close(conn);
    }
```

从上面的例子可以看到，对于一个简单的插入数据的操作，我们不得不调用七八个甚至更多的接口，这里还做了简化，对返回值没有做处理。这么多的 API 接口往往让我们陷入使用 API 的细节中，不能集中注意力在应用上，使用也不够简便，而且通过这种组合 API 来实现数据库操作是重复性的劳动。因此，需要通过封装来简化 sqlite 的使用，提高开发效率。我们希望封装之后的接口变得简洁、易用，并大幅提高开发效率。

通过 C++11 来封装 sqlite 可以实现上述目的，本章将介绍如何用 C++11 来封装 sqlite，封装之后的库 SmartDB 提供简洁、统一和易用的接口，使我们不必关注 sqlite 内部接口的使用细节，避免了重复劳动，提高了开发效率。使用 C++11 封装的 sqlite 库 SmartDB 除了必须用到的 sqlite 库之外，还用到了开源的 json 库——rapidjson，因此，本章会先介绍这两个库的基本用法，之后再聚焦如何封装。

13.1 sqlite 基本用法介绍

sqlite 的核心对象有 sqlite3 和 sqlite3_stmt。sqlite 在打开时会创建 sqlite3 对象，在关闭时需要将该对象作为入参，另外 sqlite3_prepare_v2 接口也需要 sqlite3 对象。sqlite3_stmt 对象用来解析并保存 SQL 语句。所有的 SQL 语句执行相关的函数也都需要将对象作为入参以完成指定的 SQL 操作。

sqlite 的函数有 80 多个，但常用的函数不多，我们将主要介绍常用函数的基本用法，更多的用法请读者自行参考官方文档。sqlite 函数主要分为两类，一类是打开和关闭数据库的函数；另一类是执行 SQL 语句的函数。

13.1.1 打开和关闭数据库的函数

打开和关闭数据库相关的函数有如下这几个：

```
int sqlite3_open(const char*, sqlite3**);
int sqlite3_open16(const void*, sqlite3**);
int sqlite3_close(sqlite3*);
const char *sqlite3_errmsg(sqlite3*);
const void *sqlite3_errmsg16(sqlite3*);
int sqlite3_errcode(sqlite3*);
```

sqlite3_open 函数的第一个入参为文件名，第二个参数为 sqlite3** 指针，在调用此函数后，函数内部会返回一个 sqlite3* 指针，可以认为是数据库的句柄。sqlite3_open16 表示支持 utf16 格式的文件名。sqlite3_close 函数需要传入 sqlite3* 指针以关闭数据库。sqlite3_errmsg 函数用来返回错误信息。sqlite3_errcode 用来返回 sqlite 函数的操作结果码，sqlite 定义了 20 多种结果码：[一]

```
#define SQLITE_OK           0    /* Successful result */
#define SQLITE_ERROR        1    /* SQL error or missing database */
#define SQLITE_INTERNAL     2    /* An internal logic error in SQLite */
#define SQLITE_PERM         3    /* Access permission denied */
#define SQLITE_ABORT        4    /* Callback routine requested an abort */
#define SQLITE_BUSY         5    /* The database file is locked */
#define SQLITE_LOCKED       6    /* A table in the database is locked */
#define SQLITE_NOMEM        7    /* A malloc() failed */
#define SQLITE_READONLY     8    /* Attempt to write a readonly database */
#define SQLITE_INTERRUPT    9    /* Operation terminated by sqlite_interrupt() */
#define SQLITE_IOERR        10   /* Some kind of disk I/O error occurred */
#define SQLITE_CORRUPT      11   /* The database disk image is malformed */
#define SQLITE_NOTFOUND     12   /* (Internal Only) Table or record not found */
#define SQLITE_FULL         13   /* Insertion failed because database is full */
#define SQLITE_CANTOPEN     14   /* Unable to open the database file */
#define SQLITE_PROTOCOL     15   /* Database lock protocol error */
#define SQLITE_EMPTY        16   /* (Internal Only) Database table is empty */
#define SQLITE_SCHEMA       17   /* The database schema changed */
#define SQLITE_TOOBIG       18   /* Too much data for one row of a table */
#define SQLITE_CONSTRAINT   19   /* Abort due to constraint violation */
#define SQLITE_MISMATCH     20   /* Data type mismatch */
#define SQLITE_MISUSE       21   /* Library used incorrectly */
#define SQLITE_NOLFS        22   /* Uses OS features not supported on host */
#define SQLITE_AUTH         23   /* Authorization denied */
#define SQLITE_ROW          100  /* sqlite_step() has another row ready */
#define SQLITE_DONE         101  /* sqlite_step() has finished executing */
```

在一般情况下，函数正确执行后返回的结果码为 SQLITE_OK、SQLITE_ROW 和 SQLITE_DONE，否则将返回错误码，调用者需要根据返回的错误码的值来做相关的错误处理。

[一] http://www.sqlite.org/capi3.html

下面通过一个简单的例子来介绍如何使用打开和关闭数据库的接口函数。

```cpp
#include <sqlite3.h>
#include <string>
using namespace std;
bool Test()
{
        sqlite3* conn = nullptr;
        //打开数据库
        int result = sqlite3_open("test.db",&conn);
        if (result != SQLITE_OK)
        {
                sqlite3_close(conn);
                return false;
        }

        //做其他的数据库操作

        //最后关闭数据库
        result = sqlite3_close(conn);
        return result = SQLITE_OK;
}
```

sqlite 打开和关闭数据库的方法很简单，我们需要注意的是：要对 sqlite 的函数返回值进行判断，并做错误处理。

13.1.2　执行 SQL 语句的函数

打开数据库之后可能需要创建表并对表做一些查询、插入和删除等操作，这时就需要用到 sqlite 的执行 SQL 语句的相关函数。下面来看看执行 SQL 语句的一些函数：

```cpp
typedef int (*sqlite_callback)(void*,int,char**, char**);
int sqlite3_exec(sqlite3*, const char *sql, sqlite_callback, void*, char**);
```

sqlite3_exec 函数直接执行 SQL 语句，并返回执行的结果，比如创建表、插入记录和删除记录等操作，需要注意的是，sqlite3_exec 只能执行不带参数的 SQL 语句。该函数入参较多，实际上一般只需要传入前面两个参数即可，后面的都传入 nullptr。比如创建表：

```cpp
#include <sqlite3.h>
#include <string>
using namespace std;
bool Test()
{
        sqlite3* dbHandle = nullptr;
        //打开数据库
        int result = sqlite3_open("test.db",&dbHandle);
        if (result != SQLITE_OK)
        {
                sqlite3_close(dbHandle);
```

```
            return false;
    }

    // 创建数据表
    const char* sqlcreat = "CREATE TABLE if not exists PersonTable(ID INTEGER
        NOT NULL, Name Text, Address BLOB);";
    result = sqlite3_exec(dbHandle, sqlcreat, nullptr, nullptr, nullptr);

    // 最后关闭数据库
    sqlite3_close(dbHandle);
    return result = SQLITE_OK;
}
```

对于带参数的 SQL 语句，需要调用另外几个接口：sqlite3_prepare_v2、sqlite3_bind_XXX、sqlite3_step、sqlite3_reset 和 sqlite3_finalize 接口。其中 sqlite3_prepare_v2 用于解析 SQL 文本并保存到 sqlite3_stmt 对象中，sqlite3_stmt 将作为后面一些函数的入参；sqlite3_bind_XXX 函数用于绑定 SQL 文本中的参数，绑定函数有下面几种：

```
int sqlite3_bind_blob(sqlite3_stmt*, int, const void*, int n, void(*)(void*));
int sqlite3_bind_double(sqlite3_stmt*, int, double);
int sqlite3_bind_int(sqlite3_stmt*, int, int);
int sqlite3_bind_int64(sqlite3_stmt*, int, long long int);
int sqlite3_bind_null(sqlite3_stmt*, int);
int sqlite3_bind_text(sqlite3_stmt*, int, const char*, int n, void(*)(void*));
int sqlite3_bind_text16(sqlite3_stmt*, int, const void*, int n, void(*)(void*));
int sqlite3_bind_value(sqlite3_stmt*, int, const sqlite3_value*);
```

上面的 sqlite3_bind_xxx 重载函数分别用来绑定 blob 类型、double 类型、32 位整型、64 位整型、null 类型和字符串类型。比如要插入 10 条记录，如代码清单 13-2 所示。

代码清单 13-2　sqlite 插入数据的示例

```
#include <sqlite3.h>
#include <string>
using namespace std;
bool Test()
{
    sqlite3* dbHandle = nullptr;
    // 打开数据库
    int result = sqlite3_open("test.db",&dbHandle);
    if (result != SQLITE_OK)
    {
        sqlite3_close(dbHandle);
        return false;
    }

    // 创建数据表
    const char* sqlcreat = "CREATE TABLE if not exists PersonTable(ID INTEGER
        NOT NULL, Name Text, Address BLOB);";
```

```cpp
        result = sqlite3_exec(dbHandle, sqlcreat, nullptr, nullptr, nullptr);

        //插入数据
        sqlite3_stmt* stmt = NULL;
        const char* sqlinsert = "INSERT INTO PersonTable(ID, Name, Address) VALUES(?, ?, ?);";
        //解析并保存SQL脚本
        sqlite3_prepare_v2(dbHandle, sqlinsert, strlen(sqlinsert), &stmt, nullptr);

        int id = 2;
        const char* name = "Peter";
        for(int i=0; i<10; ++i)
        {
                //绑定参数
                sqlite3_bind_int(stmt, 1, id);
                sqlite3_bind_text(stmt, 2, name, strlen(name), SQLITE_TRANSIENT);
                sqlite3_bind_null (stmt, 3);

                //执行SQL语句
                if (sqlite3_step(stmt) != SQLITE_DONE)
                {
                        sqlite3_finalize(stmt);
                        sqlite3_close(dbHandle);
                }
                //重新初始化该sqlite3_stmt对象下次再用
                sqlite3_reset(stmt);
        }
        //stmt用完之后要释放，否则会内存泄露
        sqlite3_finalize(stmt);

        //最后关闭数据库
        sqlite3_close(dbHandle);
        return result = SQLITE_OK;
}
```

对于带参数的SQL语句，我们先要定义sqlite3_stmt，它会保存SQL语句，具体是通过sqlite3_prepare_v2函数解析并保存SQL语句的。在sqlite3_prepare_v2解析SQL语句之后还要绑定参数，根据参数的类型调用不同的sqlite3_bind_xxx函数来绑定，在绑定完参数之后，再调用sqlite3_step来执行SQL操作，最后要释放sqlite3_stmt指针。这里需要注意的是，不需要每次都定义一个新的sqlite3_stmt指针，可以重复使用sqlite3_stmt指针以提高效率，每次用完sqlite3_stmt指针后重置一下就可以了。在插入数据完成之后还要释放sqlite3_stmt指针，否则会内存泄露。

当通过查询语句获得返回结果之后，需要通过一系列的函数来从sqlite3_stmt对象中取出所有的值。要取出结果，需要调用下面这些函数：

```cpp
//返回blob数据
const void *sqlite3_column_blob(sqlite3_stmt*, int iCol);
```

```cpp
// 返回blob数据的长度
int sqlite3_column_bytes(sqlite3_stmt*, int iCol);
// 返回列数
int sqlite3_column_count(sqlite3_stmt*);
// 返回double值
double sqlite3_column_double(sqlite3_stmt*, int iCol);
// 返回int值
int sqlite3_column_int(sqlite3_stmt*, int iCol);
// 返回int64值
long long int sqlite3_column_int64(sqlite3_stmt*, int iCol);
// 返回列名
const char *sqlite3_column_name(sqlite3_stmt*, int iCol);
// 返回文本(TEXT)值
const unsigned char *sqlite3_column_text(sqlite3_stmt*, int iCol);
// 返回列的类型
int sqlite3_column_type(sqlite3_stmt*, int iCol);
```

其中，sqlite3_column_type返回的列类型总共有5种：

```cpp
#define SQLITE_INTEGER   1
#define SQLITE_FLOAT     2
#define SQLITE_TEXT      3
#define SQLITE_BLOB      4
#define SQLITE_NULL      5
```

在实际使用时，需要循环读取每行的buffer，然后从buffer中取得每一列的值，下面通过一个简单的例子来展示如何利用上述这些接口来获取每行和每列的值，如代码清单13-3所示。

代码清单13-3　sqlite获取每行和每列的值

```cpp
void TestQuery()
{
    // 打开数据库…

    const char* sqlQuery = "SELECT * FROM PersonTable ";
    sqlite3_stmt* stmt = nullptr;
    // 解析SQL语句
    if (sqlite3_prepare_v2(dbHandle,sqlQuery,strlen(sqlQuery),&stmt,nullptr)
        != SQLITE_OK)
    {
        sqlite3_finalize(stmt);
        sqlite3_close(dbHandle);
        return;
    }

    // 获取列数
    int colCount = sqlite3_column_count(stmt);
    while(true)
    {
        // 执行SQL语句，获取每行的数据
```

```cpp
                int r = sqlite3_step(stmt);
                if (r == SQLITE_DONE)
                {
                        break;//数据行都已经获取,跳出循环
                }

                if (r!= SQLITE_ROW)
                {
                        break;//获取某一行数据失败,跳出循环
                }

                //获取每一列的值
                for (int i = 0; i <colCount; ++i)
                {
                        //这里需要先判断当前列的类型,列的类型不同,调用的 API 函数不同
                        //获取实际的数据值
                        int coltype = sqlite3_column_type(stmt,i);
                        if (coltype == SQLITE_INTEGER)
                        {
                                int val = sqlite3_column_int(stmt,i);
                                cout<<"int value"<<endl;
                        }
                        else if (coltype == SQLITE_FLOAT)
                        {
                                double val= sqlite3_column_double(stmt,i);
                                cout<<"double value"<<endl;
                        }
                        else if (coltype == SQLITE_TEXT)
                        {
                                const char* val = (const char*)sqlite3_column_
                                    text(stmt,i);
                                cout<<"char* value"<<endl;
                        }
                        else if (coltype == SQLITE_NULL)
                        {
                                cout<<"null value"<<endl;
                        }
                }
        }

        sqlite3_finalize(stmt);
}
```

sqlite 除了提供了执行 SQL 语句的相关函数外,还提供了事务功能。使用 sqlite 的事务很简单,只需要执行几个简单的 SQL 语句即可,下面是它的基本用法:

```cpp
// 开始事务
sqlite3_exec(dbHandle, "BEGIN");
// 回滚事务
sqlite3_exec(dbHandle, "ROLLBACK");
```

```
// 提交事务
sqlite3_exec(dbHandle, "COMMIT")/sqlite3_exec(dbHandle, "END");
```

通过这些基本接口，我们就可以操作 sqlite 数据库了。然而，这类接口很多，要搞清楚它们的用法是需要花一些时间的，而且有些接口的使用还是比较烦琐的，比如我们需要根据类型来绑定参数，需要根据类型来获取列的值，需要 prepare、bind、step、finalize 等好几个步骤。这些细节分散了我们的注意力，也是重复性的，如果有一个统一且简洁的接口，就能屏蔽内部细节，大大简化 sqlite 的使用，从而提高开发效率。比如，外面只需要传入一个 SQL 脚本就能完成我们希望的 SQL 操作，在后续的章节中将通过 C++11 来封装 sqlite 接口，达到简化和统一接口的目的。

13.2 rapidjson 基本用法介绍

rapidjson 是一个开源的高效 json 库（关于 json 的语法和用法可以参考 json 官网：http://www.json.org/)，可以从 github 上取最新的代码：https://github.com/miloyip/rapidjson，直接引用头文件即可。我们封装 sqlite 需要用到这个库。

13.2.1 解析 json 字符串

rapidjson 通过 Document 的 parse 方法将字符串转换为 json 对象保存到 document 中，需要遍历 document 来获取具体的 json 对象。rapidjson 的基本用法如代码清单 13-4 所示。

代码清单 13-4 rapidjson 的基本用法

```
#include <iostream>
using namespace std;
#include "rapidjson/document.h"

using namespace rapidjson;
int main()
{
        const char* json = "[ { \"hello\" : \"world\"} ]";
        // 解析 json 串
        Document document;
        if (document.Parse<0>(json).HasParseError())
        {
                cout<<document.GetParseError()<<endl;
                return 1;
        }

        // 遍历 json 对象的键值对
        for (size_t i = 0, len = doc.Size(); i < len; i++)
        {
                const Value& val = doc[i];
```

```cpp
            cout<<val["hello"].GetString()<<endl;
    }
}
```

document 的 Parse 方法需要传入一个模板参数 ParseFlag，这个模板参数是一个枚举变量：

```cpp
enum ParseFlag
{
    kParseDefaultFlags = 0,
    kParseInsituFlag = 1
};
```

默认传入的是 kParseDefaultFlags。在传入 kParseDefaultFlags 时，会使用 rapidjson 内部的内存池，在传入 kParseInsituFlag 时则不使用内存池，因此，一般传入 kParseDefaultFlags。还可以通过 HasParseError 来判断是否解析成功，如果没有解析成功，还可以通过 GetParseError 输出错误信息。如果希望获得 document 解析之后的 json 串，可以调用 document 的 GetString() 函数。

rapidjson 将字符串解析到 document 对象中之后，遍历 json 对象中的键值对时比较烦琐，需要判断 Value 的类型，然后根据 Value 的类型来调用对象接口获取具体的值。在后面封装的时候需要改进，将这些细节都屏蔽，只提供简洁统一的接口来方便使用。

13.2.2 创建 json 对象

json 中的基本元素为键值对。rapidjson 提供了创建 json 对象的类 writer，其基本用法如代码清单 13-5 所示。

代码清单 13-5 rapidjson 创建 json 对象的例子

```cpp
#include <iostream>
using namespace std;
#include <rapidjson/writer.h>
#include <rapidjson/stringbuffer.h>
#include "rapidjson/document.h"

int main()
{
    rapidjson::StringBuffer buf;
    rapidjson::Writer<rapidjson::StringBuffer> writer(buf);
    writer.StartArray();                    // 开始创建 json 对象列表
    for (size_t i = 0; i < 10; i++)
    {
        writer.StartObject();           // 开始创建 json 对象
        writer.String("ID");            // 创建键值对
        writer.Int(i + 1);

        writer.String("Name");
```

```
            writer.String("Peter");

            writer.String("Address");
            writer.String("Zhuhai");
            writer.EndObject();        // 结束创建 json 对象
        }
        writer.EndArray();             // 结束创建 json 对象列表

        cout<<buf.GetString()<<endl;   // 输出 json 对象的字符串
        return 0;
    }
```

上面的例子将创建 10 个 json 对象，每个 json 对象由 3 个键值对组成，对应的结构体如下：

```
struct
{
    int ID;
    char* Name;
    char* Address;
};
```

在创建 json 对象之前，先初始化一个 writer，需要用 StringBuffer 来初始化。在创建 json 对象时，需要将键值对一个一个地写入，写入时要注意写入键值的类型，要根据不同的类型调用不同的接口写入，这个过程稍显烦琐，可以通过简单的封装来简化。可以通过统一接口来简化 json 对象的创建，下面来看看如何简化，如代码清单 13-6 所示。

代码清单 13-6　简化 json 对象的创建

```
#include <string>
#include <rapidjson/writer.h>
#include <rapidjson/stringbuffer.h>
#include <rapidjson/document.h>
using namespace rapidjson;
using namspace std;

class JsonCpp
{
        typedef Writer<StringBuffer> JsonWriter;
public:

        JsonCpp() : m_writer(m_buf)
        {
        }

        ~JsonCpp()
        {
        }

        /**
```

```cpp
 * 序列化结构体数组之前需调用此接口,然后再循环去序列化
 */
void StartArray()
{
    m_writer.StartArray();
}

void EndArray()
{
    m_writer.EndArray();
}

void StartObject()
{
    m_writer.StartObject();
}

void EndObject()
{
    m_writer.EndObject();
}

//写键值对
template<typename T>
void WriteJson(string& key, T&& value)
{
    m_writer.String(key.c_str());
    // 通过 enable_if 来重载 WriteValue 将基本类型写入
    WriteValue(std::forward<T>(value));
}

template<typename T>
void WriteJson(const char* key, T&& value)
{
    m_writer.String(key);
    WriteValue(std::forward<T>(value));
}


/**
 * 返回对象序列化后端json字符串
 */
const char* GetString() const
{
    return m_buf.GetString();
}

private:
```

```cpp
template<typename V>
typename std::enable_if<std::is_same<V, int>::value>::type WriteValue(V
    value)
{
        m_writer.Int(value);
}

template<typename V>
typename std::enable_if<std::is_same<V, unsigned int>::value>::type WriteValue(V
    value)
{
        m_writer.Uint(value);
}

template<typename V>
typename std::enable_if<std::is_same<V, int64_t>::value>::type WriteValue(V
    value)
{
        m_writer.Int64(value);
}

template<typename V>
typename std::enable_if<std::is_floating_point<V>::value>::type WriteValue(V
    value)
{
        m_writer.Double(value);
}

template<typename V>
typename std::enable_if<std::is_same<V, bool>::value>::type WriteValue(V value)
{
        m_writer.Bool(value);
}

template<typename V>
typename std::enable_if<std::is_pointer<V>::value>::type WriteValue(V value)
{
        m_writer.String(value);
}

template<typename V>
typename std::enable_if<std::is_array<V>::value>::type WriteValue(V value)
{
        m_writer.String(value);
}

template<typename V>
typename std::enable_if<std::is_same<V, std::nullptr_t>::value>::type WriteValue(V
    value)
```

```
            {
                    m_writer.Null();
            }
private:
            StringBuffer m_buf;//json 字符串的 buf
            JsonWriter m_writer;         //json 写入器

            Document m_doc;
};
```

JsonCpp 对写 json 键值对做了简化, 通过 type_traits 统一了接口, 具体是通过 enable_if 来重载 WriteValue, 让 WriteValue 支持基本类型。再来看看简化之后创建对象的例子:

```
void TestJsonCpp()
{
        JsonCpp jcp;
        jcp.StartArray();
        for (size_t i = 0; i < 100; i++)
        {
                jcp.StartObject();
                jcp.WriteJson("ID", i);//写键值对
                jcp.WriteJson("Name", "Peter");
                jcp.WriteJson("Address", "Zhuhai");
                jcp.EndObject();
        }
        jcp.EndArray();
}
```

简化之后创建 json 对象更加简单直观。

13.2.3　对 rapidjson 的一点扩展

rapidjson 解析 json 串到 document 之后, 遍历 document 取出 rapidson::Value 值, 这个值不能直接使用, 因为 Value 对象内部是通过 union 来保存具体的键值对, 如果要遍历 Value 中的所有键值对, 则需要一些方法, 比如获取 Value 中键值对的个数的方法 GetSize, 获取键的方法 GetKey, 通过这些方法我们就能方便地遍历 Value 对象中的键值对。不过 rapidjson 并没有提供相关的方法, 需要扩展一点 rapidjosn 的代码, 增加相关的几个函数。具体需要增加的函数如下:

```
// 获取键的指针, 如果要获取所有的键值, 则需要遍历来获取
Member* GetKeyPtr() const
{
        return data_.o.members;
}

// 根据键的指针来获取具体的键
```

```cpp
        const char* GetKey(Member* p) const
        {
                return p->name.GetString();
        }

        // 获取键值对个数
        size_t GetSize() const
        {
                return data_.a.size;
        }
```

将这几个函数增加在 document.h 的 public 方法中即可。下面介绍如何通过这几个方法来遍历 Value 对象中的键值对，代码如下：

```cpp
void ForeachValue(const rapidjson::Value& val)
{
        auto p = val.GetKeyPtr();                    // 获取第一个键的指针
        // 根据键值对的个数遍历
        for (size_t i = 0, size = val.GetSize(); i < size; ++i)
        {
                // 获取当前的键，再将指针偏移到下一个键的位置
                const char* key = val.GetKey(p++);
                auto& t = val[key];                  // 根据键获取对应的值
        }
}
```

至此，我们对 sqlite 和 rapidjson 有了一个基本的认识了，封装 sqlite 库的准备工作已经做好了，下面开始使用 C++11 来封装 sqlite 库。

13.3　封装 sqlite 的 SmartDB

13.1 节介绍了 sqlite 的基本用法，sqlite 的函数有 80 多个，使用细节比较烦琐。为了简化 sqlite 的使用，提高开发效率，我们希望封装简洁、统一的接口。SmartDB 将封装如下接口：

```cpp
// 打开和关闭数据库
void Open(const string& fileName);
bool Close();

// 数据库操作接口
template <typename... Args>
bool Excecute(const string& sqlStr, Args && ... args);

// 支持 tuple 的数据库操作接口
template<typename Tuple>
bool ExcecuteTuple(const string& sqlStr, Tuple&& t);

// 支持 json 的数据库操作接口
```

```cpp
bool ExcecuteJson(const string& sqlStr, const char* json);

// 返回一个值，如执行简单的汇聚函数
template < typename R = sqlite_int64, typename... Args>
R ExecuteScalar(const string& sqlStr, Args&&... args);

// 查询接口
template <typename... Args>
std::shared_ptr<rapidjson::Document> Query(const string& query, Args&&... args);

// 事务
bool Begin();
bool RollBack();
bool Commit();
```

打开数据库、关闭数据库的接口和事务接口很简单，主要的简化在于执行 SQL 语句和查询的简化。原来要完成插入操作，需要调用七八个函数，现在只需要调用一个函数就可以了；查询接口也只有一个，结果直接存放到 json 对象中，json 是一个标准，可以很方便地与其他系统、其他语言进行交互，甚至直接通过网络传输。除了简化之外，还支持 tuple 和 json 对象，增强了灵活性。下面看一下如何封装这些接口。

13.3.1 打开和关闭数据库的接口

sqlite 的核心对象有 sqlite3 和 sqlite3_stmt 对象：sqlite3 对象在创建或者打开数据库时创建，sqlite3_stmt 用来保存 SQL 语句，以便在后面执行。为了复用这两个对象，将它们作为 SmartDB 的成员变量。打开和关闭数据库的接口比较简单，如代码清单 13-7 所示。

代码清单 13-7　打开和关闭数据库的接口

```cpp
#include <sqlite3.h>
#include < NonCopyable.hpp>
#include <string>
using namespace std;

class SmartDB : NonCopyable
{
public:
        SmartDB(){}

        /**
        * 创建或打开数据库
        * 如果数据库不存在，则数据库将被创建并打开，如果创建失败则设置失败标志
        * @param[in] fileName: 数据库文件的位置
        */
        explicit SmartDB(const string& fileName) : m_dbHandle(nullptr), m_statement(nullptr)
```

```cpp
        {
                Open(fileName);
        }

        /**
        * 释放资源，关闭数据库
        */
        ~SmartDB()
        {
                Close();
        }

        /**
        * 打开数据库
        */
        void Open(const string& fileName)
        {
                m_code = sqlite3_open(fileName.data(), &m_dbHandle);
                return (SQLITE_OK == m_code)
        }

        /**
        * 释放资源，关闭数据库
        */
        bool Close()
        {
                if (m_dbHandle == nullptr)
                        return true;

                sqlite3_finalize(m_statement);
                m_code = CloseDBHandle();
                m_statement = nullptr;
                m_dbHandle = nullptr;
                return (SQLITE_OK == m_code);
        }

        int GetLastErrorCode()
        {
                return m_code;
        }

private:
        int CloseDBHandle()
        {
                int code = sqlite3_close(m_dbHandle);
                while (code == SQLITE_BUSY)
                {
                        code = SQLITE_OK;
```

```
                    sqlite3_stmt * stmt = sqlite3_next_stmt(m_dbHandle, NULL);

                    if (stmt == nullptr)
                            break;

                    code = sqlite3_finalize(stmt);
                    if (code == SQLITE_OK)
                    {
                            code = sqlite3_close(m_dbHandle);
                    }
            }

            return code;
    }
private:
    sqlite3* m_dbHandle;
    sqlite3_stmt* m_statement;
    int m_code;// 记录最近一次的错误码
};
```

需要注意的是，在关闭数据库的时候，需要判断关闭返回的结果码，当结果码为 SQLITE_BUSY 状态时，需要循环调用 sqlite3_next_stmt 释放所有的 sqlite3_stmt 对象，最后关闭 sqlite3 对象。

13.3.2 Excecute 接口

Excecute 接口统一了 SQL 的执行，内部调用了 sqlite3_prepare_v2、sqlite3_bind_xxx、sqlite3_step 和 sqlite3_reset 接口，其中 sqlite3_bind_xxx 绑定参数的泛化比较关键，因为 sqlite 绑定参数需要根据参数的类型来调用对应的绑定接口，统一执行 SQL 语句的接口，关键是统一参数的绑定。SQL 语句中的参数个数和类型都是不确定的，这里需要通过可变参数模板来解决变参的问题。另外，不同参数类型要选择不同的绑定函数，这里通过 std::enable_if 来解决。下面介绍如何使用 C++11 实现参数绑定的统一，如代码清单 13-8 所示。

代码清单 13-8　使用 C++11 统一参数绑定

```
int BindParams(sqlite3_stmt *statement, int current)
{
        return SQLITE_OK;
}

template <typename T, typename... Args>
int BindParams(sqlite3_stmt *statement, int current, T&&first, Args&&... args)
{
        BindValue(statement, current, first);           //绑定基本类型
        if (m_code != SQLITE_OK)
```

```cpp
                return m_code;

        BindParams(statement, current + 1, std::forward<Args>(args)...);

        return m_code;
}

template <typename T>
typename std::enable_if<std::is_floating_point<T>::value>::type
        BindValue(sqlite3_stmt *statement, int current, T t)
{
                m_code = sqlite3_bind_double(statement, current, std::forward
                    <T>(t));
}

template <typename T>
typename std::enable_if<std::is_integral<T>::value>::type
        BindValue(sqlite3_stmt *statement, int current, T t)
{
                BindIntValue(statement, current, t);
}

template <typename T>
typename std::enable_if<std::is_same<T, int64_t>::value || std::is_same<T, uint64_
    t>::value>::type
        BindIntValue(sqlite3_stmt *statement, int current, T t)
{
                m_code = sqlite3_bind_int64(statement, current, std::forward
                    <T>(t));
}

template <typename T>
typename std::enable_if<!std::is_same<T, int64_t>::value&&!std::is_same<T,
    uint64_t>::value>::type
        BindIntValue(sqlite3_stmt *statement, int current, T t)
{
                m_code = sqlite3_bind_int(statement, current, std::forward
                    <T>(t));
}

template <typename T>
typename std::enable_if<std::is_same<std::string, T>::value>::type
        BindValue(sqlite3_stmt *statement, int current, const T& t)
{
                m_code = sqlite3_bind_text(statement, current, t.data(),
                    t.length(), SQLITE_TRANSIENT);
}

template <typename T>
```

```cpp
typename std::enable_if<std::is_same<char*, T>::value || std::is_same<const
    char*, T>::value>::type
        BindValue(sqlite3_stmt *statement, int current, T t)
{
            m_code = sqlite3_bind_text(statement, current, t, strlen(t)+1,
                SQLITE_TRANSIENT);
}

template <typename T>
typename std::enable_if<std::is_same<blob, T>::value>::type
        BindValue(sqlite3_stmt *statement, int current, const T& t)
{
            m_code = sqlite3_bind_blob(statement, current, t.pBuf, t.size,
                SQLITE_TRANSIENT);
}

template <typename T>
typename std::enable_if<std::is_same<nullptr_t, T>::value>::type
        BindValue(sqlite3_stmt *statement, int current, const T& t)
{
            m_code = sqlite3_bind_null(statement, current);
}
```

以上代码通过 C++11 的可变参数模板和 type_traits 实现参数绑定的统一，还通过完美转发来优化性能。BindParams 的实现思路是：先展开参数包，在展开参数包的时候，通过 std::enable_if 根据参数的类型来选择合适的 sqlite3_bind 函数。BindParams 的统一是统一执行 SQL 语句函数 Excecute 的基础，有了统一的 BindParams 接口，实现 Excecute 就比较简单了，下面来看看它的实现，如代码清单 13-9 所示。

代码清单 13-9　实现 Excecute

```cpp
/**
* 不带占位符。执行 SQL，不带返回结果，如 insert、update、delete 等
* @param[in] query: SQL 语句，不带占位符
* @return bool，成功则返回 true，否则返回 false
*/
bool Excecute(const string& sqlStr)
{
        m_code = sqlite3_exec(m_dbHandle, sqlStr.data(), nullptr, nullptr, nullptr);
        return SQLITE_OK == m_code;
}

/**
* 带占位符。执行 SQL，不带返回结果，如 insert、update、delete 等
* @param[in] query: SQL 语句，可能带占位符 "?"
* @param[in] args: 参数列表，用来填充占位符
* @return bool，成功则返回 true，否则返回 false
*/
```

```cpp
template <typename... Args>
bool Excecute(const string& sqlStr, Args &&... args)
{
        if (!Prepare(sqlStr))
        {
                return false;
        }

        return ExcecuteArgs(std::forward<Args>(args)...);
}

/**
* 解析和保存 SQL，可能带占位符
* @param[in] query: SQL 语句，可能带占位符 "?"
* @return bool, 成功则返回 true, 否则返回 false
*/
bool Prepare(const string& sqlStr)
{
        m_code = sqlite3_prepare_v2(m_dbHandle, sqlStr.data(), -1, &m_statement,
                nullptr);
        if (m_code != SQLITE_OK)
        {
                return false;
        }

        return true;
}

/**
* 批量操作接口，必须先调用 Prepare 接口
* @param[in] args: 参数列表
* @return bool, 成功则返回 true, 否则返回 false
*/
template <typename... Args>
bool ExcecuteArgs(Args &&... args)
{
        if (SQLITE_OK != BindParams(m_statement, 1, std::forward<Args>(args)...))
        {
                return false;
        }

        m_code = sqlite3_step(m_statement);

        sqlite3_reset(m_statement);
        return m_code == SQLITE_DONE;
}
```

Excecute 接口的基本用法如下：

```cpp
const string sqlinsert = "INSERT INTO PersonTable(ID, Name, Address) VALUES(?, ?, ?);";
db.Excecute(sqlinsert, 1, "Peter", nullptr);
```

这个 Excecute 接口可以支持任意的非查询 SQL 语句，带参数占位符或者没有占位符的 SQL 语句都可以执行，将内部的细节完全屏蔽，只提供简洁统一的接口，简化了 sqlite 执行 SQL 语句的操作。

13.3.3　ExecuteScalar 接口

ExecuteScalar 接口用于返回一个值，比如一些简单的汇聚函数，如 select count(*)、select max(*) 等，还可以返回某个值，比如获取某个人的年龄或者姓名，因此，这个 ExecuteScalar 接口返回的是多种不同的类型。为了统一 ExecuteScalar 接口，这里将 Variant 作为具体值的返回类型，在获取返回值后再根据模板参数类型将真实值从 Variant 中取出。这里的 Variant 是 3.3.7 节中介绍的 Variant，具体实现和用法请参考 3.3.7 节中的内容。下面来看一下 ExcecuteScalar 的具体实现，如代码清单 13-10 所示。

代码清单 13-10　ExcecuteScalar 的实现

```
/**
* 执行 sql，返回函数执行的一个值，执行简单的汇聚函数，如 select count(*), select max(*) 等
* 返回结果可能有多种类型，返回 Value 类型，在外面通过 get 函数去取
* @param[in] query: sql 语句，可能带占位符 "?"
* @param[in] args: 参数列表，用来填充占位符
* @return R: 返回结果值，失败则返回无效值
*/
template < typename R = sqlite_int64, typename... Args>
R ExecuteScalar(const string& sqlStr, Args&&... args)
{
    if (!Prepare(sqlStr))
        return GetErrorVal<R>();

    //绑定 sql 脚本中的参数
    if (SQLITE_OK != BindParams(m_statement, 1, std::forward<Args>(args)...))
    {
        return GetErrorVal<R>();
    }

    m_code = sqlite3_step(m_statement);

    if (m_code != SQLITE_ROW)
        return GetErrorVal<R>();

    SqliteValue val = GetValue(m_statement, 0);
    R result = val.Get<R>();                // get<R>(val);
    sqlite3_reset(m_statement);
    return result;
}

/** 取列的值 **/
SqliteValue GetValue(sqlite3_stmt *stmt, const int& index)
{
    int type = sqlite3_column_type(stmt, index);
```

```cpp
    // 根据列的类型取值
    auto it = m_valmap.find(type);
    if (it == m_valmap.end())
        throw (SmartDBException("can not find this type"));

    return it->second(stmt, index);
}

// 返回无效值
template<typename T>
typename std::enable_if <std::is_arithmetic<T>::value, T>::type
    GetErrorVal()
{
        return T(-9999);
}

template<typename T>
typename std::enable_if <!std::is_arithmetic<T>::value&&!std::is_same
    <T, blob>::value, T>::type
    GetErrorVal()
{
        return "";
}

template<typename T>
typename std::enable_if <std::is_same<T, blob>::value, T>::type
    GetErrorVal()
{
        return {nullptr, 0};
}
```

ExcecuteScalar 执行 SQL 语句将结果放到 sqlite3_statement 对象中，这时需要根据当前列的类型来调用对应的 sqlite3_column_xxx 来取出真实的结果。这里通过表驱动法，将 sqlite 类型和对应的取值函数放到一个表中，在外面可以根据类型调用对应的取值函数了。m_valmap 是一个静态的 unordered_map，它的定义如下：

```cpp
    std::unordered_map<int, std::function <SqliteValue(sqlite3_stmt*, int)>>
    SmartDB::m_valmap =
    {
        { std::make_pair(SQLITE_INTEGER, [](sqlite3_stmt *stmt, int index){return
            sqlite3_column_int64(stmt, index); }) },
        { std::make_pair(SQLITE_FLOAT, [](sqlite3_stmt *stmt, int index){return
            sqlite3_column_double(stmt, index); }) },
        { std::make_pair(SQLITE_BLOB, [](sqlite3_stmt *stmt, int index){return
            string((const char*) sqlite3_column_blob(stmt, index)); }) },
        { std::make_pair(SQLITE_TEXT, [](sqlite3_stmt *stmt, int index){return
            string((const char*) sqlite3_column_text(stmt, index)); }) },
        { std::make_pair(SQLITE_NULL, [](sqlite3_stmt *stmt, int index){return nullptr; }) }
    };
```

这个 map 的键为 sqlite 的类型，值类型为 std::function <SqliteValue (sqlite3_stmt, int) >，因为返回的值类型不同。这里，为了统一定义取值函数，将 SqliteValue 作为返回值类型，SqliteValue 是一个 Variant 类型，它的具体定义如下：

```
typedef Variant<double, int, uint32_t, sqlite3_int64, char*, const char*, blob,
    string, nullptr_t> SqliteValue;                           //sqlite 返回的值类型
```

ExcecuteScalar 的基本用法如下：

```
auto count = db.ExcecuteScalar("select count(1) from mytable");//返回表总行数
```

这里的 Variant 类型只定义了一些常用的基本类型，可以根据需要扩展。

13.3.4　事务接口

sqlite 的事务接口很简单，只要执行几个 SQL 语句即可，由于前面已经封装好了 Execute 接口，这里封装事务接口就很简单了，代码如下：

```cpp
bool Begin()
{
        return Excecute(BEGIN);
}

bool RollBack()
{
        return Excecute(ROLLBACK);
}

bool Commit()
{
        return Excecute(COMMIT);
}
```

事务接口的基本用法如下：

```cpp
// 启用事务
db.Begin();
// 开始执行 SQL 操作
bool r = db.Execute("...");
if(!r)
        db.RollBack();          // 回滚
else
        db.Commit();            // 提交
```

13.3.5　ExcecuteTuple 接口

SmartDB 为了使执行 SQL 的接口变得更灵活，支持了 tuple 和 json 参数，因为有时候并不是马上就将能参数传入到执行接口中，可能需要先将要插入的数据缓存起来，然后再批

量保存到数据库,这时,通过 tuple 或者 json 来缓存参数就很合适了。tuple 接口允许我们将 tuple 作为执行 SQL 语句的参数。

由于前面已经封装了变参版的 BindParams,要支持 tuple 需要先将 tuple 转换为可变参数模板(前面我们已经封装了变参版的 BindParams),这个转换在第 3 章中有详细介绍。下面来看看 ExcecuteTuple 的实现,如代码清单 13-11 所示。

代码清单 13-11　实现 ExcecuteTuple

```cpp
template<int...>
struct IndexTuple{};

template<int N, int... Indexes>
struct MakeIndexes : MakeIndexes<N - 1, N - 1, Indexes...>{};

template<int... indexes>
struct MakeIndexes<0, indexes...>
{
        typedef IndexTuple<indexes...> type;
};

template<typename Tuple>
bool ExcecuteTuple(const string& sqlStr, Tuple&& t)
{
        if (!Prepare(sqlStr))
        {
                return false;
        }

        return ExcecuteTuple(MakeIndexes<std::tuple_size<Tuple>::value>::type(),
            std::forward<Tuple>(t));
}
template<int... Indexes, class Tuple>
bool ExcecuteTuple(IndexTuple< Indexes... >&& in, Tuple&& t)
{
        if (SQLITE_OK != BindParams(m_statement, 1, get<Indexes>(std::forward<Tuple>(t))...))
        {
                return false;
        }

        m_code = sqlite3_step(m_statement);
        sqlite3_reset(m_statement);
        return m_code == SQLITE_DONE;
}
```

ExcecuteTuple 的实现思路是,先将 tuple 转换为可变参数,如何转换,读者可以参考第 3 章的介绍。转换之后再通过 enable_if 实现的重载函数 BindParams 将 tuple 中的每个元素绑定起来，最终完成脚本的执行。

ExcecuteTuple 的基本用法如下：

```cpp
const string sqlinsert = "INSERT INTO PersonTable(ID, Name, Address) VALUES(?, ?, ?);";
db.ExcecuteTuple(sqlinsert, std::forward_as_tuple(id, "Peter", bl));
```

13.3.6 json 接口

json 接口的实现相对 tuple 接口要复杂一些，它首先要解析 json 串，然后再遍历 json 对象列表，将列表中的每个对象解析出来，然后解析出 json 对象的值来，再根据值的类型调用 sqlite3_bind_xxx 函数将该类型对应的值绑定起来，最后调用 step 执行 SQL 语句。下面看一下 json 接口具体的实现，如代码清单 13-12 所示。

代码清单 13-12　实现 json 接口

```cpp
bool ExcecuteJson(const string& sqlStr, const char* json)
{
    // 解析json串
    rapidjson::Document doc;
    doc.Parse<0>(json);
    if (doc.HasParseError())
    {
        cout << doc.GetParseError() << endl;
        return false;
    }

    // 解析SQL语句
    if (!Prepare(sqlStr))
    {
        return false;
    }

    // 启用事务写数据
    return JsonTransaction(doc);
}

// 通过json串写到数据库中
bool JsonTransaction(const rapidjson::Document& doc)
{
    Begin();

    // 解析json对象
    for (size_t i = 0, size = doc.Size(); i < size; i++)
    {
        if (!ExcecuteJson(doc[i]))
        {
            RollBack();
```

```cpp
                    break;
            }
    }
    if (m_code != SQLITE_DONE)
            return false;

    Commit();
    return true;
}

//绑定json值并执行
bool ExcecuteJson(const rapidjson::Value& val)
{
    auto p = val.GetKeyPtr();
    for (size_t i = 0, size = val.GetSize(); i < size; ++i)
    {
            //获取json值
            const char* key = val.GetKey(p++);
            auto& t = val[key];

            //绑定json值
            BindJsonValue(t, i + 1);
    }

    m_code = sqlite3_step(m_statement);
    sqlite3_reset(m_statement);
    return SQLITE_DONE == m_code;
}

void BindJsonValue(const rapidjson::Value& t, int index)
{
    auto type = t.GetType();
    if (type == rapidjson::kNullType)
    {
            m_code = sqlite3_bind_null(m_statement, index);
    }
    else if (type == rapidjson::kStringType)
    {
            m_code = sqlite3_bind_text(m_statement, index, t.GetString(),
                -1, SQLITE_STATIC);
    }
    else if (type == rapidjson::kNumberType)
    {
            BindNumber(t, index);
    }
    else
    {
            throw std::invalid_argument("can not find this type.");
```

```cpp
        }
}
void BindNumber(const rapidjson::Value& t, int index)
{
        if (t.IsInt() || t.IsUint())
                m_code = sqlite3_bind_int(m_statement, index, t.GetInt());
        else if (t.IsInt64() || t.IsUint64())
                m_code = sqlite3_bind_int64(m_statement, index, t.GetInt64());
        else
                m_code = sqlite3_bind_double(m_statement, index, t.GetDouble());
}
```

json 接口的基本用法如下：

```cpp
const char* json = ...;// 创建 json 串
const string sqlinsert = "INSERT INTO PersonTable(ID, Name, Address) VALUES(?, ?, ?);";
bool r = db.ExcecuteJson(sqlinsert, json);
```

这里需要注意的是，解析 json 对象出来之后，启用事务，以提高执行效率。

13.3.7 查询接口

SmartDB 的查询是直接将结果放到 json 对象中，这样做的好处有三个：

- 一是避免了业务实体和物理表之间的耦合，因为底层的物理表可能会有变动，如果底层变了，上面的业务实体也要跟着变，如果是 json 对象就不存在这个问题，因为 json 本身就是一个自描述的结构体，底层变化了，json 对象也要相应变化，SmartDB 这一层仍然可以保持稳定。
- 二是避免定义大量的业务实体，因为 json 对象就代表了业务实体，应用层只需要关心如何解析 json 就行了，不必也不需要关注返回结果对应的业务实体是什么，可以精简代码。
- 三是方便与其他系统交互，甚至直接通过网络传输，因为 json 是一个标准，各个语言和系统对 json 支持得很好，可以直接获取 json 对象中的 json 串，传给其他系统。

下面来看一下查询结果是如何实现的，如代码清单 13-13 所示。

代码清单 13-13　查询接口的实现

```cpp
template <typename... Args>
std::shared_ptr<rapidjson::Document> Query(const string& query, Args&&... args)
{
        if (!PrepareStatement(query, std::forward<Args>(args)...))
                nullptr;

        auto doc = std::make_shared<rapidjson::Document>();

        m_buf.Clear();
```

```cpp
            BuildJsonObject();// 将查询结果保存为json对象

            doc->Parse<0>(m_buf.GetString());

            return doc;
}

// 创建json对象
void BuildJsonObject()
{
            int colCount = sqlite3_column_count(m_statement);

            m_jsonBuilder.StartArray();
            while (true)
            {
                        m_code = sqlite3_step(m_statement);
                        if (m_code == SQLITE_DONE)
                        {
                                    break;
                        }

                        BuildJsonArray(colCount);
            }

            m_jsonBuilder.EndArray();
            sqlite3_reset(m_statement);
}

// 创建json对象列表
void BuildJsonArray(int colCount)
{
            m_jsonBuilder.StartObject();

            for (int i = 0; i < colCount; ++i)
            {
                        char* name = (char*) sqlite3_column_name(m_statement, i);
                        ToUpper(name);

                        m_jsonBuilder.String(name);   // 写字段名
                        BuildJsonValue(m_statement, i);
            }

            m_jsonBuilder.EndObject();
}

// 创建json值
void BuildJsonValue(sqlite3_stmt *stmt, int index)
{
            int type = sqlite3_column_type(stmt, index);
```

```cpp
        auto it = m_builderMap.find(type);
        if (it == m_builderMap.end())
            throw (SmartDBException("can not find this type"));

        it->second(stmt, index, m_jsonBuilder);
}
```

查询接口的实现思路是，循环调用 sqlite3_step 将每一行的数据取出来，然后解析每一行中的每一列，将其组成 json 的键值对，最终创建一个 JsonObject 对象的集合，即 rapidjson::Document。

代码中 JsonBuilder 的定义如下：

```cpp
using JsonBuilder = rapidjson::Writer<rapidjson::StringBuffer>;
```

m_builderMap 是一个静态 unordered_map，它用来将 sqlite 中获取的具体值写入到 json 串中，它的定义如下：

```cpp
static std::unordered_map<int, std::function<void(sqlite3_stmt *stmt, int index,
    JsonBuilder&)>> m_builderMap;
std::unordered_map<int, std::function<void(sqlite3_stmt *stmt, int index, JsonBuilder&)>>
    SmartDB::m_builderMap
{
    { std::make_pair(SQLITE_INTEGER, [](sqlite3_stmt *stmt, int index, JsonBuilder&
        builder){ builder.Int64(sqlite3_column_int64(stmt, index)); }) },
    { std::make_pair(SQLITE_FLOAT, [](sqlite3_stmt *stmt, int index, JsonBuilder&
        builder){ builder.Double(sqlite3_column_double(stmt, index)); }) },
    { std::make_pair(SQLITE_BLOB, [](sqlite3_stmt *stmt, int index, JsonBuilder&
        builder){ builder.String((const char*) sqlite3_column_blob(stmt, index));/*
            SmartDB::GetBlobVal(stmt, index);*/ }) },
    { std::make_pair(SQLITE_TEXT, [](sqlite3_stmt *stmt, int index, JsonBuilder&
        builder){ builder.String((const char*) sqlite3_column_text(stmt, index)); }) },
    { std::make_pair(SQLITE_NULL, [](sqlite3_stmt *stmt, int index, JsonBuilder&
        builder){builder.Null(); }) }
};
```

Qeuery 接口的基本用法如下：

```cpp
auto p = db.Query("select * from TestInfoTable");
const rapidjson::Document& doc = *p;
for (size_t i = 0, len = doc.Size(); i < len; i++)
{
    const Value& val = doc[i];
    for (size_t i = 0, size = val.GetSize(); i < size; ++i)
    {
        if(val.IsInt())
            cout<<val.GetInt()<<endl;
        else if(val.IsDouble())
```

```
                    cout<<val.GetInt()<<endl;
            else if(val.IsString())
                    cout<<val.GetString()<<endl;
    }
}
cout<<doc.GetString()<<endl; //输出查询到的json串
```

13.4 应用实例

SamrtDB 封装完成之后，我们看看如何使用它实现数据库的常用操作，比如数据库的查询和插入会变得更方便，也更灵活。下面是使用 SamrtDB 的例子，如代码清单 13-14 所示。

代码清单 13-14　通过 SamrtDB 简化数据库操作的例子

```cpp
#include "SmartDB.hpp"
#include "JsonCpp.hpp"
#include <Timer.hpp>
void Test1()
{
    //打开数据库
    SmartDB db;
    db.Open("test.db");
    //创建数据表
    const string sqlcreat = "CREATE TABLE if not exists TestInfoTable(ID
        INTEGER NOT NULL, KPIID INTEGER, CODE INTEGER, V1 INTEGER, V2
            INTEGER, V3 REAL, V4 TEXT);";
    if (!db.Excecute(sqlcreat))
            return;

    //调用json接口插入数据
    //将需要插入的数据放到json串中
    JsonCpp jcp;
    jcp.StartArray();
    for (size_t i = 0; i < 1000000; i++)
    {
            jcp.StartObject();
            jcp.WriteJson("ID", i);
            jcp.WriteJson("KPIID", i);
            jcp.WriteJson("CODE", i);
            jcp.WriteJson("V1", i);
            jcp.WriteJson("V2", i);
            jcp.WriteJson("V3", i + 1.25);
            jcp.WriteJson("V3", "it is a test");
            jcp.EndObject();
    }
```

```cpp
        jcp.EndArray();

        // 批量插入
        const string sqlinsert = "INSERT INTO TestInfoTable(ID, KPIID, CODE, V1,
            V2, V3, V4) VALUES(?, ?, ?, ?, ?, ?, ?);";
        bool r = db.ExcecuteJson(sqlinsert, jcp.GetString());

        // 查询结果
        auto p = db.Query("select * from TestInfoTable");
        rapidjson::Document& doc = *p;
        for (size_t i = 0, len = doc.Size(); i < len; i++)
        {
                const Value& val = doc[i];
                for (size_t i = 0, size = val.GetSize(); i < size; ++i)
                {
                    // 解析 val...
                }
        }
        cout << "size: " << p->Size() << endl;
}

void Test2()
{
        SmartDB db;
        db.Open("test.db");

        const string sqlcreat = "CREATE TABLE if not exists PersonTable(ID INTEGER
            NOT NULL, Name Text, Address BLOB);";
        if (!db.Excecute(sqlcreat))
                return;

        // 插入记录
        const string sqlinsert = "INSERT INTO PersonTable(ID, Name, Address)
            VALUES(?, ?, ?);";
        int id = 2;
        string name = "Peter";
        string city = "zhuhai";
        blob bl = { city.c_str(), city.length() + 1 };
        if (!db.Excecute(sqlinsert, id, "Peter", nullptr))
                return;

        // 调用 tuple 接口插入记录
        auto r = db.ExcecuteTuple(sqlinsert, std::forward_as_tuple(id, "Peter", bl));
        char* json;
        string strQery = "select * from PersonTable";
        for (size_t i = 0; i < 10000; i++)
```

```cpp
        {
                db.Query(strQery);
        }

        // 测试ExecuteScalar接口
        const string str = "select Address from PersonTable where ID=2";
        auto pname = db.ExecuteScalar<string>(str);
        auto l = strlen(pname.c_str());
        cout << pname << endl;
}

void TestPerformance()
{
        SmartDB db;
        db.Open("test.db");
        const string sqlcreat = "CREATE TABLE if not exists TestInfoTable(ID
            INTEGER NOT NULL, KPIID INTEGER, CODE INTEGER, V1 INTEGER, V2 INTEGER, V3
            REAL, V4 TEXT);";
        if (!db.Excecute(sqlcreat))
                return;

        Timer t;
        const string sqlinsert = "INSERT INTO TestInfoTable(ID, KPIID, CODE, V1,
            V2, V3, V4) VALUES(?, ?, ?, ?, ?, ?, ?);";
        bool ret = db.Prepare(sqlinsert);
        db.Begin();
        for (size_t i = 0; i < 1000000; i++)
        {
                ret = db.ExcecuteArgs(i, i, i, i, i, i + 1.25, "it is a test");
                if (!ret)
                        break;
        }

        if (ret)
                db.Commit();        // 提交事务
        else
                db.RollBack();      // 回滚

        cout << t.elapsed() << endl;
        t.reset();
        auto p = db.Query("select * from TestInfoTable");

        cout << t.elapsed() << endl;
        cout << "size: " << p->Size() << endl;
}

int main()
```

```
{
    Test1();
    Test2();
    TestPerformance ();
    return 0;
}
```

13.5 总结

通过 C++11 去封装 sqlite 库消除了使用接口的差异性，提供简单统一的接口，让我们可以更多地关注业务逻辑，而不用关注底层 API 使用的细节，从而提高 sqlite 的易用性和生产率。在封装的时候大量地利用了可变参数模板和 type_traits 来简化高层接口的使用，读者可以在其他的项目中也利用这些特性化繁为简，提高接口的易用性。

第 14 章

使用 C++11 开发一个 linq to objects 库

14.1 LINQ 介绍

LINQ 是 Language Integrated Query 的简称，它是集成在 .NET 编程语言中的一种特性。LINQ 定义了一组标准查询操作符用于在所有基于 .NET 平台的编程语言中更加直接地声明跨越、过滤和投射操作的统一方式。

Linq to objects 是 LINQ 中专门针对内存数据查询的技术，类似于 SQL 的查询语言，可以使我们从任何对象中，用标准统一的方法获取数据。由于它是声明式的编程风格，具有安全的类型检查和高度的智能感知等特性，能大幅度提高开发效率和可维护性。Linq to objects 在更高层次上提供更抽象、简洁和统一的序列操作方式。与传统的查询方式相比，LINQ 查询具有三大优势：

1）声明式编程风格，使得它们更简明、更易读，尤其在筛选多个条件时。
2）它们使用最少的应用程序代码提供强大的筛选、排序和分组功能。
3）无须修改或只需做很小的修改即可将它们移植到其他数据源。

通常，对数据执行的操作越复杂，就越能体会到 LINQ 相较于传统迭代器技术的优势。

14.1.1 LINQ 语义

一条基本的 LINQ 语句的语法如下：

```
from [identifier] in [source collection]
let [expression]
```

```
where [boolean expression]
orderby [[expression](ascending/descending)], [optionally
repeat]]
select [expression]
group [expression] by [expression] into [expression]
```

一个查询表达式是从一个 from 子句开始的，后面跟着联结，条件过滤，排序等操作符，而且还可以是多个，最后以 select 或者 group by 结束。from 确定被使用的数据源；let 定义临时变量，这个临时变量将在后面的查询中用到；where 用来设置限定条件；orderby 确定查询结果的顺序是升序还是降序，select 确定什么变量将被返回；group by 将数据分组并返回。详细的语法规则如图 14-1 所示。

图 14-1　LINQ 语法规则

一个 LINQ 例子：查询方法列表中的非静态方法，并按照方法名分组，代码如下

```
var result = from m in methods
             where m.IsStatic != true
             group m by m.Name into g
             select new { MethodName = g.Key, Overload = g.Count() };
```

14.1.2　Linq 标准操作符（C#）

除了上面的这些基本的 LINQ 操作符之外，还有其他一些操作符。根据这些操作符的作用，可分成如下几类：

- 聚合操作符，对输入序列执行聚合操作。
- 转换操作符，将序列转换为其他的集合类型。
- 元素操作符，提取序列中的单个元素。
- 相等操作符，用于比较两个序列。
- 分组操作符，通过公共键将一个序列的元素组合在一起。
- 连接操作符，实现多个序列的链接。
- 排序操作符，对输入序列进行排序。
- 分区操作符，将输入序列的子集输出。

- 量词操作符，对输入序列执行定量类型的操作。
- 限定操作符，用于包含或排除一个输入序列中的元素。
- 投影操作符，接收一个选择器，返回经过这个选择器处理的新序列。
- 集合操作符，对序列执行数学上的集合操作。

每种操作符有一个或多个标准操作符，具体分类如表 14-1 所示。

表 14-1 LINQ 操作符分类

操作符类型	操作符名
Aggregation（聚合操作符）	Aggregate, Average, Count, LongCount, Max, Min, Sum
Conversion（转换操作符）	Cast, OfType, ToArray, ToDictionary, ToList, ToLookup, ToSequence
Element（元素操作符）	DefaultIfEmpty, ElementAt, ElementAtOrDefault, First, FirstOrDefault, Last, LastOrDefault, Single, SingleOrDefault
Equality（相等操作符）	EqualAll
Grouping（分组操作符）	GroupBy
Joining（连接操作符）	GroupJoin, Join
Ordering（排序操作符）	OrderBy, ThenBy, OrderByDescending, ThenByDescending, Reverse
Partitioning（分区操作符）	Skip, SkipWhile, Take, TakeWhile
Quantifiers（量词操作符）	All, Any, Contains
Restriction（约束操作符）	Where
Selection（投影操作符）	Select, SelectMany
Set（集合操作符）	Concat, Distinct, Except, Intersect, Union

下面介绍一些典型常用的操作符的含义与用法。更多用法请参考相关书籍或者 msdn 上 LINQ 相关的介绍。

1. 约束操作符 Where

Where 操作符的功能是通过某些判断条件对序列中的元素进行过滤。Where 操作符将返回源序列中满足过滤条件的一个子序列。

下面是 Wehre 的基本用法，代码的含义是将年龄大于 20 岁的人过滤出来：

```
Persons.Where(person=>person.Age>20);
```

Where 操作符接收一个谓词，谓词的入参是集合中的元素，返回类型是 bool，当元素 person 的属性值 Age 大于 20 时返回 true，否则返回 false，并将返回 true 的元素放到一个子序列中，最终得到的是年龄大于 20 的 person 序列。

2. 投影操作符 Select

Select 操作符用来从一个由某种类型的元素组成的输入序列创建一个由其他类型的元素组成的输出序列。

下面是 Select 的基本用法，代码的含义是取出序列中所有人的名字：

```
Persons.Select(p=>p.Name);
```

Select 接受一个选择器，这个选择器的入参是序列中的元素，返回类型为用户自定义类型，比如上例中返回字符串类型的名字，或者返回整型的年龄。

3. 分组操作符 GroupBy
GroupBy 操作符用于将一个输入序列的元素按照某个键值分组。

下面是 GroupBy 的基本用法，代码的含义是根据年龄分组：

```
Persons.GroupBy(p=>p.Age);
```

GroupBy 接受一个 key selector，用于生成 key-value 键值对，键对应 key selector 的返回值，一般为序列中元素的某个字段或者某些字段；值对应序列中的元素，有可能是一对多。因此，GroupBy 一般返回的序列一般是一个 multimap。

4. 转换操作符 ToList
转换操作符是为了能够将查询的返回序列转换为其他类型的集合。例如，ToList 能将序列转换为 List 容器，这样做的目的是为了让某些只能接受传统集合的库能使用。

下面是 ToList 的基本用法，代码的含义是将 Select 之后的序列再转换为 List 集合：

```
Persons.Select(p=>p.Name).ToList();
```

ToList 返回的将是一个 List<string> 集合。

5. 聚合操作符 Count、Sum
聚合操作符允许在数据上进行一系列算术运算：
- Count：统计序列中元素的个数。
- Sum：统计序列中元素值的和。

下面是其基本用法，代码的含义是将分别返回年龄大于 20 的人有多少和所有人的年龄相加为多少。

```
Persons.Where(person=>person.Age>20).Count();   //返回年龄大于 20 的人有多少
Persons.Sum(person=>person.Age);                //返回所有人的年龄相加为多少
```

Linq to objects 提供了如此丰富的操作符，几乎涵盖了序列操作的各个方面，使得我们可以方便灵活地对序列进行查询。这些丰富的标准操作符能从更高层次上以更简洁、一致的方式去操作序列。

14.2 C++ 中的 LINQ

目前，C++ 标准库中没有 LINQ 库，如果想像 C# 中那样方便地用 LINQ 去操作对象序列，只有根据 LINQ 语义去开发一个 C++ 版本的 LINQ 库。由于在 C# 中 LINQ 设计得很出色、强大、灵活和易用，所以 C++ 版本的 linq to objects 会按照 C# 中 LINQ 语义和使用方式去设计和实现。根据 C# 中 LINQ 的几个主要特性，C++ 版本的 LINQ 应该具有以下特性：
- 声明式编程风格，链式调用。
- 支持 lamda 表达式。
- 支持丰富的标准操作符。
- 通用简洁的调用。

这些特性应该是 C++ 中 linq to objects 应该具备的特性，也是主要设计目标，目的是最终能让用户可以按照 C# 中的 LINQ 语义和使用方式来调用 C++ 中的 LINQ。

14.3　LINQ 实现的关键技术

通过对 LINQ 语义的分析，可以知道，LINQ 的调用有以下几个特点：
- 标准操作符可以接收任何可调用对象（可能是普通的函数、lamda 表达式、成员函数、函数对象和泛型函数）。
- 声明式的编程风格。用户无须关注算法的细节，仅仅通过一个高层的简单调用即可完成复杂的算法逻辑。
- 链式调用。可以将标准操作符按照一定逻辑串起来调用，可以很方便、很灵活地完成一个复杂的查询。

根据这几个特点以及设计目标，我们需要解决如下几个关键问题。

1. 容器和数组的泛化

标准操作符需要支持所有的序列类型，如普通的定长数组 std::array、容器 vector、map、list、queue 等。我们需要将这些不同的序列类型转换成一个通用的序列类型，因为标准库的容器比较多，所以要把这些容器统一起来，然后就可以执行针对统一序列的操作了。而这些操作符是标准库容器所没有的，所以要先将不同的集合类型转换为一个统一的序列，这样就能根据这个统一的序列定义一些通用的标准操作符，以便实现 LINQ 语义，这个通用的序列类型也是为了实现统一的链式调用作准备的。

2. 支持所有的可调用对象

有很多标准操作符需要支持谓词，比如 where，就需要一个一元的谓词判断式。这个谓词要支持所有的可调用对象，包括普通的函数、成员函数、函数对象、lamda 表达式和 std::function。由于标准操作符的返回结果有时难以确定，这时需要通过返回值后置或者 type_tratis 来获取。因此，支持所有的可调用对象作为入参，以及推断标准操作符的返回值是需要解决的第二个问题。

3. 声明式的编程风格和简洁通用的链式调用

LINQ 的一个目的就是简化针对容器的算法、传统方式的算法，我们需要关注很多细节，比如要将一个整型数组中的偶数元素过滤出来，一般会去遍历这个数组，然后判断这个数组中的元素是否为偶数，如果为偶数，则放到一个容器中去，其实这种算法需求其他的容器也是需要的，如果不希望每个容器都重复去写这个过滤算法，我们可能会写一个模板函数，使之对于所有的容器都有效。

这在一般情况下是没问题的，但是，在需求变化的情况下就有问题了，比如，除了过滤出偶数之外，还希望去掉重复的数字，可能还希望对过滤结果进行求和运算，也可能进行排序，基于前面的操作结果，再继续做一些其他操作，此时，一个泛型的算法就不能满足这种变化了，泛型算法一开始就固定了，没办法适应后续可能的各种变化。这时通过 LINQ 就能很方便地解决这个问题了，用户可以自由地组合标准操作符以满足不同的需求，比如前面提到的两个需求：过滤出偶数之后求和、过滤出偶数之后去重。我们可以这样做：

```
int main()
{
        vector<int> v = {2,3,4,5,2,3,6};
        //过滤偶数后求和
        from(v).where([](int i){return i%2==0;}).sum();          //返回求和之后的结果14

        //过滤偶数后去掉重复数字
        from(v).where([](int i){return i%2==0;}).distinct();     //返回{2,4,6}

        //过滤偶数后去掉重复数字之后再求和
        //去重后求和，返回结果12
        from(v).where([](int i){return i%2==0;}).distinct().sum();
}
```

对于复杂的查询可以按照业务逻辑去组合多个标准操作符去完成查询操作。我们仅仅是需要调用一些声明式的操作符就可以完成复杂的操作了，而不用关注其内部实现的细节，而且还能支持所有的标准库容器，不仅消除了重复的算法定义，还简化了算法，使算法的可读性更好。如何通过简洁的链式调用去实现负责的逻辑组合是需要解决的第三个问题。

14.3.1 容器和数组的泛化

经常有些泛型算法对不同容器或者数组来说都是可以复用的，但是我们不得不指定这些容器的名称以应用这些泛型算法，这时如果引入一个间接的中间层，能接受所有类型的容器，那么泛型算法用起来就更方便了，增加的间接层消除了语法和语义上的差异，从而获得了更好的一致性和便利性。

不管是标准库的容器，还是数组，它们的算法都是依据迭代器来实现的，两个迭代器在一起形成了算法操作的区间，我们可以根据这个特点做一个抽象，所有的类型的容器和数组都抽象为一个 Range（范围），这个 Range 由一组迭代器组成，然后就可以基于这个抽象的 Range 实现更抽象、规范和统一的算法了。这样一个泛化的 Range 在 boost 中已经实现了，我们将直接使用 boost.range 来统一容器和数组。

1. 区间

区间的概念类似于 STL 中容器的概念。一个区间提供了访问一个半开放区间 [first,one_past_last) 的迭代器，还提供了关于区间中的元素数量的信息。

boost.range 包括前向区间、双向区间、随机访问区间，我们主要来看看 boost.iterator_range 的用法。boost.iterator_range 封装了一个半开半闭的迭代器区间，对容器做了更高层次的抽象。使用 LINQ 标准操作符的第一步就是要将集合和数组转换为 iterator_range，因为它正是用来表示范围的。可以通过调用 iterator_range 构造函数的方式来构造 iterator_range，也可以调用辅助方法：make_iterator_range 来构造 iterator_range。代码清单 14-1 所示是 iterator_range 的基本用法。

代码清单 14-1　iterator_range 的使用

```cpp
#include <boost/range.hpp>
void TestBoostRange()
{
    // 集合
    vector<int> arr = { 1, 2, 3, 4 };
    auto range1 = boost::iterator_range<typename vector<int>::iterator>(arr.
        begin(), arr.end());
    auto range2 = boost::iterator_range<decltype(std::begin(arr))>(arr);
    auto range3 = boost::make_iterator_range(arr);

    for (auto item : range1)
    {
        cout << item << endl;
    }

    // 数组
    int intarr [] = { 5,6,7 };
    auto range4 = boost::iterator_range<decltype(std::begin(intarr))>(intarr);
    auto range5 = boost::make_iterator_range(intarr);

    for (auto item : range4)
    {
        cout << item << endl;
    }
}
```

将输出：1 2 3 4 5 6 7。

iterator_range 的原型如下：

```cpp
template< class ForwardTraversalIterator >
class iterator_range;
```

boost.iterator_range 和普通的容器比较像，不过它可以接受集合和数组，它的模板参数是集合或数组的前向迭代器。由于实现了 begin() 和 end()，所以 iterator_range 也支持 range-base for 循环。还有几种区间：filtered_range、transformed_range、uniqued_range、select_first_range、select_second_const_range、reversed_range、indirected_range 和 joined_range，等等，这些区间一般需要和区间适配器结合起来使用。我们会针对 iterator_range 做一些算法，比如过滤、转换、反转等算法，这些算法返回的序列可能是 iterator_range，也可能是其他类型的 range，比如 filtered_range、transformed_range 和 reversed_range，等等。

2. 区间适配器

区间适配器对某个已有区间进行包装并提供具有不同行为的另一个新区间。由于区间的行为是由它们的关联迭代器所决定的，所以区间适配器只是以新的特定迭代器对底层的迭代器进行包装。区间适配器对于算法的意义正如算法对于容器的意义。通过适配器可以将区间转换为新的区间，比如可以通过 filter 生成一个 filtered_range，通过 reverse 生成一个 reversed_range。下面来看看区间适配器的一些基本用法，如代码清单 14-2 所示。

代码清单 14-2　区间适配器的使用

```
#include <boost/range.hpp>
#include <boost/range/adaptors.hpp>
bool IsEven(int i)
{
        return i % 2 == 0;
}

int Add(int i)
{
        return i + 2;
}

void TestBoostRange()
{
        int intarr [] = { 1, 2, 3, 4 };
        auto range = boost::make_iterator_range(intarr);

        cout<<"filtered range: ";
        auto rg = boost::adaptors::filter(range, IsEven);
        for (auto item : rg)
        {
                cout << item << endl;
        }

        cout<<"transformedrange: ";
        auto rg2 = boost::adaptors::transform(range, Add);
        for (auto item : rg2)
```

```
            {
                    cout << item << endl;
            }
    }
```

输出结果如下：

```
filtered range: 2 4
transformed range: 3 4 5 6
```

在上面的例子中，通过区间适配器将原来的序列转换成了新的序列，通过 filter 适配操作符将原来的区间做了过滤，得到新的区间为偶数区间；通过 transform 适配操作符将原来的区间做了转换，得到新的区间为元素值加 2 之后的区间。

适配器的一个特点是，只要向区间应用一个算法，然后就可以得到一个新区间。LINQ 正好可以利用这一特点，很方便地实现各种 LINQ 标准操作符。

14.3.2　支持所有的可调用对象

很多 LINQ 标准操作符，如 where、select、groupby 等都需要一个函数语义的入参，因此，C++ 的 LINQ 要能支持所有的可调用对象，包括普通函数、函数对象、std::function 和 lambda 等。这里我们将一个泛型的模板函数作为入参，这样可以保证支持所有的可调用对象。但是，boost 的 transform 区间适配器并不支持 lambda 表达式，下面的写法是不能编译通过的：

```
boost::adaptors::transform(range, [](int i){return i + 2; });
```

一种解决办法是将 lambda 表达式转成 std::function，可以这样写：

```
std::function<int(int)> f = [](int i){return i + 2+x; };
boost::adaptors::transform(range, f);
```

这种做法虽然可以，但是多了一个将 lambda 表达式转换为 std::function 的步骤，不方便。更好的办法是接受 lambda 表达式，在内部将 lambda 表达式转换为 std::function，比如一个简单的 select 函数：

```
template<typename Range , typename F>
void select(Range range, const F& f)
{
        auto f = to_function(f);
        boost::adaptors::transform(range, f);
}
```

由于入参是一个模板参数 F，无法直接获取 std::function 的类型的，需要想一个办法能将 lambda 表达式转换为 std::function 才行。可以通过一些类型萃取手段来实现 lambda 到 std::function 的转换。具体实现代码如下：

```cpp
template <typename Function>
struct function_traits : public function_traits<decltype(&Function::operator())>
{};

template <typename ClassType, typename ReturnType, typename... Args>
struct function_traits<ReturnType(ClassType::*)(Args...) const>
{
        typedef std::function<ReturnType(Args...)> function;
};

template <typename Function>
typename function_traits<Function>::function to_function(Function& lambda)
{
        return static_cast<typename function_traits<Function>::function>(lambda);
}
```

通过 function_traits 和 to_function 函数，就能方便地将 lambda 表达式转换为 std::function，从而解决 boost 的 transform 区间适配器不支持 lambda 表达式的问题，也让 LINQ 标准操作符能支持所有的可调用对象。

14.3.3 链式调用

实现链式调用的第一步是将容器和数组泛化成一个统一的区间范围。在前面已经介绍过，使用 boost.iterator_range 来将容器和数组统一起来，但是，这还不够，因为 iterator_range 对应的区间适配器和对应的算法有好几种，并且没有直接支持 LINQ 标准操作符的算法，因此，还需要对 iterator_range 进行封装，在统一的 iterator_range 基础之上定义 LINQ 标准操作符。链式调用的实现是让标准操作符的返回封装类本身，这样就能连续调用封装类的成员函数了。一个简单的示例如代码清单 14-3 所示。

代码清单 14-3　封装 iterator_range

```cpp
template<typename R>
class LinqCpp
{
        typedef typename R::value_type   value_type;
public:
        LinqCpp(R& range) : m_linqrange(range)
        {

        }

        auto begin() const -> decltype(std::begin(std::declval<const R>()))
        {
                return std::begin(m_linqrange);
        }

        auto end() const -> decltype(std::end(std::declval<const R>()))
```

```cpp
            {
                    return std::end(m_linqrange);
            }

            //选择操作
            template<typename F>
            auto select(const F& f)-> LinqCpp<transformed_range<typename function_
                traits<F>::function, R>>
            {
                    //先转换为function，再通过boost::adaptors::transform进行转换操作
                    auto func = to_function(f);
                    return LinqCpp<transformed_range<typename function_traits<F>::function,
                        R>>(boost::adaptors::transform(m_linqrange, func));
            }

            //过滤操作
            template<typename F>
            auto where(const F& f)->LinqCpp<filtered_range<F,R>>
            {
                    return LinqCpp<filtered_range<F, R>>(filter(m_linqrange, f));
            }

            template<typename F>
            auto max(const F& f) const->value_type
            {
                    return *std::max_element(begin(), end(), f);
            }

private:
        R m_linqrange;
}

// 简化 Range 的声明
template<template<typename T> class IteratorRange, typename R>
using Range = IteratorRange<decltype(std::begin(std::declval<R>()))>;

template<typename R>
using iterator_range = Range<boost::iterator_range, R>;

// 简化定义 LinqCpp 的辅助函数
template<typename R>
LinqCpp<iterator_range<R>> from(const R& range)
{
        return LinqCpp<iterator_range<R>>(iterator_range<R>(range));
}
```

测试代码如下：

```cpp
vector<int> v = { 1, 2, 3, 4 };
auto r = from(v).select([](int i){return i + 2; }).where([](int i){return i >2; }).max();
```

// 得到最大值为 6

上述测试代码返回的最大值为 6。

我们分析一下链式调用的过程：首先通过 from 将集合转换为 LinqCpp<boost.iterator_range>；接着调用 LinqCpp 的成员函数 select 将原来序列中的元素值加 2，生成了一个新的序列 transformed_range；又将这个 transformed_range 作为入参构造一个新的 LinqCpp 对象返回出去；最后继续调用 LinqCpp 的成员函数 max()，由于这里返回的是单个值而不是返回一个序列，所以链式调用到这里就结束了，直接将结果返回了。可以看到链式调用的实现规则是这样的：当 LINQ 标准操作符返回的结果是一个序列时，就返回 LinqCpp<boost::xxx_range> 出去，如果只返回单个值时，则链式调用结束，直接返回结果。由于 LinqCpp 实现了 begin() 和 end()，所以 LinqCpp 也相当于是一个自定义的泛型集合了，自然也支持 range-base for 循环。

14.4 linq to objects 的具体实现

由于 LINQ 标准操作符大部分是通过区间和区间适配器来实现的，所以大部分标准操作符的实现变得很简单，下面看几个典型的标准操作符的实现。

14.4.1 一些典型 LINQ 操作符的实现

1. where 操作符的实现

实现代码如下：

```
template<typename F>
auto where(const F& f)->LinqCpp<filtered_range<F,R>>
{
        return LinqCpp<filtered_range<F, R>>(filter(m_linqrange, f));
}
```

通过区间适配器将 iterator_range 区间过滤为新的 filtered_range，这个新的 filtered_range 即为过滤后的元素序列。where 的入参是一个谓词过滤函数，这个过滤函数的入参是区间中的元素。

2. select 操作符的实现

实现代码如下：

```
template<typename F>
auto select(const F& f)-> LinqCpp<transformed_range<typename function_
    traits<F>::function, R>>
{
        auto func = to_function(f);
```

```
        return LinqCpp<transformed_range<typename function_traits<F>::function, R>>
            (boost::adaptors::transform(m_linqrange, func));
}
```

通过区间适配器将 iterator_range 区间过滤为新的 transformed_range，这个新的 transformed_range 即为转换之后的元素序列。select 的入参是一个一元函数，这个一元函数的入参是序列中的元素。这里需要注意的是，boost::adaptors::transform 不支持 lambda 表达式，所以这里需要先将 f 转换为 std::function，然后再调用 boost::adaptors::transform。

3. reverse 操作符的实现

实现代码如下：

```
auto reverse() ->LinqCpp<boost::reversed_range<R>>
{
        return LinqCpp <boost::reversed_range<R>>(boost::adaptors::revers
            e(m_linqrange));
}
```

通过区间适配器将 iterator_range 区间过滤为新的 reversed_range，这个新的 reversed_range 即为序列反转之后的元素序列。

4. groupby 操作符的实现

groupby 操作符的实现如代码清单 14-4 所示。

代码清单 14-4　groupby 操作符的实现

```
template<typename Fn>
multimap<typename std::result_of<Fn(value_type)>::type, value_type>
    groupby(const Fn& f)
{
        typedef  decltype(std::declval<Fn>()(std::declval <value_type>())) keytype;
        multimap<keytype, value_type> mymap;
        std::for_each(begin(), end(), [&mymap, &f](value_type item)
        {
                mymap.insert(make_pair(f(item), item));
        });
        return mymap;
}

template<typename KeyFn, typename ValueFn>
multimap<typename std::result_of<KeyFn(value_type)>::type, typename std::result_
    of<ValueFn(value_type)>::type> groupby(const KeyFn& fnk, const ValueFn& fnv)
{
        typedef typename std::result_of<KeyFn(value_type)>::type keytype;
        typedef typename std::result_of<ValueFn(value_type)>::type valype;

        multimap<keytype, valype> mymap;
        std::for_each(begin(), end(), [&mymap, &fnk, &fnv](value_type item
```

```
        {
            keytype key = fnk(item);
            valype val = fnv(item);
            mymap.insert(make_pair(key, val));
        });
        return mymap;
}
```

groupby 操作符生成的是一个 multimap，我们需要在外面指定分组 id 的生成规则，groupby 内部将会按照这个生成规则生成一个键，将元素作为值，最终生成一个 multimap。

groupby 操作符有两个重载函数：第一个重载函数有一个入参，入参是一个 key selector 函数，用来生成分组的 key；第二个重载函数有两个入参，除了 key selector 函数还有一个 value selector，这个函数更加灵活，不但可以根据规则生成 key，还能根据规则生成 value。前面的重载函数生成的键值对中的值就是原序列中的元素，而不是由外面指定的，所以这个重载函数比前面的重载函数更灵活，可以指定值的生成规则。

groupby 的实现有一个细节需要注意，由于 groupby 的 key 和 value 的生成方式都由外界指定，这个 key 和 value 可能是任意类型，返回结果 multimap<key, value> 中的 key 和 value 都是由函数生成的，这里我们通过 type_traits 中的 std::result_of 来获取。

std::result_of<KeyFn（value_type）>::type 用来获取 key 的类型，std::result_of<ValueFn（value_type）>::type 用来获取 value 的类型。因此，最后 groupby 之后得到的结果类型如下：

```
template<typename KeyFn, typename ValueFn>
using map =  multimap<typename std::result_of<KeyFn(value_type)>::type,
typename std::result_of<ValueFn(value_type)>::type>;
```

14.4.2　完整的 linq to objects 的实现

通过对容器和数组进行泛化之后，得到 iterator_range，再使用区间（boost.range）和区间适配器（boost.adaptors）来将 iterator_range 转换为新的区间序列，在此基础之上再封装 linq to objects 的标准操作符。下面来看一下 linq to objects 的完整实现，如代码清单 14-5 所示。

代码清单 14-5　linq to objects 的完整实现

```
#include <boost/algorithm/minmax_element.hpp>
#include <boost/iterator/zip_iterator.hpp>
#include <boost/range.hpp>
#include <boost/range/join.hpp>
#include <boost/range/adaptors.hpp>
#include <boost/range/algorithm.hpp>
using namespace boost;
```

```cpp
using namespace boost::adaptors;
#include <numeric>

namespace cosmos
{
        // 定义 function_traits 用于将 lambda 表达式转换为 function
        template <typename Function>
        struct function_traits : public function_traits<decltype(&Function::op
            erator())>
        {};

        template <typename ClassType, typename ReturnType, typename... Args>
        struct function_traits<ReturnType(ClassType::*)(Args...) const>
        {
                typedef std::function<ReturnType(Args...)> function;
        };

        template <typename Function>
        typename function_traits<Function>::function to_function(Function&
            lambda)
        {
                return static_cast<typename function_traits<Function>::function>
                    (lambda);
        }

template<typename R>
class LinqCpp
{
public:
        LinqCpp(R& range) : m_linqrange(range)
        {

        }
        typedef typename R::value_type  value_type;

        // 过滤操作
        template<typename F>
        auto where(const F& f)->LinqCpp<filtered_range<F,R>>
        {
                return LinqCpp<filtered_range<F, R>>(filter(m_linqrange, f));
        }
        // 转换操作
        template<typename F>
        auto select(const F& f)-> LinqCpp<transformed_range<typename function_
            traits<F>::function, R>>
        {
                auto func = to_function(f);
                return LinqCpp<transformed_range<typename function_traits<F>::function,
```

```cpp
            R>>(boost::adaptors::transform(m_linqrange, func));
}

auto begin() const -> decltype(std::begin(boost::declval<const R>()))
{
        return std::begin(m_linqrange);
}

auto end() const -> decltype(std::end(boost::declval<const R>()))
{
        return std::end(m_linqrange);
}

template<typename F>
auto first(const F& f) -> decltype(std::find_if(begin(), end(), f))
{
        return std::find_if(begin(), end(), f);
}

template<typename F>
auto last(const F& f) -> decltype(reverse().first(f))
{
        return reverse().first(f);
}

bool empty() const
{
        return begin() == end();
}

template<typename F>
auto any(const F& f) const -> bool
{
        return std::any_of(begin(), end(), f);
}

template<typename F>
auto all(const F& f) const -> bool
{
        return std::all_of(begin(), end(), f);
}

// 遍历操作
template<typename F>
void for_each(const F& f) const
{
        std::for_each(begin(), end(), f);
}

// 根据判断式判断是否包含
template<typename F>
```

```cpp
auto contains(const F& f) const -> bool
{
        return std::find_if(begin(), end(), f);
}

// 根据function去重
template<typename F>
auto distinct(const F& f) const->LinqCpp<decltype(unique(m_linqrange, f))>
{
        return LinqCpp(unique(m_linqrange, f));
}

// 简单去重
auto distinct()   -> LinqCpp<boost::range_detail::uniqued_range<R>>
{
        return LinqCpp <uniqued_range<R>>(m_linqrange | uniqued);
}

// 累加器，对每个元素进行一个运算
template<typename F>
auto aggregate(const F& f) const -> value_type
{
        auto it = begin();
        auto value = *it++;
        return std::accumulate(it, end(), std::move(value), f);
}

// 算术运算
auto sum() const -> value_type
{
        return aggregate(std::plus<value_type>());
}

auto count() const -> decltype(std::distance(begin(), end()))
{
    return std::distance(begin(), end());
}

template<typename F>
auto count(const F& f) const -> decltype(std::count_if(begin(), end(), f))
{
      return std::count_if(begin(), end(), f);
}
template<typename F>
```

```cpp
auto Min(const F& f) const -> value_type
{
        return *std::min_element(begin(), end(), f);
}

auto Min() const -> value_type
{
        return *std::min_element(begin(), end());
}

template<typename F>
auto Max(const F& f) const->value_type
{
        return *std::max_element(begin(), end(), f);
}

auto Max() const -> value_type
{
        return *std::max_element(begin(), end());
}

template<typename F>
auto minmax(const F& f) const->decltype(boost::minmax_element(begin(),
    end(), f))
{
        return boost::minmax_element(begin(), end(), f);
}

auto minmax() const->decltype(boost::minmax_element(begin(), end()))
{
        return boost::minmax_element(begin(), end());
}

// 获取指定索引位置的元素
template<typename T>
auto elementat(T index) const->decltype(std::next(begin(), index))
{
        return std::next(begin(), index);
}

// 将 map 中的键放到一个 range 中
auto keys() const -> LinqCpp<boost::select_first_range<R>>
{
        return LinqCpp<boost::select_first_range<R>>(boost::adaptors::
            keys(m_linqrange));
}

//// 将 map 中的值放到一个 range 中
auto values() const -> LinqCpp<boost::select_second_const_range<R>>
```

```cpp
        {
            return LinqCpp<boost::select_second_const_range<R>>(boost::adaptors::
                values(m_linqrange));
        }

        // 反转操作
        auto reverse() ->LinqCpp<boost::reversed_range<R>>
        {
            return LinqCpp <boost::reversed_range<R>>(boost::adaptors::reverse
                (m_linqrange));
        }

        // 获取前面的 n 个元素
        template<typename T>
        auto take(T n) const->LinqCpp<decltype(slice(m_linqrange, 0, n))>
        {
            return LinqCpp(slice(m_linqrange, 0, n));
        }

        // 获取指定范围内的元素
        template<typename T>
        auto take(T start, T end) const->LinqCpp<decltype(slice(m_linqrange, start, end))>
        {
            return LinqCpp(slice(m_linqrange, start, end));
        }

        // 将 range 转换为 vector
        vector<value_type> to_vector()
        {
            return vector<value_type>(begin(), end());
        }

        // 当条件不满足时返回前面所有的元素
        template<typename F>
        auto takewhile(const F f) const -> LinqCpp<decltype(boost::make_iterator_
            range(begin(), std::find_if(begin(), end(), f)))>
        {
            return LinqCpp(boost::make_iterator_range(begin(), std::find_
                if(begin(), end(), f)));
        }

        // 获取第 n 个元素之后的所有元素
        template<typename T>
        auto skip(T n) const->LinqCpp<decltype(boost::make_iterator_range(begin() + n, end()))>
        {
            return LinqCpp(boost::make_iterator_range(begin() + n, end()));
        }

        // 当条件不满足时，获取后面所有的元素
```

```cpp
template<typename F>
auto skipwhile(const F& f) const -> LinqCpp<iterator_range < decltype(boost::
make_iterator_range(std::find_if_not(begin(), end(), f), end()))>>
{
        return LinqCpp(boost::make_iterator_range(std::find_if_not(begin(),
            end(), f), end()));
}

// 按步长挑选元素组成新集合
template<typename T>
auto step(T n) ->decltype(stride(m_linqrange, n))
{
        return stride(m_linqrange, n);
}

// 直接将指针或者智能指针指向的内容组成新集合
auto indirect()->LinqCpp<boost::indirected_range <R>>
{
        return LinqCpp<boost::indirected_range<R>>(boost::adaptors::indirect
            (m_linqrange));
}
// 连接操作
template<typename R2>
auto concat(const R2& other) ->LinqCpp<joined_range<R, const R2>>
{
        return LinqCpp<joined_range<R, const R2>>(boost::join(m_linqrange, other));
}

// 排除操作
template<typename R2>
void except(const R2& other, std::vector<value_type>& resultVector)
{
        std::set_difference(begin(), end(), std::begin(other), std::end(other),
            back_inserter(resultVector));
}

// 包含操作
template<typename R2>
bool includes(const R2& other) const
{
        return std::includes(begin(), end(), std::begin(other), std::end(other));
}

// 分组操作
template<typename Fn>
multimap<typename std::result_of<Fn(value_type)>::type, value_type>
    groupby(const Fn& f)
{
        typedef  decltype(std::declval<Fn>()(std::declval <value_type>()))
```

```cpp
            keytype;
        multimap<keytype, value_type> mymap;
        std::for_each(begin(), end(), [&mymap, &f](value_type item)
        {
            mymap.insert(make_pair(f(item), item));
        });
        return mymap;
}

// 允许指定键和值函数的分组操作
template<typename KeyFn, typename ValueFn>
multimap<typename std::result_of<KeyFn(value_type)>::type, typename
    std::result_of<ValueFn(value_type)>::type> groupby(const KeyFn&
    fnk, const ValueFn& fnv)
{
        typedef  typename std::result_of<KeyFn(value_type)>::type
            keytype;
        typedef  typename std::result_of<ValueFn(value_type)>::type
            valype;

        multimap<keytype, valype> mymap;
        std::for_each(begin(), end(), [&mymap, &fnk, &fnv](value_type item)
        {
            keytype key = fnk(item);
            valype val = fnv(item);
            mymap.insert(make_pair(key, val));
        });
        return mymap;
}

// 转换操作
template<typename T>
auto cast()->LinqCpp<boost::transformed_range<std::function < T(value_
    type)>, R>>
{
        std::function < T(value_type)> f = [](value_type item){return
            static_cast<T>(item); };
        return LinqCpp<transformed_range<std::function < T(value_type)>,
            R>>(select(f));
}

// 判断操作
template<typename R2>
bool equals(const LinqCpp<R2>& other) const
{
        return count() == other.count() && std::equal(begin(), end(), other.
            begin());
}

template<typename R2, typename F>
```

```cpp
                bool equals(const LinqCpp<R2>& other, const F& f) const
                {
                        return count() == other.count() && std::equal(begin(), end(),
                            other.begin(), f);
                }

                template<typename R2>
                bool operator==(const LinqCpp<R2>& other) const
                {
                        return equals(other);
                }

                template<typename R2>
                bool operator!=(const LinqCpp<R2>& other) const
                {
                        return !(*this == other);
                }
private:
        R m_linqrange;
};

// 简化 range 的声明
template<template<typename T> class IteratorRange, typename R>
using Range = IteratorRange<decltype(std::begin(std::declval<R>()))>;

template<typename R>
using iterator_range = Range<boost::iterator_range, R>;

// 简化定义 LinqCpp 的辅助函数
template<typename R>
LinqCpp<iterator_range<R>> from(const R& range)
{
        return LinqCpp<iterator_range<R>>(iterator_range<R>(range));
}

// 合并 range
template <typename... T>
auto zip(const T&... containers) -> boost::iterator_range<boost::zip_iterator
    <decltype(boost::make_tuple(std::begin(containers)...))>>
{
        auto zip_begin = boost::make_zip_iterator(boost::make_tuple(std::begin
            (containers)...));
        auto zip_end = boost::make_zip_iterator(boost::make_tuple(std::end
            (containers)...));
        return boost::make_iterator_range(zip_begin, zip_end);
}
}
```

LinqCpp 中实现了常用的 37 个 linq 函数，函数的含义和 C# 中对应的 linq 函数保持一致。

14.5　linq to objects 的应用实例

下面介绍如何使用 linq to objects。假设有一个 Person 对象，包括名字、年龄和地址三个属性，现在要对 Person 集合做一些复杂的查询或者转换操作，看看如何通过 LINQ 完成这些操作的。

统计出 Person 集合中年龄大于 20 的人，如代码清单 14-6 所示。

代码清单 14-6　使用 LinqCpp 统计 Person 集合

```cpp
#include <iostream>
#include <string>
#include <vector>
#include <string>
using namespace std;
#include "LinqCpp.hpp"

struct Person
{
        int age;
        string name;
        string address;
};

void TestLinqCpp()
{
        using namespace cosmos;
        vector<Person>v = { {21, "a", "shanghai"}, { 22, "bb", "wuhan" }, { 21, "a",
            "zhuhai" } };
        int count = from(v).where([](const Person& p){return p.age>20;}).count();
}
```

将输出年龄大于 20 的人个数：3。

再看另外一个需求，将 Person 按照年龄分组：

```cpp
auto map = from(v).groupby([](const Person& p){return p.age});
```

通过 groupby 可以将集合分成两组，第一组的 key 为 20，有两个 <int，Person> 键值对，第二组 key 为 22，只有一个 <int，Person> 键值对。

其他标准操作符的应用如代码清单 14-7 所示。

代码清单 14-7　LinqCpp 的基本用法

```cpp
#include <iostream>
#include <string>
#include <vector>
```

```cpp
#include <string>
#include <algorithm>
using namespace std;
#include "LinqCpp.hpp"
void TestLinqCpp()
{
    using namespace cosmos;
    vector<int>v = { 0, 1, 2, 3, 4, 5, 3, 6};
    vector<string> strv = { "a", "b", "c" };
    map<int, int> mymap = { {1, 3}, { 2, 1 }, { 3, 2 } };

    //聚合
    string alstr = cosmos::from(strv).aggregate([](const string& str1, const
        string& str2){
            return str1 + str2;
    });
    //将输出 abc

    //distinct
    sort(v); //distinct 之前要先排序,否则不对
    auto result = from(v).where([](int x){return x % 2 != 0; }).distinct().
        to_vector();
    //将输出{0,1,2,3,4,5,6}的 vector<int>集合

    //计算
    auto ct = from(v).count();
    auto sm = from(v).sum();
    auto av = from(v).average();
    auto Min = from(v).min();
    auto Max = from(v).max();

    //元素操作符
    auto elm = from(v).elementat(2);
    //将输出 2

    //反转
    auto rv = from(v).reverse();

    //区间操作
    auto tk = from(v).take(3).to_vector();
    //遇到不满足条件的就返回,从开始到终止时的范围
    auto tkw = from(v).takewhile([](int a){return a > 3; });

    auto skp = from(v).skip(3);
    auto skpw = from(v).skipwhile([](int a){return a < 3; }).to_vector();
        //不满足条件到 end 范围

    auto step = from(v).step(2); //以步长为 2 组成新序列

    //取 map 中的键组成新的序列
```

```cpp
    auto keys = from(mymap).keys();

    //取map中的值组成新的序列
    auto values = from(mymap).values();
}
```

14.6 总结

　　LinqCpp 在更高层次上提供更抽象、简洁和统一的集合操作方式，LinqCpp 的含义和 C# 中的 LINQ 保持一致，调用方式也类似。LinqCpp 的标准操作符可以接收可调用对象，用户无须关注算法的细节，仅仅通过一个高层的简单调用即可完成复杂的算法逻辑，对于复杂的逻辑用户可以自由组合 linq 函数，通过链式调用的方式很方便地完成复杂的查询或者转换。

第 15 章

使用 C++11 开发一个轻量级的并行 task 库

随着计算机技术的不断发展，多核处理器已经成为主流，多核与单核处理器相比，多核处理器能够以更低的频率处理更高的工作负载，因此，能在提升处理器性能的情况下降低功耗，减少散热。并行计算的基本思想是使多个处理器协作解决同一问题，将被求解的问题分解成若干个部分，每一部分均由一个独立的处理器处理。[○]并行计算充分利用多核的优势，在同一时间，在多个核上运行程序，以提高程序的速度和效率。

如果程序员编写的程序没有针对多核的特点来设计，那么就不能完全获得多核处理器带来的性能提升。[○]为充分利用多核性能，需要选择一种并行编程模型来编写更高效的多核程序。并行编程模型可以分成两类：一种是显式模型，直接通过原生的多线程来实现；另一种是隐式的模型，如 PPL、TBB 和 OpenMP 等专业的并行库。[⊜]通过原生的线程在多核处理器上实现并行运算，存在一些问题，比如线程的使用和管理比较复杂，使我们不得不把很多精力放到线程上，而不能集中精力于多线程使用的目的。因此，一些大公司做了一些专门的并行计算库，如微软的 PPL（Parallel Patterns Library）和因特尔的 TBB（Intel Threading Building Blocks），大大降低了并行编程的复杂性，使用起来更方便。PPL 和 TBB 的底层机制其实还是基于多线程的，但我们在编程时不用再关心底层线程的创建和管理等。

采用并行编程模型来设计应用程序，设计人员就必须将自己的思维从线程模型中拉出来，重新对整个处理流程进行设计。程序员应该将应用程序中能够并行执行的部分识别出来，而不应该把自己的思维总是限制在串行执行的概念上。要做到这样，程序员必须将应用

○ 多核程序设计。
○ 基于多核处理器的并行编程模型。
⊜ 多核编程。

程序看做众多相互依赖的任务的集合。将应用程序划分成多个独立的任务，而确定这些任务之间的相互依赖关系的过程就称为分解。[⊖]在 PPL 和 TBB（Threading Building Blocks）中，最基本的执行单元是 task，一个 task 就代表了要执行的一个任务，表示可异步且可与其他任务同时执行的工作，以及由并发运行时中的并行算法生成的并行工作。

为了让读者对基于 task 的并行计算有一个初步的认识，下面先来看看微软的并行库 PPL 和因特尔的并行库 TBB 的基本用法。

15.1　TBB 的基本用法

15.1.1　TBB 概述

TBB 是 Intel 用标准 C++ 写的一个开源的并行计算库，它的目的是提升数据并行计算的能力。可以在它的官网：https://www.threadingbuildingblocks.org/ 上下载最新的库和文档。TBB 主要功能如下：

- 并行算法。
- 任务调度。
- 并行容器。
- 同步原语。
- 内存分配器。

15.1.2　TBB 并行算法

1. parallel_for：以并行方式遍历一个区间

下面的例子会以并行的方式遍历区间，parallel_for 会根据 CPU 核数将区间分成几部分，然后对每个部分启动一个线程去遍历。

```
parallel_for(1, 20000, [](int i){cout << i << endl; });
parallel_for(blocked_range<size_t>(0, 20000), [](blocked_range<size_t>& r)
{
    for (size_t i = r.begin(); i != r.end(); ++i)
        cout << i << endl;
});
```

2. parallel_do 和 parallel_for_each：将算法应用于一个区间

下面的例子会以并行的方式将算法应用于一个区间，parallel_do 和 parallel_for_each 会根据 CPU 核数将区间分成几个部分，然后对每个部分都启动一个线程去完成算法。

```
vector<size_t> v;
parallel_do(v.begin(), v.end(), [](size_t i){cout << i << endl; });
```

⊖ 多核程序设计。

```
parallel_for_each(v.begin(), v.end(), [](size_t i){cout << i << endl; });
```

3. parallel_reduce:并行汇聚

parallel_reduce 类似于 map_reduce,但是是有区别的。它先将区间自动分组,对每个分组进行聚合(Accumulate)计算,每组得到一个结果,最后将各组的结果进行汇聚(Reduce)。这个算法稍微复杂一点,在 parallel_reduce(range, identity, func, reduction)中,第一个参数是区间范围,第二个参数是计算的初始值,第三个参数是聚合函数,第四个参数是汇聚参数。

例如:

```
float ParallelSum(float array [], size_t n) {
    return parallel_reduce(
        blocked_range<float*>(array, array + n),
        0.f,
        [](const blocked_range<float*>& r, float value)->float {
            return std::accumulate(r.begin(), r.end(), value);
        },
        std::plus<float>()
        );
}
```

这个例子对数组求和,先自动分组,然后对各组中的元素进行聚合累加,最后将各组结果汇聚相加。

4. parallel_pipeline:并行的管道过滤器

数据流经过一个管道,在数据流动的过程中依次要经过一些过滤器的处理,其中有些过滤器可能会并行处理数据,这时就会用到并行的管道过滤器。比如,要读入一个文件,先将文件中的数字提取出来,再将提取出来的数字做一个转换,最后将转换后的数字输出到另外一个文件中。其中,读文件和输出文件不能并行,但是中间数字转换的环节可以并行去做。parallel_pipeline 的原型如下:

```
parallel_pipeline( max_number_of_live_tokens,
            make_filter<void,I1>(mode0,g0) &
            make_filter<I1,I2>(mode1,g1) &
            make_filter<I2,I3>(mode2,g2) &
            ...
            make_filter<In,void>(moden,gn) );
```

其中,第一个参数是最大的并行数,可以通过 & 连接多个 filter,这些 filter 是顺序执行的,前一个 filter 的输出是下一个 filter 的输入。

下面是 parallel_pipeline 的基本用法,其中 parallel_pipeline 连接了 3 个 filter:

```
float RootMeanSquare( float* first, float* last ) {
    float sum=0;
```

```cpp
        parallel_pipeline( /*max_number_of_live_token=*/16,
            make_filter<void,float*>(
                filter::serial,
                [&](flow_control& fc)-> float*{
                    if( first<last ) {
                        return first++;
                    } else {
                        fc.stop();
                        return NULL;
                    }
                }
            ) &
            make_filter<float*,float>(
                filter::parallel,
                [](float* p){return (*p)*(*p);}
            ) &
            make_filter<float,void>(
                filter::serial,
                [&](float x) {sum+=x;}
            )
        );
        return sqrt(sum);
    }
```

在上面的代码中，第一个 filter 生成数据（如从文件中读取数据等），第二个 filter 对产生的数据进行转换，第三个 filter 是对转换后的数据做累加。值得一提的是，第二个 filter 是可以并行或者非并行处理的，通过 filter::parallel 来指定其处理模式。

5. parallel_sort 和 parallel_invoke：并行排序和调用

1）并行排序：

```cpp
const int N = 1000000;
float a[N];
float b[N];
parallel_sort(a, a + N);
parallel_sort(b, b + N, std::greater<float>());
```

parallel_sort 和标准库的 sort 算法类似，不过内部是通过并行方式去排序的。

2）并行调用，并行调用多个函数：

```cpp
void f();
extern void bar(int);

void RunFunctionsInParallel() {
    tbb::parallel_invoke(f, []{bar(2);}, []{bar(3);} );
}
```

并行调用可以并行地调用多个函数，在上面的例子中并行调用 f 和两个 lambda 表达式。

15.1.3 TBB 的任务组

任务组中包含一批任务，这些任务会并行执行。TBB 提供了任务组 task_group，它表示可以等待或者取消的任务集合，它的用法比较简单，代码如下：

```
tbb::task_group g;
g.run([]{TestPrint(); });
g.run([]{TestPrint(); });
g.run([]{TestPrint(); });
g.wait();
```

在上面的例子中，先将任务添加到 task_group 中，然后启动相应个数的线程，处理每个分组的任务。

15.2 PPL 的基本用法

PPL 是微软开发的并行计算库，它的功能和 TBB 是差不多的，但是 PPL 只能在 Windows 上使用。二者在并行算法的使用上基本上是一样的，但还是有差异的。二者的差异如下：

1）parallel_reduce 的原型有些不同。PPL 的 paraller_reduce 函数多一个参数，原型为 parallel_reduce（begin, end, identity, func, reduction），比 TBB 多了一个参数，但是表达的意思差不多，一个是区间，另一个是区间迭代器。

2）PPL 中没有 parallel_pipeline 接口。

3）TBB 的 task 没有 PPL 的 task 强大，PPL 的 task 可以链式连续执行，还可以组合任务，TBB 的 task 则不行。

15.2.1 PPL 任务的链式连续执行

PPL 支持任务的延续，比如前面的任务执行完成之后，接着还可以继续执行后续的任务，具体是通过 then 实现的，比如[⊖]：

```
int main()
{
    auto t = create_task([]() -> int
    {
        return 0;
    });

    //Create a lambda that increments its input value.
    auto increment = [](int n) { return n + 1; };

    //Run a chain of continuations and print the result.
```

⊖ http://msdn.microsoft.com/en-us/library/dd492427.aspx

```
            int result = t.then(increment).then(increment).then(increment).get();
            cout << result << endl;
}
/* Output:
    3
*/
```

在上面的例子中,我们可以将调用对象串起来,实现连续调用,当前一个任务完成之后再开始下一个任务,直到最后一个任务完成。这种方式很灵活,可以自由组合任务。

15.2.2 PPL 的任务组

PPL 中的任务组比较灵活,提供了两种方式去执行任务组中的任务:when_all 和 when_any,前者需要等待任务组中的所有任务都完成之后才返回结果,后者只要任务组中的任意一个任务完成之后就返回结果。when_all 和 when_any 可以用来作为某种事件的触发开关。

1. when_all

PPL 中的 when_all 可以执行一组任务,所有任务完成之后将所有任务的结果返回到一个集合中,要求该组任务中的所有任务的返回值类型都相同。例如:

```
array<task<int>, 3> tasks =
{
        create_task([]() -> int { return 88; }),
        create_task([]() -> int { return 42; }),
        create_task([]() -> int { return 99; })
};

auto joinTask = when_all(begin(tasks), end(tasks)).then([](vector<int> results)
{
        cout << "The sum is "
             << accumulate(begin(results), end(results), 0)
             << '.' << endl;
});

// Print a message from the joining thread.
cout << "Hello from the joining thread." << endl;

// Wait for the tasks to finish.
joinTask.wait();
```

2. when_any

PPL 中的 when_any 会在 PPL 任务组中的任意一个任务执行完成之后,返回一个 pair,键值对是结果和任务序号。例如:

```
array<task<int>, 3> tasks = {
        create_task([]() -> int { return 88; }),
        create_task([]() -> int { return 42; }),
```

```
                create_task([]() -> int { return 99; })
};
// Select the first to finish.
when_any(begin(tasks), end(tasks)).then([](pair<int, size_t> result)
{
        cout << "First task to finish returns "
                << result.first
                << " and has index "
                << result.second<<endl;
}).wait();
// output: First task to finish returns 42 and has index 1.
```

15.3 TBB 和 PPL 的选择

TBB 和 PPL 并行运算库功能相似，如果需要跨平台则选择 TBB，否则选择 PPL。PPL 在任务调度上比 TBB 强大，TBB 由于设计上的原因不能做到任务的连续执行以及任务的组合，但是 TBB 有跨平台的优势。

15.4 轻量级的并行库 TaskCpp 的需求

通过前面章节的介绍，我们知道了 PPL 和 TBB 的基本用法。既然已经有了这两个大公司开发的并行计算库，为什么还要开发并行库 TaskCpp 呢？有两个原因：

1）PPL 只能在 Windows 上用，不能跨平台，TBB 能跨平台，但是受限于原始设计，TBB 的 task 比较弱，没有 PPL 的强大，所以它们不能完全满足使用要求。

2）需要一个能跨平台的轻量级的并行库，header-only 形式的，仅包含头文件即可，它还要吸取 TBB 和 PPL 的优点并且易用。

因为 PPL 的接口较 TBB 好用也更灵活，所以，TaskCpp 的接口用法和语义与 PPL 基本是一致的。TaskCpp 是一个轻量级的 task 库，本着简单够用的原则，只提供了一些和 PPL 类似的常用用法，有些不常用的特性不考虑支持。比如，不支持任务的取消，因为加入任务的取消会导致增加很多复杂性，而实际用得比较少，所以不考虑支持，够用就好。

以下是 TaskCpp 提供的功能。

1）并行任务：一种并行执行若干工作任务的机制。
- 基本的异步任务（task），用来取代低层次的线程创建。
- 延续的任务（task-then），用来连续的执行异步任务。
- 组合任务，用来对一组并行任务进行控制，可以只执行一组并行任务中的某一个或者等待所有并行任务完成。主要有两个接口函数：
  ○ WhenAll。

- WhenAny。
- 任务组（task-group），用来执行一组任务。

2）并行算法：并行作用于数据集合的泛型算法。
- ParallelForeach 算法，以并行遍历的方式去计算。
- ParallelInvoke 算法，并行执行一系列任务。
- ParallelReduce 算法，类似于 mapreduce。

15.5 TaskCpp 的任务

15.5.1 task 的实现

基于 task 的并行编程模型最基本的执行单元是 task，一个 task 就代表了一个要执行的任务，表示可异步且可与其他任务同时执行的工作。task 的具体实现是通过线程实现的，外面只需要调用简单的接口就可以创建 task 并执行，而无须关注线程的创建和管理等具体细节。task 的另外一个特点是异步执行，即 task 开始执行后并不阻塞当前线程，由用户在需要的时候处理 task 的执行结果。C++11 的 std::async 刚好符合这两个特点，因此，可以利用 std::async 来实现 task。先看看 std::async 的基本用法，代码如下：

```
#include <future>
// 开始发起异步操作
std::future<int> f1 = std::async(std::launch::async, [](){
return 8;
    });

// 取异步操作的结果
cout<<f1.get()<<endl;    // output: 8
```

在上面的例子中，std::async 将发起异步操作，这个操作将由内部的一个线程去执行，当某个时刻，用户需要取这个异步结果时，从 future 中取结果就行了。

TaskCpp 的任务正是基于 std::async 实现的，实现很简单：对 async 做了一个简单的封装，如代码清单 15-1 所示。

代码清单 15-1　TaskCpp 的任务

```
template<typename T>
class Task;

template<typename R, typename...Args>
class Task<R(Args...)>
{
         std::function<R(Args...)> m_fn;

public:
```

```cpp
        typedef R return_type;

        Task(std::function<R(Args...)>&& f) :m_fn(std::move(f)){}
        Task(std::function<const R(Args...)>& f) :m_fn(f){}

        ~Task()
        {
        }

        //等待异步操作完成
        void Wait()
        {
                std::async(m_fn).wait();
        }

        //获取异步操作的结果
        template<typename... Args>
        R Get(Args&&... args)
        {
                return std::async(m_fn, std::forward<Args>(args)...).get();
        }

        //发起异步操作
        std::shared_future<R> Run()
        {
                return std::async(m_fn);
        }
};
```

Task 的内部通过 std::function 来保存通过构造函数传入的 std::function 或者 lambda 表达式，然后外面可以在需要的时候发起异步操作或者取异步操作的结果。通过 Run 接口来发起异步操作，Run 返回 std::shared_future 对象，这里不能返回 std::future，因为 std::future 是不能复制的，不能作为返回值，如果要返回 future，就要通过 std::shared_future 返回出来。当用户希望等待异步操作完成时，直接调用 Wait，Wait 是不返回结果的，会一直阻塞等待异步操作，直到到异步操作完成为止。Get 接口是为了获取异步操作的返回结果，会一直阻塞等待异步操作，直到异步操作完成为止。

15.5.2 task 的延续

在 PPL 中可以连续执行 task（TBB 中不能连续执行 task），可以将多个 task 串起来成为一个调用链条，这个链条中当前 task 的返回值作为下一个 task 的输入参数。这个链条串起来之后，再发起异步操作。PPL 中链式调用的示例如下：

```cpp
int main()
```

```cpp
{
    auto t = create_task([]() -> int
    {
        return 0;
    });

    // Create a lambda that increments its input value.
    auto increment = [](int n) { return n + 1; };

    // Run a chain of continuations and print the result.
    int result = t.then(increment).then(increment).then(increment).get();
    wcout << result << endl;
}

/* Output:
    3
*/
```

在上面的示例中，先创建一个 task 对象，然后连续调用 then 函数，在这个 then 函数中，lambda 的形参可以是任意类型，只要保证前一个函数的输出为后一个的输入就行。将这些 task 串起来之后，最后在需要的时候去计算结果，计算的过程是链式的，从最开始的函数开始计算一直到最后一个得到最终结果。不过 PPL 中的链式调用有一个缺点，就是初始的 task 不能有参数，这也是 TaskCpp 需要克服的一个不足之处。要实现链式调用并且初始的 task 允许带参数其实是比较简单的，将上次的任务函数保存起来，然后将当前的任务函数返回出去，当前的任务函数中包含上一次的任务函数，这是为了先执行上一次的任务，并获得上一次任务的返回结果作为当前任务函数的入参。then 函数的实现如代码清单 15-2 所示。

代码清单 15-2　then 函数的实现

```cpp
namespace Cosmos
{
    template<typename T>
    class Task;

    template<typename R, typename...Args>
    class Task<R(Args...)>
    {
        std::function<R(Args...)> m_fn;

    public:
        typedef R return_type;

        template<typename F>
        auto Then(F&& f)->Task<typename std::result_of<F(R)>::type(Args...)>
        {
            typedef typename std::result_of<F(R)>::type ReturnType;
```

```cpp
            auto func = std::move(m_fn);
            return Task<ReturnType(Args...)>([func, &f](Args&&... args)
            {
                    std::future<R> lastf = std::async(func, std::
                        forward<Args>(args)...);
                    return std::async(f, lastf.get()).get();
            });
    }

    Task(std::function<R(Args...)>&& f) :m_fn(std::move(f)){}
    Task(std::function<R(Args...)>& f) :m_fn(f){}

    ~Task()
    {
    }

    void Wait()
    {
            std::async(m_fn).wait();
    }

    template<typename... TArgs>
    R Get(TArgs &&... args)
    {
            return std::async(m_fn, std::forward<TArgs>(args)...).get();
    }

    std::shared_future<R> Run()
    {
            return std::async(m_fn);
    }
};
}
```

从上面的代码中可以看到，通过 lambda 表达式保存了上一次任务函数和当前任务函数，在执行当前任务函数时，先获取上一次任务函数的结果，再将获取的结果作为当前任务函数的入参。测试代码如下：

```cpp
void TaskThen()
{
        Task<int()> t([]{return 32; });
        auto r1 = t.Then([](int result){cout << result << endl; return result + 3; }).Then([](int
            result){cout << result << endl; return result + 3; }).Get();
        cout << r1 << endl;
        Task<int(int)> t1([](int i){return i; });
        t1.Then([](int result){return std::to_string(result); }).Then([](const string&
            str){cout << str << endl; return 0; }).Get(1);

        Task<string(string)> t2([](string str){return str; });
```

```
        string in = "test";
        auto r2 = t2.Then([](const string& str){ cout << str.c_str() << endl;
            return str + " ok"; }).Get("test");
        cout << r2 << endl;
}
```

测试结果图 15-1 所示。

可以看到，TaskCpp 的 task 不仅能实现连续调用，初始的 Task 还能接收任意参数，比 PPL 的 task 更灵活。在上面的例子中，第一个连续调用的任务 r1 中的第一个任务是给入参 32 加 3，第二个任务是给第一个任务的 结果再加 3，因此，r1 最终的结果为 38；第二个连续调用的任务 是无返回类型的，它的第一个任务是将整数转为字符串，第二个 任务是将字符串打印出来；第三个连续的任务 r2 中的第一个任务 是将入参打印出来并连接了一个"ok"字符串。

图 15-1 连续调用 TaskCpp 的 task 的结果

15.6 TaskCpp 任务的组合

前面的基本任务可以执行异步操作和异步任务了，但这还不够，因为我们还需要能并行 地执行一批任务，甚至还能为一批任务的完成设置一些条件，比如一批任务中只要有一个任 务完成就返回，或者在所有任务完成后才返回。这种任务组（task_group）可以更灵活、更方 便地去执行任务。PPL 中的 task_group 的基本用法如下：

```
TestPrint()
{
        cout<<"ok"<<endl;
}
task_group g;
g.run([]{TestPrint(); });
g.run([]{TestPrint(); });
g.run([]{TestPrint(); });
g.wait();
```

TaskGroup 可以并行处理一组任务，并可以接受多个 task 或 function，TaskGroup 的 Wait 函数等待所有任务完成。PPL 添加的任务只能一个一个地执行，要加入多个任务时有点烦 琐，PPL 的 task_group 的任务只能是 void() 形式的，没有返回值。对于这些不太完美的地方 TaskCpp 的 TaskGroup 可以改进，TaskGroup 允许批量添加任务，任务的返回类型可以为基 本类型。

15.6.1 TaskGroup

TaskGroup 对 task 进行了管理，内部通过一个容器，保存多个 task，在需要的时候再并行执行。先看一个无返回值类型的 TaskGroup 是如何实现的，如代码清单 15-3 所示。

代码清单 15-3　无返回值类型的 TaskGroup 的实现

```cpp
class TaskGroup
    {
    public:

            TaskGroup()
            {
            }
            ~TaskGroup()
            {
            }

            void Run(Task<void()>&& task)
            {
                m_voidGroup.push_back(task.Run());
            }

            template<typename F>
            void Run(F&& f)
            {
                Run(typename Task<std::result_of<F()>::type()>(std::forward<F
                    >(f)));
            }

            template<typename F, typename... Funs>
            void Run(F&& first, Funs&&... rest)
            {
                Run(std::forward<F>(first));
                Run(std::forward<Funs>(rest)...);
            }

            void Wait()
            {
                for (auto it = m_voidGroup.begin(); it != m_voidGroup.end();++it)
                {
                    it->get();
                }
            }

    private:
            vector<std::shared_future<void>> m_voidGroup;
    };
```

测试代码如下：

```cpp
TaskGroup g;
```

```cpp
std::function<void()> f = []{cout <<"ok0"<< endl; };
auto f1 =    []{cout <<"ok1 "<< endl; };
g.Run(f);
g.Run(f,f1, []{cout <<"ok2"<< endl; });
g.Wait();
```

输出结果如下:

ok0ok1ok2

TaskGroup 内部有一个 vector 容器,它将异步任务返回的 std::shared_future 保存起来,最后在执行 wait 时遍历并等待各个任务完成。这个 TaskGroup 允许一次发起多个 task,不需要一个一个去执行,比 PPL 添加任务的方式更方便。需要注意的是,task 是无返回类型和无参的,如果需要让 task 支持返回值,则比较麻烦,需要借助 Variant 来统一返回类型,以及用 Any 来擦除 task 的类型,让 task 支持返回值,但这对于 TaskGroup 来说意义不大,因为 TaskGroup 是以遍历方式去执行并行任务的,外面无法获取返回值。这样做是为了降低对 task 返回值的部分限制,因为 Variant 是有限的类型集合,关于 Vairant 和 Any 可参考 3.3 节。看一下支持带返回类型的 TaskGroup 的实现,如代码清单 15-4 所示。

代码清单 15-4　带返回类型的 TaskGroup 的实现

```cpp
#include<vector>
#include<map>
#include<string>
#include<future>

#include "Variant.hpp"
#include "Any.hpp"
#include "Noncopyable.hpp"
classTaskGroup: Noncopyable
      {
typedefVariant<int, string, double, short, unsignedint>RetVariant;
         public:

                 TaskGroup()
                 {
                 }
                 ~ TaskGroup()
                 {
                 }

                 template<typenameR, typename = typename std::enable_if<!std::is_
                       same<R, void>::value>::type>
                 void Run(Task<R()>&&task)
                 {
                         m_group.emplace(R(), task.Run());
                 }

                 void Run(Task<void()>&&task)
```

```cpp
            {
                m_voidGroup.push_back(task.Run());
            }

        template<typename F>
        void Run(F&&f)
        {
            Run(typename Task<std::result_of<F()>::type()>(std::
                forward<F>(f)));
        }

        template<typename F, typename... Funs>
        void Run(F&&first, Funs&&... rest)
        {
            Run(std::forward<F>(first));
            Run(std::forward<Funs>(rest)...);
        }

        void Wait()
        {
            for (auto it = m_group.begin(); it != m_group.end(); ++it)
            {
                auto vrt = it->first;
                vrt.Visit([&](int a){FutureGet<int>(it->second); }, [&](double b){FutureGet<double>(it->second); },
                    [&](string v){FutureGet<string>(it->second); }, [&](short v){FutureGet<short>(it->second); },
                    [&](unsigned int v){FutureGet<unsigned int>(it->second); }
                );
            }

            for (auto it = m_voidGroup.begin(); it != m_voidGroup.end(); ++it)
            {
                it->get();
            }
        }

    private:
        template<typename T>
        void FutureGet(Any& f)
        {
            f.AnyCast<shared_future<T>>().get();
        }

        multimap<RetVariant, Any> m_group;
        vector<std::shared_future<void>> m_voidGroup;
    };
```

在上述代码中,将带返回值的 task: Task<R()> 保存到一个 multimap 中,这个 multimap

的键为返回值，值为 Any 对象，由于 Task<R()> 中 R 代表不同的类型，因此，不同的返回类型 R 对应不同类型的 Task，如果要将不同的 Task 对象保存起来，则需要擦除类型，将它先转换为一个 Any 对象。RetVariant 用来指示当前的 Any 对象的返回值类型，它主要用来将擦除类型的 task 对象通过 AnyCast 反转出来，在调用 AnyCast 时，需要一个具体的类型，AnyCast<shared_future<T>>() 才能将实际的对象取出来，这里的 T 类型则来自于 RetVariant。为了将被擦除了类型的 task 对象转换出来，首先要将 RetVariant 对象的实际类型解析出来，这里通过 Variant 的 Visit 方法来解析其实际类型，代码如下：

```
vrt.Visit([&](inta){FutureGet<int>(it->second); }, [&](doubleb){FutureGet<double>(it
    ->second); },
        [&](stringv){FutureGet<string>(it->second); }, [&](shortv){FutureGet<short>(it->second); },
        [&](unsignedintv){FutureGet<unsignedint>(it->second); }
```

解析出实际类型之后再调用 FutureGet<T>; 将具体的 task 对象转换出来，最后完成异步任务。测试代码如下：

```
void TestTaskGroup()
{
    TaskGroup g;

    std::function<int()> f = [](){return 1; };
    g.Run(f);
    g.Run(f, [](){cout <<"ok1"<< endl; }, [](){cout <<"ok2"<< endl; });
    g.Wait();
}
```

从测试代码中可以看到，TaskGroup 比 PPL 的 task 更灵活，不仅支持批量添加任务，还支持带返回值的 task，这里的基本类型是 variant 定义的基本类型，如果要支持更多的类型，需要用户去扩展 Vairant 的定义。

15.6.2 WhenAll

WhenAll 保证一个任务集合中所有的任务完成。WhenAll 函数实际上是组合了多个任务，将多个任务变成一个大的任务，这个大任务的完成，需要等待它内部的多个子任务完成。WhenAll 实际上是以内部的所有子任务全部完成作为条件，即必须等待所有子任务完成之后才执行最终的任务。WhenAll 函数会返回一个 std::vector，vector 中包括每个子任务的结果。由于是通过容器存放子任务的返回值的，所以要求子任务的返回类型相同。以下基本示例使用 WhenAll 创建表示完成其他 3 个任务的任务。

```
std::array<task<int>, 3> tasks =
{
    create_task([]() -> int { return 88; }),
    create_task([]() -> int { return 42; }),
    create_task([]() -> int { return 99; })
```

```cpp
};
auto joinTask = when_all(begin(tasks), end(tasks)).then([](vector<int> results)
{
    cout << "The sum is "
<< accumulate(begin(results), end(results), 0)
<< '.' << endl;
});

// Print a message from the joining thread.
cout << "Hello from the joining thread." << endl;

// Wait for the tasks to finish.
joinTask.wait();
```

在上面的例子中，先创建了包含 3 个任务的列表，然后将这个任务列表传给 when_all，when_all 返回了一个 joinTask。这个 joinTask 包含了 3 个子任务，joinTask 的执行需要等待 3 个子任务的完成。joinTask 的入参为 vector<int>，它保存了 3 个任务的执行结果，在 3 个子任务完成之后就可以执行最终的任务了，最终的任务是将 3 个子任务的执行结果累加起来。最后会打印出 3 个子任务执行结果的累加值 229。

when_all 的入参是一个 task 列表，when_all 会返回一个 task，这个 task 的返回值为 vector<R>。要实现 when_all 首先要将多个子任务保存到最终的那个 task 中，然后将这个 task 返回出去。WhenAll 的实现如代码清单 15-5 所示。

代码清单 15-5　WhenAll 的实现

```cpp
template <typename Range>
    Task<vector<typename Range::value_type::return_type>()> WhenAll(Range& range)
    {
        typedef typename Range::value_type::return_type ReturnType;
        auto task = [&range]
        {
            vector<std::shared_future<ReturnType>> fv;
            for (auto & task : range)
            {
                fv.emplace_back(task.Run());
            }

            vector<ReturnType> v;
            for (auto& item : fv)
            {
                v.emplace_back(item.get());
            }

            return v;
        };

        return task;
    }
```

上面的实现比较简单，首先获取子任务的返回类型，然后将子任务传到新的 task 中，新的 task 会将各个子任务的返回值保存起来，作为新的 task 的返回值。WhenAll 的测试代码如下：

```cpp
void PrintThread()
{
        cout << std::this_thread::get_id() << endl;
        std::this_thread::sleep_for(std::chrono::milliseconds(1));
}
void TestWhenAll()
{
        vector<Task<int()>> v = {
                Task<int()>([]{PrintThread(); std::this_thread::sleep_for(std::chrono::seconds
                    (1));return 1; }),
                Task<int()>([]{PrintThread(); return 2; }),
                Task<int()>([]{PrintThread(); return 3; }),
                Task<int()>([]{PrintThread(); return 4; })
        };

        cout <<"when all "<< endl;
        WhenAll(v).Then([](vector<int>results)
        {
                cout <<"The sum is "<< accumulate(begin(results), end(results), 0)endl;
        }).Wait();
}
```

上述测试代码会等待所有的子任务完成之后，将子任务返回的结果累加起来，最终会输出：

```
when allThe sum is 10
```

15.6.3 WhenAny

WhenAny 在任务集合的任意一个任务结束之后就返回。该函数会生成一个任务，该任务可在完成一组任务的任意一个任务之后完成。此函数可返回一个 std::pair 对象，pair 对象包含已完成任务的结果和集合中任务的索引。WhenAny 和 WhenAll 有点类似，都可以作为当前任务的条件，前者是只要子任务的任意一个完成就可以执行当前任务，后者是要等所有的任务完成之后才能执行当前的任务。PPL 中 WhenAny 的基本用法如下：

```cpp
array<task<int>, 3> tasks = {
        create_task([]() -> int { return 88; }),
        create_task([]() -> int { return 42; }),
        create_task([]() -> int { return 99; })
};

// Select the first to finish.
```

```cpp
when_any(begin(tasks), end(tasks)).then([](pair<int, size_t> result)
{
        cout << "First task to finish returns "
        << result.first
        << " and has index "
        << result.second<<endl;
}).wait();
// output: First task to finish returns 42 and has index 1.
```

在上面的例子中，某个任务完成之后就执行当前任务了，当前任务是打印返回的任务的索引和结果。

实现 when_any 需要考虑两个问题：一个问题是检测只要任意一个任务完成就马上执行当前任务；另外一个问题是要记住返回的子任务的索引和返回值。WhenAny 的实现如代码清单 15-6 所示。

代码清单 15-6　WhenAny 的实现

```cpp
template <typename Range>
Task<std::pair<int, typename Range::value_type::return_type>()> WhenAny(Range&
    range)
{
        auto task = [&range]
        {
                using namespace Detail;
                return GetAnyResultPair(TransForm(range));
        };

        return task;
}

namespace Detail
{
        template <typename R>
        struct RangeTrait
        {
                typedef R Type;
        };

        template <typename R>
        struct RangeTrait<std::shared_future<R>>
        {
                typedef R Type;
        };

        template <typename Range>
        vector<std::shared_future<typename Range::value_type::return_
            type>> TransForm(Range& range)
```

```cpp
            {
                typedef typename Range::value_type::return_type ReturnType;
                vector<std::shared_future<ReturnType>> fv;
                for (auto & task : range)
                {
                    fv.emplace_back(task.Run());
                }

                return fv;
            }

            template<typename Range>
            std::pair<int, typename RangeTrait<typename Range::value_
                type>::Type> GetAnyResultPair(Range& fv)
            {
                size_t size = fv.size();
                for (;;)
                {
                    for (size_t i = 0; i < size; i++)
                    {
                        if (fv[i].wait_for(std::chrono::milliseconds
                            (1)) == std::future_status::ready)
                        {
                            return std::make_pair(i,
                                fv[i].get());
                        }
                    }
                }
            }
    }
```

在 WhenAny 的实现中，先将 task 列表转换为 std::shared_futre 的列表，以便后面检测某个任务是否完成。这里用了 std::shared_futre 的 wait_for 来循环检查是否有任务完成，如果有任务完成，则将任务的索引和结果返回。WhenAny 的测试代码如下：

```cpp
void PrintThread()
{
    cout << std::this_thread::get_id() << endl;
    std::this_thread::sleep_for(std::chrono::milliseconds(1));
}

void TestWhenAny()
{
    vector<Task<int()>> v = {
        Task<int()>([]{PrintThread(); std::this_thread::sleep_for(std::chrono::seconds(1));
            return1; }),
        Task<int()>([]{PrintThread(); return2; }),
        Task<int()>([]{PrintThread(); return3; }),
```

```
        Task<int()>([]{PrintThread(); return4; })
    };

    cout <<"when any "<< endl;
    WhenAny(v).Then([](std::pair<int, int>& result)
    {
        cout <<" index "<< result.first <<" result "<< result.second << endl;
return result.second;
    }).Then([](int result){cout <<"any result: "<< result << endl; }).Get();
}
```

上述测试代码会在任意一个子任务完成之后返回给当前的任务，当前任务会打印出返回的任务序号和结果。

15.7 TaskCpp 并行算法

TaskCpp 提供了 3 种并行算法：ParallelForeach、ParallelInvoke 和 ParallelReduce，分别实现并行遍历、并行调用和并行汇聚。

15.7.1 ParallelForeach：并行对区间元素执行某种操作

ParallelForeach 算法与 STL std::for_each 算法类似，都是并行地执行任务。ParallelForeach 的用法如下：

```
bool check_prime(int x)    // 为了体现效果，该函数故意没有优化
{
    for (int i = 2; i < x; ++i)
    if (x % i == 0)
        return false;
    return true;
}

void TestParallelFor()
{
    vector<int> v;
    for (int i = 0; i < 100000; i++)
    {
        v.push_back(i + 1);
    }

    ParallelForeach(v.begin(), v.end(), check_prime);
}
```

ParallelForeach 的用法很简单，与 std::for_each 的用法类似，上面的测试代码会并行检

查素数。ParallelForeach 的具体实现如代码清单 15-7 所示。

代码清单 15-7　ParallelForeach 的实现

```cpp
template <class Iterator, class Function>
    void ParallelForeach(Iterator& begin, Iterator& end, Function& func)
    {
            auto partNum = std::thread::hardware_concurrency();
            auto blockSize = std::distance(begin, end) / partNum;
            Iterator last = begin;
            if (blockSize > 0)
            {
                    std::advance(last, (partNum - 1) * blockSize);
            }
            else
            {
                    last = end;
                    blockSize = 1;
            }

            std::vector<std::future<void>> futures;
            // 前面的 N-1 个区间段
            for (; begin != last; std::advance(begin, blockSize))
            {
                    futures.emplace_back(std::async([begin, blockSize, &func]
                    {
                            std::for_each(begin, begin + blockSize, func);
                    }));
            }

            // 最后一个区间段
            futures.emplace_back(std::async([&begin, &end, &func]{std::for_each(begin,
                end, func); }));

            std::for_each(futures.begin(), futures.end(), [](std::future<void>&
                futuer)
            {
                    futuer.get();
            });
    }
```

实现 ParallelForeach 第一步是将区间根据 CPU 核数来分组，分成 N 个区间，然后每个区间段启动一个线程去遍历自己的区间，最后等待每个子区间的遍历完成。

15.7.2　ParallelInvoke：并行调用

ParallelInvoke 算法并行执行一组任务。在完成所有任务之前，此算法不会返回。当需要同时执行多个独立的任务时，此算法很有用。ParallelInvoke 和 TaskGroup 的作用是一样的，它是借助 TaskGroup 实现的，如代码清单 15-8 所示。

代码清单 15-8　ParallelInvoke 的实现

```
template<typename... Funs>
        void ParallelInvoke(Funs&&... rest)
        {
                TaskGroup group;
                group.Run(std::forward<Funs>(rest)...);
                group.Wait();
        }
```

测试代码如下：

```
void TestParaInvoke()
{
    auto f = []{cout <<"1"<< endl; return1; };
    ParallelInvoke(f, []{cout <<"2"<< endl; });
}
```

上述测试代码会启动两个异步任务，每个任务并行地打印出一个数字。

15.7.3　ParallelReduce：并行汇聚

ParallelReduce 算法在实际中比较常用，类似于 map-reduce，可以并行地对一个集合进行 reduce 操作。ParallelReduce 的用法稍微复杂，它的原型如下：

❑ ParallelReduce(range, init, reduceFunc);

❑ ParallelReduce(range, init, rangeFunc, reduceFunc);

参数 range 是集合，参数 init 是算法的初始值，rangeFunc 是一个生成中间结果的函数，参数 reduceFunc 是中间结果的汇聚函数。如果调用 ParallelReduce(range, init, reduceFunc)，则表示 rangeFunc 和 reduceFunc 是一个函数。

下面介绍 ParallelReduce 的基本用法。

1）对一个大的整数集合求和，代码如下：

```
void TestParallelSum()
{
    vector<int> v;
    const int Size = 100000000;
    v.reserve(Size);
    for (int i = 0; i < Size; i++)
    {
        v.push_back(i + 1);
    }

    int i = 0;
```

```cpp
    auto r = ParallelReduce(v, i, [](const vector<int>::iterator& begin, vector<int>::
        iterator&end, int val)
    {
        return std::accumulate(begin, end, val);
    });
}
```

上面的 ParallelReduce 将会执行重载函数 ParallelReduce(range, init, reduceFunc)，rangeFunc 和 reduceFunc 都是一样的，都是累加。在上例中，ParallelReduce 会先将区间按照 CPU 核数分成若干个区间段，然后每个区间段都会执行 rangeFunc 生成一个中间结果，最后所有的区间段计算完成之后，再将各个区间段的中间结果通过 reduceFunc 进行汇聚，得到最终的结果。ParallelReduce 的具体实现如代码清单 15-9 所示。

代码清单 15-9　ParallelReduce 的实现

```cpp
template <typename Range, typename ReduceFunc>
    typename Range::value_type ParallelReduce(Range& range,
        typename Range::value_type &init, ReduceFunc reduceFunc)
    {
        return ParallelReduce<Range, ReduceFunc>(range, init, reduceFunc,
            reduceFunc);
    }

template <typename Range, typename RangeFunc, typename ReduceFunc>
    typename Range::value_type ParallelReduce(Range& range,
        typename Range::value_type &init, RangeFunc& rangeFunc, ReduceFunc&
            reduceFunc)
    {
        auto partNum = std::thread::hardware_concurrency();
        auto begin = std::begin(range); auto end = std::end(range);
        auto blockSize = std::distance(begin, end) / partNum;
        typename Range::iterator last = begin;
        if (blockSize > 0)
        {
            std::advance(last, (partNum - 1) * blockSize);
        }
        else
        {
            last = end;
            blockSize = 1;
        }

        typedef typename Range::value_type ValueType;
        std::vector<std::future<ValueType>> futures;
        // first p - 1 groups
        for (; begin != last; std::advance(begin, blockSize))
        {
            futures.emplace_back(std::async([begin, &init, blockSize,
                &rangeFunc]
```

```cpp
                        {
                            return rangeFunc(begin, begin + blockSize, init);
                        }));
            }

            //// last group
            futures.emplace_back(std::async([&begin, &end, &init, &rangeFunc]
                {return rangeFunc(begin, end, init); }));

            vector<ValueType> results;
            std::for_each(futures.begin(), futures.end(), [&results](std::future<ValueType>&
                futuer)
            {
                    results.emplace_back(futuer.get());
            });

            return reduceFunc(results.begin(), results.end(), init);
        }
```

ParallelReduce 的实现相对复杂一点，首先需要按照 CPU 核数将区间分组，然后对各个区间执行 rangefunc，最后对各个中间结果执行 reduceFunc，得到最终的计算结果。下面来看看测试代码。

2）并行查找最长的字符串，代码如下：

```cpp
void TestFindString()
{
    vector<string> v;
    v.reserve(10000000);
    for (int i = 0; i < 10000000; i++)
    {
        v.emplace_back(std::to_string(i + 1));
    }

    string init = "";

    auto f = [](const vector<string>::iterator& begin, vector<string>::iterator&end,
        string& val)
    {
        return *std::max_element(begin, end, [](string& str1, string& str2){return str1.
            length()<str2.length(); });
    };

    auto r = ParallelReduce(v, init, f, f);
}
```

在上述测试代码中 ParallelReduce（v, init, f, f），rangefunc 和 reducefunc 是一样的，即都

是返回 max_element，在各个区间的最长的字符串返回之后，再在中间结果中找出最长的字符串并返回。

15.8 总结

　　TaskCpp 任务、任务组和并行算法，可以用来改进大量遍历或者大量计算时的单线程计算效率低、速度慢的问题。利用并行计算，我们可充分利用多核的优势，从而大幅提高计算效率和速度。另外，并行计算还大幅降低了多线程操作的复杂度。以任务取代低层次的线程操作，大幅提高了异步和多线程操作的灵活性，比如，可以实现连续执行任务、任务组和任务的组合。

　　需要注意的是，TaskCpp 每启动一个任务就会创建一个线程，所以不适合用来当作线程池来用，如果读者希望使用线程池可以参阅第 9 章中的线程池相关内容。

第 16 章 Chapter 16

使用 C++11 开发一个简单的通信程序

目前 C++ 中还没有一个通信库，要写一个通信程序，如果从底层写起，开发效率比较低，而且容易出错，稳定性和性能都得不到保证，比较好的方法是使用成熟可靠的通信库。C++ 中比较知名的网络有 ACE、libevent 和 boost.asio，这 3 个库都是跨平台的，都有自己的特色。ACE 功能最强大，应用了很多设计模式，代码也很多，因此 ACE 有些重量级，相比较而言，libevent 和 asio 比较轻量级，但二者的实现思想不同，libevent 是基于 Reactor（反应器）模式实现的，asio 是基于 Proactor（主动器）模式实现的，asio 的性能很好，本章实现的通信程序也是基于 asio 实现的。本章将简要介绍两种 I/O 设计模式：反应器（Reactor）和主动器（Proactor），接着会介绍基于 Proactor 模式的 asio 的基本用法，然后会将 asio 和 C++11 结合起来写一个简单的服务器 / 客户端的通信程序，大家可以通过简单的通信程序看到 C++11 是如何应用的。

在使用 asio 之前要先对它的设计思想有所了解，因为了解设计思想将有助于我们理解和应用 asio。asio 是基于 Proactor 模式实现的，asio 的 Proactor 模式隐藏于大量的细节当中，要找到它的踪迹，往往有种只见树木不见森林之感，笔者将剖析 asio 中的 Proactor 模式，一步一步揭开它的面纱，最终拨开云雾，将一个完整的 Proactor 模式还原出来。在剖析 asio 的 Proactor 模式之前，先来看看常见的 I/O 设计模式：Proactor（主动器）模式是一种重要的 I/O 设计模式，用来解决高并发网络中遇到的问题；另外还有一种模式是 Reactor（反应器），libevent 是基于 Reactor 实现的。让我们先看看这两种模式的一些特点。

16.1 反应器和主动器模式介绍

1. 反应器

反应器需要应用程序先注册事件处理器，然后启动反应器的事件循环，不断地检查是否有就绪 I/O 事件,当有就绪事件时,同步事件多路分解器将会返回到反应器,反应器会将事件分发给多个句柄的回调函数以处理这些事件。⊖

反应器的一个特点是,具体的处理程序并不调用反应器,而是由反应器来通知处理程序去处理事件,这种方式也被称为"控制反转",又称为"好莱坞原则"。反应器模式的类图如图 16-1 所示。

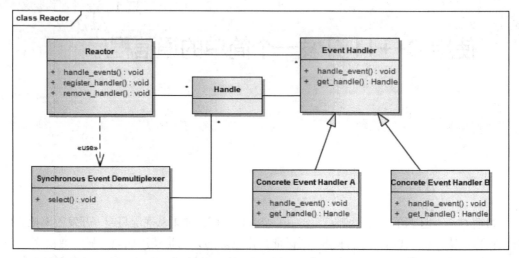

图 16-1　反应器模式的类图

反应器模式大概的流程如下:

1)应用程序在反应器上注册具体事件处理器,处理器提供内部句柄给反应器。

2)在注册之后,应用程序开始启动反应器事件循环。反应器将通过 select 等待发生在句柄集上的就绪事件。

3)当一个或多个句柄变成就绪状态时(比如某个 socket 读就绪了),反应器将通知注册的事件处理器。

4)事件处理器处理就绪事件,完成用户请求。

反应器模式使用起来相对直观,但是它不能同时支持大量的客户请求或者耗时过长的请求,因为它串行化了所有的事件处理过程。而 Proactor 模式在这方面做了改进。

2. 主动器

主动器的类图如图 16-2 所示。

1)应用程序需要定义一个异步执行的操作,例如,socket 的异步读/写。

2)执行异步操作,异步事件处理器将异步请求交给操作系统就返回了,让操作系统去完成具体的操作,操作系统在完成操作之后,会将完成事件放入一个完成事件队列。

3)异步事件分离器会检测完成事件,若检测到完成事件,则从完成事件队列中取出完

⊖ 《面向模式的软件架构卷 2》3.1 节。

成事件，并通知应用程序注册的完成事件处理函数去处理。

4）完成事件处理函数处理异步操作的结果。

Reactor 和 Proactor 模式的主要区别就是真正的操作（如读、写）是由谁来完成的，Reactor 中需要应用程序自己读取或者写入数据，而在 Proactor 模式中，应用程序不需要进行实际的读/写过程，操作系统会读取缓冲区或者写入缓存区到真正的

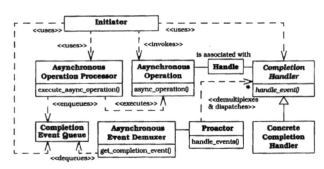

图 16-2　主动器模式的类图

IO 设备，应用程序只需要从缓冲区读取或者写入即可。在 Proactor 模式中，用户发起异步操作之后就返回了，让操作系统去处理请求，然后等着回调到完成事件函数中处理异步操作的结果。

在介绍了这两种 IO 设计模式之后，再看看 asio 中的 Proactor 模式是怎么样的。要了解 asio 中的 Proactor，首先要了解 asio 的基本用法和异步操作的流程，然后再根据流程并结合 proactor 模式来分析行。

在分析 asio 的 proactor 之前先看一个发起异步连接的简单例子，通过这个简单的例子来看看 asio 的一些重要的对象（为行文方便，本章的示例代码均省略代码头部的 #include <boost/asio.hpp> 和 using namespace boost;）。

```
asio::io_service io_service;
tcp::socket socket(io_service);
boost::asio::async_connect(socket, server_address, connect_handler);
io_service.run();
```

别看只有短短 4 行代码，它的内部其实做了很多复杂的事情，屏蔽了很多细节，才使得我们用起来很简单。第一行代码定义了一个 asio 的核心对象 io_service，所有的 io object 对象的初始化都要将这个 io_service 传入，关于这点先不细说，后面再谈。第二行创建了一个 tcp::socket 类型的 io object 对象，通过这个 io object 对象我们就可以发起异步操作了。在发起异步操作之后，调用 io_service 的 run 启动事件循环，等待异步事件的完成。有了一个初步认识之后我们再来看这些对象是干啥的，有什么作用。

io object 是 asio 为用户提供的一个 io 相关的操作对象。io object 会将用户发起的操作转发给 io_service，比如可以通过它们来发起异步连接、读和写等。asio 的 io object 如图 16-3 所示。

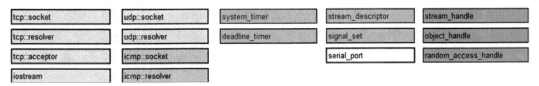

图 16-3　asio 的 io object

再来看看 Windows 平台上发起一个异步操作的具体流程。

用户通过 io object 对象 tcp::socket 发起 async_connect 操作，scoket 会委托内部的模板类 basic_socket 的 async_connect，basic_socket 采用 handle body 手法，它也仅是进行转发，委托服务类 stream_socket_service 调用 async_connect。stream_socket_service 继续委托平台相关的具体服务类对象 win_iocp_socket_service 去完成最终的 async_connect，win_iocp_socket_service 实际上将这个异步请求交给了操作系统，然后应用程序就返回了，让操作系统去完成异步请求。再回过头来看看第三行代码：

```
boost::asio::async_connect(socket, server_address, connect_handler);
```

别看只有简单一行代码，它实际上在内部将这个异步请求转手了三次才最终发送到操作系统。这里可以参考一个具体的时序图，如图 16-4 所示⊖，看看发起异步操作的过程是怎样的。

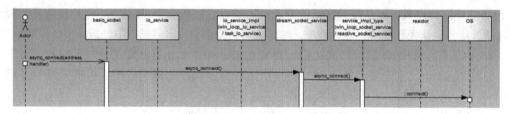

图 16-4　asio 异步操作的时序图

为什么一个异步操作要转这么多层才交给操作系统？这是因为 asio 的设计就是分了几层的，从应用层转到中间层，再转到服务层，再到最底层的操作系统，理解了这种分层架构就能理解为什么一个请求要转几次了。asio 实际上分了三层：第一层为 io objcet 层，作为应用程序直接使用的对象，提供 basic_xxx 模板的基本 io 操作接口；第二层为 basic_xxx 模板类层，这一层的作用是将具体的操作转发给服务层；第三层是服务层，它提供操作的底层实现。第三又分为两层：接收操作层和平台适配层。⊖第二层的 basic_xxx 模板实例会将用户发起的操作转发到服务层的接收操作层，接收操作层又将操作转发到具体的平台适配层，平台适配层会调用操作系统的 API 完成操作。我们看看 asio 具体分了哪几层，如图 16-5 所示。

通过这个分层的架构图，我们理解了为什么一个操作要转发这么多次，因为每一层都有自己的职责，高层的请求需要一层一层转发到底层。这里需要提到 asio 另外一个重要的对象 win_iocp_socket_service，由于它是处于底层的服务对象，在用户层是看不见的，但是用户层发起的操作大都是由它调用 windows api 完成的。

关于将异步操作转发给操作系统已经介绍完了，但转发给操作系统的请求完成之后的处理还没介绍，操作系统如何将操作完成的结果回调到应用层呢？Proactor 又在哪里呢？后面会慢慢从这些烦琐的细节中走出来，逐步从 asio 中清晰地还原出 Proactor 模式来，让读者看清其真面目。下一节将带领读者从 Proactor 模式中来又回到 Proactor 模式中去，相信读者看完自然会有豁然开朗之感。

⊖　http://www.cnblogs.com/yyzybb/p/3795532.html#2967390
⊖　http://blog.csdn.net/henan_lujun/article/details/8965043

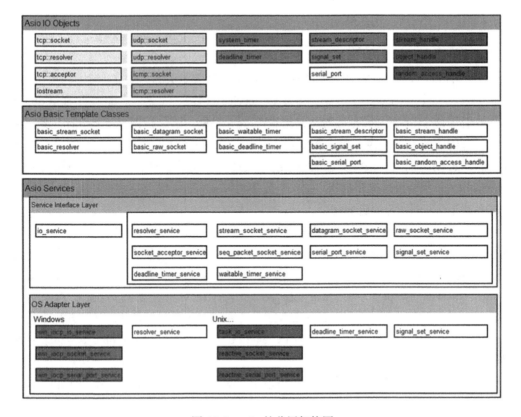

图 16-5　asio 的分层架构图

16.2　asio 中的 Proactor

在上一节中提到异步请求是从上层开始，一层一层转发到最下面的服务层的对象 win_iocp_socket_service，由它将请求转发到操作系统（调用 Windows API）。操作系统处理完异步请求之后又是如何返回给应用程序的呢？这里是通过 iocp（完成端口）来实现的。让我们先来简要的看看 iocp 的基本步骤：

1）创建 iocp 对象。
2）创建 io object 对象。
3）将 io object 与 iocp 对象绑定。
4）进行异步调用。
5）创建线程，或者由线程池等待完成事件的到来。

asio 实际上也是按照这个步骤去做的，再回头看看上一节那个简单的例子：

```
asio::io_service io_service;
```

```cpp
tcp::socket socket(io_service);
boost::asio::async_connect(socket, server_address, connect_handler);
io_service.run();
```

第一行的 io_service 对象是 asio 的核心，它其实封装了 iocp，创建一个 io_service 实际上就是创建了一个 iocp 对象（由 win_iocp_io_service 封装），因此，后面所有的 io object 的创建都要引用这个 io_service，目的是共用这个 iocp 对象。第二行创建了 socket 对象，它引用了第一行创建的 iocp 对象。第三行实际上是将异步请求层层转发到最下面的服务层 win_iocp_socket_service 对象，最终交给操作系统。通过 win_iocp_socket_service 这个名字就知道它与 iocp 相关，因为发起异步操作之前，它先要将 io object 对象与完成端口绑定，以便将后面的完成事件会发到指定的完成端口。

绑定 io object 和 iocp 对象的具体过程如下：async_connect 内部会先调用 base_xxx 模板层的 base_socket<tcp> 的 open 方法，base_socket<tcp> 又会调用服务层的服务对象 stream_socket_service<tcp> 的 open 方法，stream_socket_service<tcp> 又调用最下面的服务对象 win_iocp_socket_service 的 open 方法，win_iocp_socket_service 对象又委托 io object 对象引用的 io_service 对象（实际上是 win_iocp_io_service）的 do_open 方法，在 do_open 方法中会调用 register_handler 方法，在该方法中会调用 CreateIoCompletionPort 将 io object 和 iocp 对象绑定起来。

io object 和 iocp 对象绑定之后，win_iocp_socket_service 会调用操作系统的 api，发起异步操作。

再看第四行 "io_service.run();"，其中 io_service::run() 又是委托 win_iocp_io_service::run() 来实现的。run 的内部实现如下：

```cpp
size_t win_iocp_io_service::run(boost::system::error_code& ec)
{
        if (::InterlockedExchangeAdd(&outstanding_work_, 0) == 0)
        {
                stop();
                ec = boost::system::error_code();
                return 0;
        }

        win_iocp_thread_info this_thread;
        thread_call_stack::context ctx(this, this_thread);

        size_t n = 0;
        while (do_one(true, ec))
                if (n != (std::numeric_limits<size_t>::max)())
                        ++n;
        return n;
}
```

run() 首先检查是否有需要处理的操作，如果没有，则函数退出；win_iocp_io_service 使用 outstanding_work_ 来记录当前需要处理的任务数。如果该数值不为 0，则委托 do_one 函数继续处理。do_one() 内部会调用 GetQueuedCompletionStatus() 函数，该函数会阻塞等待异步事件的完成，当异步事件完成时，就回调到应用层的完成事件处理函数，因为发起异步操作时已经将 io object 和完成端口绑定了，所以 iocp 能将异步完成事件回调到对应的应用层的完成处理函数中。

至此，asio 中一个异步操作的过程就完成了。在了解了这些内部实现细节之后，再来看看 boost 官网上给出的一个 asio 中 proactor 模式的一张图，如图 16-6 所示。

图 16-6 和上一节中 Proactor 模式的图几乎是一样的，根据这张图再结合前面的分析，就能从细节中还原出 asio 中的 Proactor 模式了。下面看一下图 16-6 中的这些对象分别是 asio 中的哪些对象。

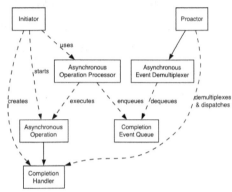

图 16-6 asio 中的 proactor 模式

- Initiator：对应用户调用 asio 的代码。
- Asynchronous Operation Processor：异步操作处理器负责执行异步操作，并在操作完成后，把完成事件投放到完成事件队列上。stream_socket_service 类就是一个这样的处理器，因为从 tcp::socket 发送的异步操作都是由其完成处理的，所以它最终是由底层的服务对象 win_iocp_socket_service 完成的，win_iocp_socket_service 负责绑定 io object 和 io_service 对象和调用操作系统 API 发起异步操作。从高层的角度看，asio 的 stream_socket_service 成为 Proactor 中的异步操作处理器。
- Asynchronous Operation：定义的一系列异步操作，对应到 Windows 平台，诸如 AcceptEx、WSASend、WSARecv 等函数。在 asio 中，这些函数封装在 win_iocp_socket_service、resolver_service 类中。⊖
- Completion Handler：用户层完成事件处理器，由用户创建，一般是通过 bind 或 lambda 表达式定义。
- Completion Event Queue：完成事件队列，存储由异步操作处理器发送过来的完成事件，在异步事件多路分离器将其中一个事件取走之后，该事件被从队列中删除。在 Windows 上，asio 的完成事件队列由操作系统负责管理。
- Asynchronous Event Demultiplexer：异步事件多路分离器，其作用就是在完成事件队列上等待，一旦有事件到来，就把该事件返回给调用者。在 Windows 上，这一功能也是由操作系统完成的，具体来说，是由 GetQueuedCompletionStatus 完成的，而该

⊖ http://blog.csdn.net/henan_lujun/article/details/8965044

函数是由 do_one() 调用的，因此，从高层的角度来看，这个分离器也是由 io_service 负责的。[○]
- Proactor：前摄器，负责调度异步事件多路分离器去干活，并在异步操作完成时调度所对应的 Completion Handler。在 asio 中，这部分由 io_service 来做，具体到 Windows 中就是 win_iocp_io_service。[○]

从上面的分析可以看出，asio 中的 Proactor 模式已经很清晰了，io_service 在 asio 中处于核心地位，不仅对应了一个完成端口对象，还参与了 Proactor 模式中的异步事件处理和启动事件循环，调度异步事件多路分离器将异步事件回调到应用层。

再来做一个小结：io object 负责发起异步操作，发起异步操作的过程中，会委托 stream_socket_service 将异步操作转发到下面的服务层，最终转发到操作系统。io object 创建时需要引用 io_service，以便在后面绑定完成端口，同时还要提供完成事件处理函数，以便在异步操作完成后处理完成事件。io_service 负责启动事件循环，等待异步事件的完成并将异步操作的结果回发到用户定义的完成事件处理函数中。

16.3 asio 的基本用法

下面看一个异步操作的过程，如图 16-7 所示。

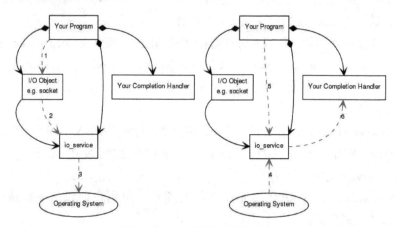

图 16-7　asio 的异步操作过程

从图 16-7 中可以看到异步操作的操作过程如下：

1）应用程序发起了一个异步请求，如异步读或写，需要提供 socket 句柄和异步操作完成函数。

2）asio 的 io_object 对象会将这个异步请求交给操作系统，由操作系统去完成该请求。

○ http://blog.csdn.net/henan_lujun/article/details/8965044
○ http://blog.csdn.net/henan_lujun/article/details/8965044

3）调用 io_service::run 等待异步事件的完成。

4）操作系统完成异步操作后，将异步操作的结果返回给 io_service。

5）io_service 将完成事件的结果回调到对应的完成函数并处理。

用户发起异步事件，asio 将这些异步事件交给操作系统，这样用户发起的操作就返回了，io_service::run 会等待并分派所有的异步完成事件，操作系统在处理完成之后会将完成事件放到事件完成的队列中，io_service 发现完成队列中有完成事件了，就会将完成结果分派到用户定义的完成函数中。因此，用户要发起一个异步操作需要做如下 3 件事：

1）调用 asio 异步操作接口，发起异步操作，如 async_connect、async_read、async_write，这些异步接口需要一个回调函数入参，这个回调函数在事件完成时由 io_service 触发。

2）调用 io_service::run 处理异步事件，发起一个异步操作，必须要保证 io_service::run 不退出，因为 io_service 通过一个循环去处理这些异步操作事件，如果没有事件就会退出，所以要保证在异步事件发起之后 io_service::run 还在运行。一个简单办法就是使用 io_service::work，它可以保证 io_service 一直运行。

3）处理异步操作完成事件，在调用异步接口时会传入一个回调函数，这个回调函数就是处理操作完成事件的，比如读完成了，用户需要对这些数据进行业务逻辑的处理。

asio 的接口和类比较多，这里不一一介绍，仅介绍本章示例中用到的几个异步接口，通过这几个异步接口我们就能掌握 asio 的基本用法。

16.3.1 异步接口

1. 基本用法

这里只介绍 asio 的一些基本用法，详细用法可参考 boost 官网中对 asio 的介绍：http://www.boost.org/doc/libs/1_53_0/doc/html/boost_asio.html。async_connect 的基本用法如下：

```
asio::io_service io_service;
asio::ip::tcp::socket socket(io_service);              //创建 socket
boost::asio::async_connect(socket, server_address, connect_handler); //发起异步连接
io_service.run();                                      //启动事件循环
```

async_connect 的第一个参数是 socket，socket 需要通过 io_service 初始化。第二个参数是一个要连接目标主机的地址，一般是一个 endpoint，其初始化方式如下：

```
auto end_point = asio::ip::tcp::endpoint(asio::ip::address::from_string("127.0.0.1"),
    port));
```

tcp::endpoint 的初始化需要指定要连接目标机的 IP 地址和端口。

第三个参数 connect_handler 是用来处理完成事件的，它是一个可调用对象。一般会将 boost::system::error_code 作为 connect_handler 的一个入参，通过这个入参可以获取一些错误信息。这个 connect_handler 的简单实现如下：

```cpp
void connect_handler (const boost::system::error_code& error)
{
    if (error)                                          // 有错误发生，连接失败
    {
        cout << error.message() << endl;
        // 异常处理
        return;
    }

    // do something
}
```

在 connect_handler 中处理连接完成事件，需要根据 error_code 来判断异步操作是否成功，如果 error_code 不为 0，则有错误发生，需要做异常处理；如果为 0，则表明连接成功，可以进行下一步。

在发起异步连接操作之后，还需要调用 io_service 的 run() 方法。上一节介绍了 io_service 的作用，它在 asio 中居于核心地位，具有承上启下的作用，会将用户发起的异步操作转交给操作系统。而 run() 方法就是检查操作系统是否完成了异步操作，如果发现异步操作完成事件的队列中有完成事件，就会阻塞，等待用户处理完成事件。如果没有发现完成事件，io_service 就会退出事件循环。async_connect 发起连接操作之后，就要通过 io_service 的 run() 来检测事件是否完成，如果不调用 run()，则用户的完成事件函数不会被回调。

async_read 和 async_write 的基本用法和 async_connet 的用法差不多，都是先要定义一个 io_service 和 socket，然后调用异步接口，调用异步接口时需要指定完成函数，最后调用 io_service 的 run 方法检查异步操作是否完成。async_read 和 async_write 都需要一个 boost::asio::buffer 来作为数据读和写的缓冲区，boost::asio::buffer 的初始化比较简单，可以通过一个 char 数组来初始化：

```cpp
char buf[12] = {};
boost::asio::buffer(buf, sizeof(buf));
```

async_read 的基本用法如下：

```cpp
asio::io_service io_service;
asio::ip::tcp::socket socket(io_service);              // 创建 socket
std::string str = "it is a test";
// 发起异步读操作
boost::asio::async_read(socket_,boost::asio::buffer(str.c_str(),str.length()+1),
    read_handler);
io_service.run();                                       // 启动事件循环
```

read_handler 的简单实现如下：

```cpp
void read_header(const boost::system::error_code& error)
{
    if (error)
```

```
        {
            cout << error.message() << endl;
            //异常处理
            return;
        }
    // do something
}
```

2. 需要注意的问题

对于 asio 的这些异步接口，稍不注意就会出现错误，这里把一些常见的问题列出来，并分析原因和提出解决方法，让初学者少走弯路。

- 问题 1：为什么发起了异步操作，如连接或写，对方都没有反应，好像没有收到连接请求或者没有收到数据？答案：一个很可能的原因是 io_service 在异步操作发起之后没有运行。解决办法是保持 io_service run。
- 问题 2：为什么发送数据会报错？答案：一个可能的原因是发送的数据失效了。异步发送要求发送的数据在回调完成之前都有效，异步操作只是将异步事件句柄投递到 io_service 队列中就返回了，并不是阻塞的。如果不注意这一点，对于临时变量的数据，出了作用域就失效了，导致异步事件还没完成数据就失效了。解决办法：保证发送数据在事件完成之前一直有效。让 CompletionHandler 持有管理缓冲区的智能指针是一个行之有效的简易方法。
- 问题 3：为什么监听 socket 时，会报"函数不正确"的异常？答案：原因是监听时也要保证这个 socket 一直有效，如果是一个临时变量 socket，在调用异步监听后超出作用域就失效了。解决办法：将监听的 socket 保存起来，使它的生命周期和 acceptor 一样长。
- 问题 4：为什么连续调用异步操作时会报错？答案：因为异步操作必须保证当前异步操作完成之后再发起下一次异步操作。解决办法：在异步完成事件处理完成之后再发起新的异步操作即可。
- 问题 5：为什么对方半天收不到数据，过了很久才一下子收到之前发送的数据？答案：TCP 是流数据协议，一次发送多少数据不是高层逻辑能控制的，这也是所谓的粘包问题，即一次性发送出去的数据在接收端也可能是分成多次接收到的，解决办法，可以通过一些协议做 TCP 组包来解决这个问题，在 16.6 节中会介绍 asio 中如何解决这个问题的。

16.3.2 异步发送

asio 的异步发送稍微复杂一点，复杂的地方在于：不能连续调用异步发送接口 async_write，因为 async_write 内部不断调用 async_write_some，直到所有的数据发送完成为止。由于async_write在调用之后就直接返回了，如果第一次调用async_write发送一个较大的包，马上又再调用async_write发送一个很小的包，这时有可能第一次的async_write还在循环调用async_write_some发送，而第二次的async_write要发送的数据很小，一下子就发出去了，这使得第一次发送的数据和第二次发送的数据交织在一起了，导致发送乱序的问题。解决这个问题的方法就是在第一次发送完成之后再发送第二次的数据。具体的做法是用一个发送缓冲区，在异步发送完成之后从缓冲区再取下一个数据包发送。下面看看异步发送的代码示例，如代码清单16-1所示。

代码清单 16-1　异步发送的示例

```cpp
std::list<MyMessage> m_sendQueue; // 发送队列

void HandleAsyncWrite(char* data, int len)
{
        bool write_in_progress = !m_sendQueue.empty();
        m_sendQueue.emplace_back(data, len);
        if (!write_in_progress)
        {
           AsyncWrite();
        }
}

void AsyncWrite()
{
        auto msg = m_sendQueue.front();
        async_write(m_sock, buffer(msg.pData, msg.len),boost::bind(&HandleWrite,
           boost::asio::placeholders::error));
}

void HandleWrite(const boost::system::error_code& ec, std::size_t size)
{
        if (!ec)
        {
           m_sendQueue.pop_front();

           if (!m_sendQueue.empty())
           {
              AsyncWrite();
           }
        }
        else
        {
           HandleError(ec);
           if (!m_sendQueue.empty())
              m_sendQueue.clear();
        }
}
```

注意，在此段代码中，发送数据的请求（HandleAsyncWrite）和 io_service.run() 必须都在且仅在同一个线程中执行。这里只是示例代码，因此不引入并发编程的逻辑，以保持代码简洁易懂。

代码的逻辑是这样的：当用户发送数据时，不直接调用异步发送接口，而是将数据放到一个发送队列中，异步发送接口会循环从队列中取数据发送。循环发送过程的一个细节需要注意，当用户发送数据时，如果发送队列为空时，说明异步发送已经将队列中所有的数据都发送完了，也意味着循环发送结束了，这时，需要在数据入队列之后再调用一下 async_write 重新发起异步循环发送。

可以看到，异步发送比异步接收等其他异步操作更复杂，需要一个发送队列来保证发送不会乱序。但是，还有一个问题需要注意，那就是这个发送队列是没有加限制的，如果接收端在收到数据之后阻塞处理，而发送又很快，就会导致发送队列的内存快速增长甚至内存溢出。解决办法有两个：

1）发送慢一点，并且保证接收端不会长时间阻塞 socket。
2）控制发送队列的上限。

第一种方法对实际应用的约束性较强，而实际可操作性不高。第二种方法需要控制队列上限，不可避免地要用到加锁的同步队列，这样会增加复杂性。所以，为简单起见，建议用同步发送接口来发送数据，一来不用发送队列，使发送变得简单，二来也不会有复杂的循环发送过程，而且还可以通过线程池来提高发送效率，并通过控制线程池的上限来避免内存溢出的问题。

关于异步发送的建议：
❑ 不要连续发起异步发送请求，要等上次发送完成之后再发起下一个异步发送请求。
❑ 要考虑异步发送的时候，发送队列内存可能会暴涨的问题。
❑ 相比复杂的异步发送，同步发送更简单，在一些场景下可以使用同步发送来代替异步发送。

16.4　C++11 结合 asio 实现一个简单的服务端程序

假设有这样一个需求，要求做一个简单的通信程序：服务端监听某个端口，允许多个客户端连接上来，服务器将客户端发来的数据打印出来。需求很简单：第一，要求能接收多个客户端；第二，要求把收到的数据打印出来。

要求能接收多个客户端是第一个要解决的问题。异步接收需要用到 acceptor::async_accept，它接收一个 socket 和一个完成事件的回调函数。在前面的问题 3 中提到监听的这个 socket 不能是临时变量，我们要把它保存起来，最好统一管理。可以考虑用一个 map 去管理它们，每次有新连接时，服务器自动分配一个连接号给这个连接，以方便管理。然而，socket 是不允许复制的，所以不能直接将 socket 放入容器中，还需要在外面包装一层才可以。

第二个问题是打印来自客户端的数据,既然要打印就需要异步读数据。异步读是由socket完成的,这个socket还要完成读/写功能。为了简化用户操作,将socket封装到一个读/写事件处理器中,这个事件处理器只具备读和写的功能。服务器每次监听的时候都会创建一个新的事件处理器并放到一个map中,客户端成功连接后就由这个事件处理器去处理各种读/写事件了。根据问题1,在异步读/写时要保证数据的有效性,这里将一个固定大小的缓冲区作为读缓冲区。为了简单起见,这里使用同步发送,异步接收。

由于异步接口中的完成函数是可调用对象,当完成函数是类的成员函数时,就要借助bind来绑定成员函数,在成员函数处理完成事件之后又要发起异步操作,同时又要调用异步发送接口,这样在代码的可读性上存在问题,需要不断切换不同的函数来查看逻辑,这时,就可以用C++11的lambda表达式来简化异步接口的书写。

服务端和客户端程序都需要提供异步读/写功能,因此,需要实现一个读/写事件处理器,读/写事件处理器的实现通过lambda表达式来简化,无须定义专门的回调函数,使逻辑更清晰。读/写事件处理器的实现如代码清单16-2所示。

代码清单16-2 读/写事件处理器的实现

```cpp
#include <array>
#include <functional>
#include <iostream>
using namespace std;

#include <boost/asio.hpp>
using namespace boost::asio;
using namespace boost::asio::ip;
using namespace boost;
const int MAX_IP_PACK_SIZE = 65536;
const int HEAD_LEN = 4;
class RWHandler
{
public:

    RWHandler(io_service& ios) : m_sock(ios)
    {
    }

    ~RWHandler()
    {
    }

    void HandleRead()
    {
        //三种情况下会返回:缓冲区满;transfer_at_least为真(收到特定数量字节即返回);
        有错误发生
        async_read(m_sock, buffer(m_buff), transfer_at_least(HEAD_LEN), [this](const
            boost::system::error_code& ec, size_t size)
```

```cpp
        {
            if (ec != nullptr)
            {
                HandleError(ec);
                return;
            }

            cout << m_buff.data() + HEAD_LEN << endl;

            HandleRead();
        });
    }

    void HandleWrite(char* data, int len)
    {
        boost::system::error_code ec;
        write(m_sock, buffer(data, len), ec);
        if (ec != nullptr)
            HandleError(ec);
    }

    tcp::socket& GetSocket()
    {
        return m_sock;
    }

    void CloseSocket()
    {
        boost::system::error_code ec;
        m_sock.shutdown(tcp::socket::shutdown_send, ec);
        m_sock.close(ec);
    }

    void SetConnId(int connId)
    {
        m_connId = connId;
    }

    int GetConnId() const
    {
        return m_connId;
    }

    template<typename F>
    void SetCallBackError(F f)
    {
        m_callbackError = f;
    }

private:
```

```cpp
    void HandleError(const boost::system::error_code& ec)
    {
        CloseSocket();
        cout << ec.message() << endl;
        if (m_callbackError)
            m_callbackError(m_connId);
    }
private:
    tcp::socket m_sock;
    std::array<char, MAX_IP_PACK_SIZE> m_buff;
    int m_connId;
    std::function<void(int)> m_callbackError;
};
```

这个读/写事件处理器有4个成员变量：第一个是socke，它是具体的读/写执行者；第二个是固定长度的读缓冲区，用来读数据；第三个是连接id，由连接管理层分配；第四个是回调函数，当读/写发生错误时回调到上层。当然还可以加一个TCP分包之后的回调函数，将分包后的数据传递给应用层。这里简单起见，只是将其打印出来，没有处理TCP粘包的问题。另外，异步操作对象的生命周期也没有处理，因为发起异步操作的对象可能在异步回调返回之前就已经释放了，这时需要通过shared_from_this来保证对象的生命周期，将在后面介绍相关的方法。

有了这个读/写事件处理器之后，服务端在接受新连接之后的读/写操作就交给RWHandler了，服务端还需要管理连接，下面看看服务端Server是如何实现的，如代码清单16-3所示。

代码清单16-3　Server的实现

```cpp
#include <boost/asio/buffer.hpp>
#include <unordered_map>
#include <numeric>
#include "Message.hpp"
#include "RWHandler.hpp"

const int MaxConnectionNum = 65536;
const int MaxRecvSize = 65536;
class Server
{
public:

    Server(io_service& ios, short port) : m_ios(ios), m_acceptor(ios, tcp::endpoint(tcp::v4(),
        port)), m_cnnIdPool(MaxConnectionNum)
    {
        m_cnnIdPool.resize(MaxConnectionNum);
        std::iota(m_cnnIdPool.begin(), m_cnnIdPool.end(), 1);
    }

    ~Server()
```

```cpp
        {
        }

    void Accept()
    {
        cout << "Start Listening " << endl;
        std::shared_ptr<RWHandler> handler = CreateHandler();

        m_acceptor.async_accept(handler->GetSocket(), [this, handler](const boost::system::error_
            code& error)
        {
            if (error)
            {
                cout << error.value() << " " << error.message() << endl;
                HandleAcpError(handler, error);
                            return;
            }

            m_handlers.insert(std::make_pair(handler->GetConnId(), handler));
            cout << "current connect count: " << m_handlers.size() << endl;

            handler->HandleRead();
            Accept();
        });
    }

private:
    void HandleAcpError(std::shared_ptr<RWHandler> eventHanlder, const boost::system::error_
        code& error)
    {
        cout << "Error, error reason: " << error.value() << error.message() << endl;
        //关闭socket，移除读事件处理器
        eventHanlder->CloseSocket();
        StopAccept();
    }

    void StopAccept()
    {
        boost::system::error_code ec;
        m_acceptor.cancel(ec);
        m_acceptor.close(ec);
        m_ios.stop();
    }

    std::shared_ptr<RWHandler> CreateHandler()
    {
        int connId = m_cnnIdPool.front();
        m_cnnIdPool.pop_front();
```

```cpp
            std::shared_ptr<RWHandler> handler = std::make_shared<RWHandler>(m_ios);

            handler->SetConnId(connId);

            handler->SetCallBackError([this](int connId)
            {
                RecyclConnid(connId);
            });

            return handler;
        }

        void RecyclConnid(int connId)
        {
            auto it = m_handlers.find(connId);
            if (it != m_handlers.end())
                m_handlers.erase(it);
            cout << "current connect count: " << m_handlers.size() << endl;
            m_cnnIdPool.push_back(connId);
        }

    private:
        io_service& m_ios;
        tcp::acceptor m_acceptor;
std::unordered_map<int, std::shared_ptr<RWHandler>> m_handlers;

        list<int> m_cnnIdPool;
    };
```

这个 Server 具备连接管理功能, 会统一管理所有连接的客户端。

至此, 一个简单的服务端程序便写完了, 还要把这个 Server 运行起来。

```cpp
void TestServer()
{
    io_service ios;
    //boost::asio::io_service::work work(ios);
    //std::thread thd([&ios]{ios.run(); });

    Server server(ios, 9900);
    server.Accept();
    ios.run();

    //thd.join();
}
```

注意这个 TestServer 函数是如何保证 io_service::run 一直运行的。这里没有使用 io_service::work 来保证 io_service 一直运行, 而是用了一种更简单的方法: 因为只要异步事件队列中有事件，io_service::run 就会一直阻塞不退出，所以只要保证异步事件队列中一直有事件就行了。如何让异步事件队列中一直有事件呢？一个简单的办法就是循环发起异步读操作，如果对方一直都不发送数据过来，则这个异步读事件就会一直在异步事件队列中，这样 io_service::run 就不会退出了。但是这样有一个缺点就是 io_service::run 会阻塞当前线程，如果不希望阻塞当前线程，就通过 work 来保持 io_service::run 不退出。

现在可以写一个简单的客户端来测试一下，看看服务器能否正常工作，下一节将就此继续介绍。

16.5　C++11 结合 asio 实现一个简单的客户端程序

假设客户端的需求为：具备读/写能力，还能自动重连。在这里，笔者希望用一个连接器类去实现连接以及 I/O 事件的处理，连接器具体的职责有 3 个：①连接到服务器，②重连，③通过事件处理器实现读/写。其中，实现重连可以用一个专门的线程去检测。这里为了简单，不设置重连次数，保持一直重连。实现读/写可以直接用代码清单 16-2 的 RWHandler。下面看看连接器 Connctor 是如何写的，如代码清单 16-4 所示。

代码清单 16-4　连接器 Connctor 的实现

```cpp
class Connector
{
public:

    Connector(io_service& ios, const string& strIP, short port) :m_ios(ios),
        m_socket(ios),
        m_serverAddr(tcp::endpoint(address::from_string(strIP), port)), m_isConnected(false),
            m_chkThread(nullptr)
    {
        CreateEventHandler(ios);
    }

    ~Connector()
    {
    }

    bool Start()
    {
        m_eventHandler->GetSocket().async_connect(m_serverAddr, [this](const boost::system::error_code& error)
        {
            if (error)
            {
                HandleConnectError(error);
```

```cpp
                return;
            }
            cout << "connect ok" << endl;
            m_isConnected = true;
            m_eventHandler->HandleRead(); // 连接成功后发起一个异步读的操作
        });

        boost::this_thread::sleep(boost::posix_time::seconds(1));
        return m_isConnected;
    }

    bool IsConnected() const
    {
        return m_isConnected;
    }

    void Send(char* data, int len)
    {
        if (!m_isConnected)
            return;

        m_eventHandler->HandleWrite(data, len);
    }

private:
    void CreateEventHandler(io_service& ios)
    {
        m_eventHandler = std::make_shared<RWHandler>(ios);
        m_eventHandler->SetCallBackError([this](int connid){HandleRWError(connid); });
    }

    void CheckConnect()
    {
        if (m_chkThread != nullptr)
            return;

        m_chkThread = std::make_shared<std::thread>([this]
        {
            while (true)
            {
                if (!IsConnected())
                    Start();

                boost::this_thread::sleep(boost::posix_time::seconds(1));
```

```cpp
            }
        });
    }

    void HandleConnectError(const boost::system::error_code& error)
    {
        m_isConnected = false;
        cout << error.message() << endl;
        m_eventHandler->CloseSocket();
        CheckConnect();
    }

    void HandleRWError(int connid)
    {
        m_isConnected = false;
        CheckConnect();
    }

private:
    io_service& m_ios;
    tcp::socket m_socket;

    tcp::endpoint m_serverAddr; //服务器地址

    std::shared_ptr<RWHandler> m_eventHandler;
    bool m_isConnected;
    std::shared_ptr<std::thread> m_chkThread;      //专门检测重连的线程
};
```

注意，在连接成功之后，发起了一个异步读操作，它的作用除了接收数据之外，还可以用来判断连接是否断开，因为当连接断开时，异步接收事件会触发，据此可以做重连操作。可以看到，在连接失败或者读写发生错误之后，会关闭连接然后开始自动重连。

测试代码如代码清单 16-5 所示。

代码清单 16-5　连接器的测试代码

```cpp
int main()
{
    io_service ios;
    boost::asio::io_service::work work(ios);
    boost::thread thd([&ios]{ios.run(); });

    Connector conn(ios, "127.0.0.1", 9900);
    conn.Start();

    istring str;
```

```cpp
    if (!conn.IsConnected())
    {
        cin >> str;
        return -1;
    }

    const int len = 512;
    char line[len] = "";

    while (cin >> str)
    {
        char header[HEAD_LEN] = {};
        int totalLen = str.length()+1 + HEAD_LEN;
        std::sprintf(header, "%d", totalLen);
        memcpy(line, header, HEAD_LEN);
        memcpy(line + HEAD_LEN, str.c_str(), str.length() + 1);
        conn.Send(line, totalLen);
    }

    return 0;
}
```

注意，这里是通过 work 和一个专门的线程的运行来保持 io_service 不退出的。至此，一个简单的客户端完成了。不过，这里并没有提到如何异步发送，因为异步发送稍微麻烦一点，为了简单起见，一般情况下同步发送足够了，如果希望更高的发送效率，可以考虑半同步半异步的线程池去发送，以提高效率。

16.6 TCP 粘包问题的解决

在 TCP 协议中，每次发送的数据长度是不确定的，从接收方来看，可能每次收到的数据都不完整，或者是收到多个数据包，这就是所谓的粘包问题。要解决这个问题，有如下几种方式：

1）通过应用层的协议来处理粘包问题，每个应用包都带一个包头，包头指示了整个包的长度，当服务器端获取到指定的包长时才说明获取了完整的数据包。

2）指定包的结束标识，这样一旦获取到指定的标识，说明获取了完整的数据包。

asio 的异步读接口很容易解决粘包问题，我们通过一个简单的应用层协议来处理这个问题。假设一个数据包由包头和包体组成，包头 4 个字节，用来指示整个数据包的长度，包体才是真正应用数据。

接收的过程如下：先收包头长度的数据，在收到包头数据之后，从包头中获取包体的长度，然后再接收包体长度的数据，这时就收到了一个完整的数据包，最后将这个数据包回调到应用层去处理。让我们看看 asio 中是如何处理粘包问题的，在 16.3 节的 RWHandler 上稍做修改即可，如代码清单 16-6 所示。

代码清单 16-6　解决粘包问题

```cpp
#include <array>
#include <functional>
#include <iostream>
//#include <algorithm>
using namespace std;

#include <boost/asio.hpp>
using namespace boost::asio;
using namespace boost::asio::ip;
using namespace boost;

#include "Message.hpp"


class RWHandler : public std::enable_shared_from_this<RWHandler>
{
public:

        RWHandler(io_service& ios) : m_sock(ios)
        {
        }

        ~RWHandler()
        {
        }

        // 根据应用层协议接收数据
        void HandleRead()
        {
                auto self = shared_from_this();
                // 先收包头
                async_read(m_sock, buffer(m_readMsg.data(), HEAD_LEN), [this,
                    self](const boost::system::error_code& ec, size_t size)
                {
                        // 解析包体长度
                        if (ec != nullptr || !m_readMsg.decode_header())
                        {
                                HandleError(ec);
                                return;
                        }

                        ReadBody(); // 再收包体
                });
        }

        void ReadBody()
        {
                auto self = shared_from_this();
                async_read(m_sock, buffer(m_readMsg.body(), m_readMsg.body_length()),
```

```cpp
                    [this, self](const boost::system::error_code& ec, size_t size)
            {
                    if (ec != nullptr)
                    {
                            HandleError(ec);
                            return;
                    }

                    // 收到完整的数据了，回调到应用层
                    CallBack(m_readMsg.data(), m_readMsg.length());

                    HandleRead();// 发起下一次异步读，继续收数据
            });
    }

    void HandleWrite(char* data, int len)
    {
            boost::system::error_code ec;
            write(m_sock, buffer(data, len), ec);
            if (ec != nullptr)
                    HandleError(ec);
    }

    tcp::socket& GetSocket()
    {
            return m_sock;
    }

    void CloseSocket()
    {
            boost::system::error_code ec;
            m_sock.shutdown(tcp::socket::shutdown_both, ec);
            m_sock.close(ec);
    }

    void SetConnId(int connId)
    {
            m_connId = connId;
    }

    int GetConnId() const
    {
            return m_connId;
    }

    template<typename F>
    void SetCallBackError(F f)
    {
            m_callbackError = f;
    }

    // 一个完整的 TCP 包回调到应用层
```

```
            void CallBack(char* pData, int len)
            {
                    cout << pData + HEAD_LEN << endl;
            }

private:
            void HandleError(const boost::system::error_code& ec)
            {
                    CloseSocket();
                    cout << ec.message() << endl;
                    if (m_callbackError)
                            m_callbackError(m_connId);
            }

private:
            tcp::socket m_sock;
            std::array<char, MAX_IP_PACK_SIZE> m_buff;
            int m_connId;
            std::function<void(int)> m_callbackError;
            Message m_readMsg;
};
```

以上代码中用到的 Message 是用来传输的消息，它包含两个字段：消息长度和消息内容，它类的实现比较简单，如代码清单 16-7 所示。

代码清单 16-7　Message 类的实现

```
class Message
{
public:
            enum { header_length = 4 };
            enum { max_body_length = 512 };

            Message()
                    : body_length_(0)
            {
            }

            const char* data() const
            {
                    return data_;
            }

            char* data()
            {
                    return data_;
            }

            size_t length() const
```

```cpp
        {
                return header_length + body_length_;
        }

        const char* body() const
        {
                return data_ + header_length;
        }

        char* body()
        {
                return data_ + header_length;
        }

        size_t body_length() const
        {
                return body_length_;
        }

        void body_length(size_t new_length)
        {
                body_length_ = new_length;
                if (body_length_ > max_body_length)
                        body_length_ = max_body_length;
        }

        bool decode_header()
        {
                char header[header_length + 1] = "";
                std::strncat(header, data_, header_length);
                body_length_ = std::atoi(header) - header_length;
                if (body_length_ > max_body_length)
                {
                        body_length_ = 0;
                        return false;
                }
                return true;
        }

        void encode_header()
        {
                char header[header_length + 1] = "";
                std::sprintf(header, "%4d", body_length_);
                std::memcpy(data_, header, header_length);
        }

private:
        char data_[header_length + max_body_length];
        std::size_t body_length_;
};
```

这里需要注意的是，在 RWHandler 中需要通过 shared_from_this() 来返回 this 指针。在通过 shared_from_this() 保证异步操作时，原来对象的生命周期不会结束，在回调返回来时还是有效的。另外一个需要注意的地方是，在 Message 中，对每次发送的包体长度做了限制，最大的包体长度为 512，这里可以根据实际需要将每次的最大长度改成合适大小。

16.7 总结

最终将 C++11 和 asio 结合起来完成了一个简单的通信程序，服务端能接收多个客户端的连接并接收客户端的消息，客户端能自动重连和发送消息。这里通过 lambda 表达式来简化异步接口的书写，提高了代码的可读性和可维护性。通过 shared_from_this() 来保证异步回调时，对象的生命周期仍然有效。

当然，要制作工业强度的网络库还需要考虑更多的问题，比如防御恶意攻击、网络数据安全、多线程并发逻辑、性能优化等。asio 只对网络数据安全提供了一个直接的解决方案（使用 OpenSSL），其他问题 asio 只是间接地提供一些解决办法。由于本章更多地是用来展示 C++11 如何应用于 asio 的，故对这这些问题的处理不做过多论述，读者可自行探索 asio 的更多用法！

参考文献

[1] The C++ Standard—ANSI ISO/IEC 14882：2011［S］.Switzerland:© ISO/IEC 2011.

[2] Michael Wong，IBM XL 编译器中国开发团队.深入理解 C++11：C++11 新特性解析与应用［M］.北京：机械工业出版社，2013.

[3] 罗剑锋.Boost 程序库完全开发指南：深入 C++"准"标准库［M］.北京：电子工业出版社，2010.

[4] Andrei Alexandrescu. C++ 设计新思维［M］.侯捷，於春景，译.武汉：华中科技大学出版社，2003.

[5] Scott Meyers. Effective C++［M］. Addison-Wesley，2005.

[6] Stanley B. Lippman，Josée Lajoie，Barbara E. Moo. C++ Primer(第四版)［M］.潘爱民等，译.北京：中国电力出版社，2002.

[7] Niolai M.Josuttis. C++ 标准程序库自修教程与参考手册［M］.侯捷，孟岩，译.武汉：华中科技大学出版社，2002.

[8] Erich Gamma，Richard Helm，Ralph Johnson，John Vlissides.设计模式可复用面向对象软件的基础［M］.李英军等，译.北京：机械工业出版社，2005.

[9] Martin Fowler.重构：改善既有代码的设计［M］.侯捷，熊节，译.北京：中国电力出版社，2011.

[10] Steve，McConnell.代码大全 2［M］.金戈，汤凌等，译.北京：电子工业出版社，2011.

[11] Robert C.Martin.代码整洁之道［M］.韩磊，译.北京：人民邮电出版社，2010.

[12] Robert C.Martin.敏捷软件开发［M］.邓辉，译.北京：清华大学出版社，2003.

[13] Frank Buschmann.面向模式的软件架构卷 1［M］.贲可荣等，译.北京：机械工业出版社，2003.

[14] Douglas Schmidt.面向模式的软件架构卷 2［M］.张志祥等，译.北京：机械工业出版社，2003.

[15] 潘荣著.ACE 技术内幕［M］.北京：机械工业出版社，2012.

[16] Fabrice Marguerie，Steve Eichert，Jim Wooley. linq 实战［M］.陈黎夫，译.北京：人民邮电出版社，2009.

[17] Shameem Akhter，Jason Roberts.多核程序设计技术：通过软件多线程提升性能［M］.李宝峰等，译.北京：电子工业出版社，2007.

推荐阅读

C和C++安全编码（原书第2版）

作者：Robert C. Seacord ISBN：978-7-111-44279-0 定价：79.00元

大规模C++程序设计

作者：John Lakos ISBN：978-7-111-47425-8 定价：129.00元

高级C/C++编译技术

作者：米兰·斯特瓦诺维奇 ISBN：978-7-111-49618-2 定价：69.00元

深入应用C++11：代码优化与工程级应用

作者：祁宇 ISBN：978-7-111-50069-8 定价：79.00元

推荐阅读